普通高等教育"十三五"规划教材

Access 数据库案例教程
（第三版）

主 编 应 红

副主编 王冀鲁 郭宁宁 黄京莲 朱秋海

中国水利水电出版社
www.waterpub.com.cn
·北京·

内 容 提 要

本书以 Microsoft Access 关系型数据库管理系统软件为背景，介绍数据库的基本概念，数据库的建立、维护、管理及数据库设计的步骤。

本书共分 8 章：第 1 章介绍数据库的理论基础；第 2 章至第 7 章按 Access 数据库的 6 个对象（表、查询、窗体、报表、宏、模块）依次划分章节，每章都以案例引入，采用提出问题、解决问题、归纳总结的步骤叙述，且每章都有理论习题与两个不同难度的实验题；第 8 章提供了两个有实用价值的综合实例。各章的例题以及实验题都经过精心设计与推敲，按难易程度分成三个档次，力求最大限度地覆盖 Access 的知识面，涵盖《全国计算机等级考试二级 Access 考试大纲》的考试内容。所有实验都经过上机运行并通过。

本书既适合作为高等院校数据库课程的教材，也适合作为自学用书或者作为参加 Access 二级考试的考前辅导用书。

本书以 Access 2010 版为主要背景，但尽量淡化版本的界面不同问题，着重于基本原理、基本操作的讲述。同时也指明更高版本中的新功能，以及低版本与高版本之间最实质性的区别，使教材的适应版本面尽量宽，而不局限只能用于某个版本，以满足使用不同 Access 版本的读者的需求。

图书在版编目（CIP）数据

Access数据库案例教程 / 应红主编. -- 3版. -- 北京：中国水利水电出版社，2018.1（2021.3重印）
普通高等教育"十三五"规划教材
ISBN 978-7-5170-6105-2

Ⅰ. ①A… Ⅱ. ①应… Ⅲ. ①关系数据库系统—高等学校—教材 Ⅳ. ①TP311.138

中国版本图书馆CIP数据核字(2017)第304523号

策划编辑：宋俊娥 责任编辑：宋俊娥

书　　名	普通高等教育"十三五"规划教材 Access 数据库案例教程（第三版） Access SHUJUKU ANLI JIAOCHENG
作　　者	主　编　应　红 副主编　王冀鲁　郭宁宁　黄京莲　朱秋海
出版发行	中国水利水电出版社 （北京市海淀区玉渊潭南路 1 号 D 座　100038） 网址：www.waterpub.com.cn E-mail: sales@waterpub.com.cn 电话：（010）68367658（营销中心）
经　　售	北京科水图书销售中心（零售） 电话：（010）88383994、63202643、68545874 全国各地新华书店和相关出版物销售网点
排　　版	北京智博尚书文化传媒有限公司
印　　刷	三河市龙大印装有限公司
规　　格	185mm×260mm　16 开本　14.5 印张　353 千字
版　　次	2010 年 10 月第 1 版 2018 年 1 月第 3 版　2021 年 3 月第 3 次印刷
印　　数	5001—8000 册
定　　价	35.00 元

凡购买我社图书，如有缺页、倒页、脱页的，本社营销中心负责调换

版权所有·侵权必究

第三版前言

Access 数据库管理系统软件是办公自动化软件 Office 的一个重要成员，是当今流行的、功能较强的关系型数据库管理系统，也是目前高校中普遍开设的一门课程。Access 非常适合设计小型的数据库系统。作者作为多年讲授这门课程的一线教师，根据自己积累的丰富经验，在第二版的基础上做了改进，编写了第三版。

本书仍然保留第二版的特色，从应用的角度出发，采用提出问题、解决问题、归纳总结的步骤编写，避免将教科书写成软件功能说明书，避免命令的罗列，避免读者阅读了各种命令的用法却无从下手做一个上机实验的困境。与第二版相比，修改了部分数据，增加了一些典型例题及实验题，调整部分操作题的顺序，使其更合理，以方便读者的使用。

近年来 Office 版本变化速度很快，本书仍以 Access 2010 版为具体背景，但尽量淡化版本，即着重点不在版本界面的不同，重在指出高版本与早期版本之间的实质性区别，适当兼顾 Access 2007 版的界面特点，同时介绍更高版本的主要新功能，以适用于使用不同版本的读者。

本书采用案例引入的方法，每个章节都有众多实例，让读者根据实例中的指导一步一步地完成一个简单的上机例题，同时引导读者带着问题学习与例题相关的理论及知识。每章实验一中的上机操作题不再给出步骤，只给出适当的提示。读者在练习了例题并学习例题所涉及的知识点之后，就可以很轻松地独立完成实验一。实验二中的操作题一般不再给出提示，并加大难度，让读者运用学过的知识和技巧，能进一步巩固、强化学过的知识点及操作技术。同时每章都会给出书面习题，以提高读者的理论水平。

书中实验按难易程度分成三个档次，即例题、实验一、实验二，由易到难、循序渐进，因此本书特别适合作为分级教学的教材，适合不同基础、不同操作能力、不同要求的读者使用。

本书共分为 8 章：第 1 章讲述数据库基础知识；第 2 章从建库、建表开始，直到第 7 章，每章的实验一与例题使用的是同一个数据库，每章的实验二使用另一个数据库，本书始终以"学籍管理系统"数据库与"教师任课系统"数据库贯穿前 7 章的上机实验；第 8 章基于前面各章的知识，收入两个有实用价值的综合实验，可作为读者自行开发管理系统的参考。

本书由应红任主编，并负责全书统稿。由王冀鲁、郭宁宁、黄京莲、朱秋海任副主编。其中每章的习题由黄京莲编写，第 5 章由朱秋海编写，第 7 章及每章的实验由王冀鲁编写，第 8 章部分内容由郭宁宁编写。

衷心感谢所有对本书出版提供帮助的朋友。本书如有不妥之处，望读者不吝批评指正。

编　者
2017 年 10 月

第二版前言

Access 数据库管理系统软件是办公自动化软件 Office 的一个重要成员，是当今流行的、功能较强的关系型数据库管理系统，也是目前高校中普遍开设的一门课程，Access 非常适合设计小型的数据库系统。作者作为多年讲授这门课程的一线教师，根据自己积累的丰富经验，在第一版的基础上作了改进，编写了第二版。

本书仍然保留第一版的特色，从应用的角度出发，采用提出问题、解决问题、归纳总结的步骤编写，避免将教科书写成软件功能说明书，避免命令的罗列，避免读者阅读了各种命令的用法却无从下手做一个上机实验的困境。

随着 Office 版本的不断提高，本书以 Access 2010 版为背景，兼顾到 Access 2007 及 Access 2003 版本，三者的差异都在书中指明。因此本书可以同时适合于使用 Access 2010、Access 2007 版的用户，也可以适用 Access 2003 版本的用户。

本书采用案例引入的方法，每个章节都有众多实例，让读者根据实例中的指导一步一步地完成一个简单的上机例题，同时引导读者带着问题学习与例题相关的理论及知识。每章实验一中的上机操作题不再给出步骤，只给出适当的提示。读者在练习了例题并学习例题所涉及的知识点之后，就可以很轻松地独立完成实验一。实验二中的操作题不再给出提示，并加大难度，让读者运用学过的知识和技巧，能进一步巩固、强化学过的知识点及操作技术。同时每章都会给出书面习题，以提高读者的理论水平。

书中实验按难易程度分成三个档次，即例题、实验一、实验二，由易到难、循序渐进，因此本书特别适合作为分级教学的教材，适合不同基础、不同操作能力、不同要求的读者使用。

本书共分为 8 章，第 1 章讲述数据库基础知识，第 2 章从建库、建表开始一直到第 7 章，每章的实验一与例题使用的是同一个数据库，每章的实验二使用另一个数据库，本书始终以"学籍管理系统"数据库与"教师任课系统"数据库贯穿前 7 章的上机实验。

第 8 章基于前面各章的知识，收入两个有实用价值的综合实验，可作为读者自行开发管理系统的参考。第 8 章还提供了在学完这门课程时可以选择的"课程设计"题目及课程设计报告的书写样例，供读者参考。

本书由应红任主编并负责全书统稿。由黄京莲、郭宁宁、朱秋海、王冀鲁任副主编。其中每一章的习题由黄京莲编写，第 5 章由朱秋海编写，第 7 章部分内容由王冀鲁编写，第 8 章部分内容由郭宁宁编写。

衷心感谢所有对本书出版提供帮助的朋友。本书如有不妥之处，望读者不吝批评指正。

编　者
2014 年 9 月

第一版前言

Access 数据库管理系统软件是办公自动化软件 Office 的一个重要成员，是当今流行的、功能较强的关系型数据库管理系统，也是目前高校中普遍开设的一门课程。作者作为多年讲授这门课程的一线教师，根据自己积累的丰富经验编写了这本书。

本书有两个特色，第一个特色是从应用的角度出发，采用提出问题、解决问题、归纳总结的三步曲，避免将教科书写成软件功能说明书，避免命令的罗列，避免读者阅读了各种命令的用法却无从下手做一个上机实验的困难。

第二个特色可以说是本书的一个亮点。目前有关 Access 数据库应用方面的书多数是以某一个版本为背景介绍的，而本书以 Access 2003 版为背景，兼顾到 Access 2002 及 Access 2000 版本，三者的差异都在书中指明，同时在本书中讲述 Access 2007 的界面、特点、同 Access 2003 及以下版本的区别与兼容性等。因此本书可以同时适合于使用 Access 2000 直至 Access 2007 各种版本的用户。

本书使用案例引入的方法，每个章节都是先提出问题，让读者根据书中的指导一步一步地完成一个简单的上机实例，以得到初步的感性认识，再根据实例涉及的内容，引导读者带着问题学习与实例相关的理论及知识点。一般在一个章节中会有多个上机实例，根据上机实例中给出的步骤，读者比较容易完成操作。在此基础上，每章实验一中的上机操作题不再给出步骤，只给出适当的提示。读者在练习了上机实例并学习实例所涉及的知识点之后，很轻松地就可以独立完成实验一。实验二中的操作题不再给出提示，并加大难度，让读者运用学过的知识和技巧，能进一步巩固、强化学过的知识点及操作技术。同时每章都会给出书面习题，以提高读者的理论水平。

本书中实验按难易程度分成三个档次，即上机实例、实验一、实验二，分别由易到难、循序渐进，因此本书特别适合作为分级教学的教材，适合不同基础、不同操作能力、不同要求的读者使用。

本书共分为 8 章，从第 1 章建数据库、建表开始一直到第 7 章，每章的实验一与上机实例使用的是同一个数据库，每章的实验二使用另一个数据库，本书始终以"学籍管理系统"数据库与"教师任课系统"数据库贯穿每章的上机实验。

第 8 章基于前面各章的知识，收入两个有实用价值的综合实验，本章可作为读者自行开发管理系统的参考。第 8 章还提供了在学完这门课程时可以选择的"课程设计"题目及课程设计报告的书写样例，供读者参考。

本书由应红任主编并负责全书统稿。其中每一章的习题由黄京莲编写，第 5 章由朱秋海编写，第 7 章部分内容由王冀鲁编写，第 8 章部分内容由郭宁宁编写。

衷心感谢所有对本书出版提供帮助的朋友。本书如有不当和欠妥之处，望读者批评指正。

编 者
2010 年 9 月

目　　录

第 1 章　数据库基础知识 1
1.1　数据库管理系统概述 1
1.1.1　信息与数据 1
1.1.2　数据管理技术的发展 1
1.1.3　数据库系统 2
1.1.4　数据模型 4
1.1.5　关系代数 5
1.2　习题 7

第 2 章　数据库与表 10
2.1　Access 简介 10
2.1.1　版本的兼容性 10
2.1.2　Access 的界面简介 10
2.2　建立数据库 12
2.2.1　建立空数据库 12
2.2.2　Access 数据库文件 12
2.2.3　用模板创建数据库 13
2.3　用设计视图创建表 14
2.3.1　建立"课程表" 14
2.3.2　关系表 15
2.3.3　数据类型 17
2.3.4　建立"学生信息表" 18
2.3.5　字段属性 21
2.3.6　建立"成绩表" 23
2.4　表间关系 25
2.4.1　建立表间关联 25
2.4.2　表间关系的相关知识 26
2.4.3　为成绩表输入记录 28
2.4.4　主表与子表之间的关系举例 29
2.5　用其他方法创建表 30
2.5.1　直接创建空表 30
2.5.2　导入、链接与导出 31
2.6　表的操作 33
2.6.1　复制表与删除表 33
2.6.2　冻结与隐藏字段 34
2.6.3　记录排序 34
2.6.4　记录筛选 35
2.6.5　表的其他操作 36
2.7　习题与实验 36
2.7.1　习题 36
2.7.2　实验一 39
2.7.3　实验二 39

第 3 章　查询 42
3.1　用向导创建查询 42
3.1.1　用"简单查询向导"创建查询 42
3.1.2　查询的数据源及视图方式 43
3.1.3　创建交叉表查询 44
3.1.4　关于导航窗格 44
3.1.5　查找重复项和不匹配项 45
3.2　用设计视图创建查询 46
3.2.1　条件查询 47
3.2.2　查询的设计视图 48
3.2.3　创建参数查询 49
3.2.4　表达式及运算符 50
3.2.5　函数 52
3.2.6　在查询中增加新字段 54
3.2.7　在查询中计算 55
3.2.8　"总计"行 55
3.3　创建操作查询 57
3.3.1　生成表查询 58
3.3.2　追加查询 59
3.3.3　删除查询 59
3.3.4　更新查询 60
3.3.5　操作查询小结 60
3.4　综合举例 60
3.5　SQL 查询 63
3.5.1　SQL 语言的动词 63
3.5.2　SQL 的数据查询功能 63

3.5.3 SQL 的数据定义功能 69
3.5.4 SQL 的数据操纵功能 70
3.6 习题与实验 72
3.6.1 习题 72
3.6.2 实验一 76
3.6.3 实验二 77

第 4 章 窗体 80
4.1 自动创建窗体 80
4.1.1 一键创建窗体 80
4.1.2 有关窗体的视图方式 82
4.1.3 创建其他类型的自动窗体 82
4.2 用向导创建窗体 82
4.2.1 用向导创建窗体 83
4.2.2 用向导创建主/子窗体 83
4.2.3 用向导创建链接窗体 84
4.3 用设计视图创建窗体 84
4.3.1 用设计视图创建"期末成绩
查询窗" 85
4.3.2 窗体的设计视图 87
4.4 常用控件 90
4.4.1 标签控件与文本框控件 90
4.4.2 命令按钮控件 93
4.4.3 组合框控件及列表框控件 97
4.4.4 选项卡控件 99
4.4.5 其他控件 100
4.5 创建切换面板 102
4.5.1 切换面板概述 102
4.5.2 创建一级切换面板 104
4.5.3 创建二级切换面板 105
4.6 习题与实验 107
4.6.1 习题 107
4.6.2 实验一 109
4.6.3 实验二 110

第 5 章 报表 113
5.1 自动创建及向导创建报表 113
5.1.1 自动创建报表 113
5.1.2 创建"标签"报表 113
5.1.3 用向导创建报表 115

5.2 用设计视图创建报表 116
5.2.1 报表的结构 116
5.2.2 用设计视图创建报表 117
5.2.3 添加组页眉/组页脚 119
5.2.4 报表设计视图中的数据源 122
5.2.5 添加子报表 123
5.3 习题与实验 125
5.3.1 习题 125
5.3.2 实验一 126
5.3.3 实验二 127

第 6 章 宏 130
6.1 简单宏 130
6.1.1 引例 130
6.1.2 关于宏 132
6.1.3 自启动宏（Autoexec） 135
6.1.4 用宏创建命令按钮 136
6.2 子宏及条件宏 139
6.2.1 子宏（Submacro） 139
6.2.2 条件宏 143
6.2.3 选项按钮的应用 146
6.2.4 用宏建立系统菜单 147
6.3 习题与实验 150
6.3.1 习题 150
6.3.2 实验一 151
6.3.3 实验二 153

第 7 章 VBA 模块 155
7.1 建立标准模块 155
7.1.1 VBA 编程语言概述 155
7.1.2 模块与过程 157
7.2 VBA 程序设计基础 160
7.2.1 数据类型 160
7.2.2 变量和常量 160
7.2.3 VBA 程序中的常用语句 162
7.3 程序结构控制语句 164
7.3.1 顺序结构 164
7.3.2 选择结构 164
7.3.3 循环结构 166
7.3.4 程序的调试方法 168

7.4 建立类模块 169
    7.4.1 创建类模块 169
    7.4.2 类模块中的对象 171
7.5 习题与实验 180
    7.5.1 习题 180
    7.5.2 实验一 182
    7.5.3 实验二 183

第8章 综合设计 185
8.1 概述 185
8.2 "工资管理系统"实例 185
    8.2.1 "工资管理系统"的功能
          模块 185
    8.2.2 工资管理系统的 E-R 模型 186
    8.2.3 表对象的设计 187
    8.2.4 创建查询 189
    8.2.5 创建报表 191
    8.2.6 创建窗体 192
    8.2.7 VBA 过程 197
    8.2.8 宏 197
    8.2.9 其他 199
    8.2.10 用"切换面板"实现"工资
           管理系统"的功能 200
    8.2.11 用建立系统菜单的方法实现
           "工资管理系统"的功能 202
8.3 设计报告 204
8.4 "图书管理系统"实例 208
    8.4.1 数据表的设计 209
    8.4.2 图书相关查询 211
    8.4.3 系统流程设计 212
    8.4.4 应用设置 217
8.5 数据库的其他设置 217
    8.5.1 为打开数据库时设置密码 217
    8.5.2 设置自启动窗体和隐藏"导航
          窗格" 218
    8.5.3 信任中心的设置 219
    8.5.4 拆分数据库与创建 accde
          文件 220

参考文献 **221**

第1章 数据库基础知识

在如今的"大数据"时代,数据的价值越来越重要,各行各业都需要利用计算机对数据进行处理。因此数据库技术便成为计算机领域中最重要的技术之一。要设计出一个好的数据库应用系统,自然离不开数据库理论的指导。

1.1 数据库管理系统概述

1.1.1 信息与数据

1. 信息

信息(Information)、物质、能量被认为是现代经济、社会发展的三大支柱。信息是较物质和能量高一级的资源。信息是对客观事物的反映,是为某一特定目的而提供的决策依据。

信息泛指通过各种方式传播的、可被感受的声音、文字、图形、图像、符号等所表征的某一特定事物的消息、情报和知识。

2. 数据

为了传递和使用信息,把信息和各种物理符号联系起来,使信息具体化,这些符号及其组合就是数据(Data)。

数据是信息的具体表现形式,信息是数据的内涵。

数据的表现形式很多,可以是数字、文字,也可以是图形、图像、动画、声音、视频等多媒体形式。

3. 数据处理

数据处理是指对数据收集、记载、分类、排序、存储、计算或加工、传输等,目前世界上 80%的计算机应用于数据处理领域。

1.1.2 数据管理技术的发展

数据管理技术经过了人工管理阶段、文件管理系统阶段,发展到今天的数据库管理系统阶段。

1. 人工管理阶段

主要指 20 世纪 50 年代中期之前,这一时期计算机还比较简陋,数据只能存放在卡片或者其他介质上,由手工管理数据。特点是:数据不保存,应用程序与数据之间缺少独立性,数据不能共享。

2. 文件管理系统阶段

20 世纪 50 年代后期至 60 年代后期，把有关的数据组织成数据文件，数据文件可以脱离应用程序而独立存在，并长期保存在硬盘等介质中，可以多次存取，同时数据的逻辑结构与物理结构也具有一定的相对独立性。

文件管理系统阶段的特点是：数据长期保存，应用程序与数据之间有了一定的独立性，数据文件形式多样化，数据文件不再只属于一个应用程序，但数据冗余、不一致。

3. 数据库管理系统阶段

20 世纪 60 年代后期，随着计算机应用领域的不断扩展，计算机用于数据处理的范围越来越广，数据量急剧增长，因此数据库管理系统应运而生。

数据库管理系统阶段数据处理的特点是：数据整体结构化，数据共享性高、冗余度低，具有很高的数据独立性及完备的数据控制功能。

1.1.3 数据库系统

1. 数据库

数据库（DataBase，DB）是存放数据的仓库，这个仓库长期存放在计算机存储设备上，库中的数据是按一定的格式存储的。即数据库是长期存储在计算机的外存，有组织、可共享的大量数据的集合，数据库中的数据按一定的数据模型组织、描述和储存，数据具有较小的冗余，有较高的数据独立性和易扩展性，并可为各种用户所共享。

综上所述，数据库的数据具有永久存储、有组织和可共享 3 个基本特点。

2. 数据库管理系统

如何科学地组织和存储数据，如何高效地获取和维护数据，完成这个任务的是一个系统软件，即数据库管理系统。

数据库管理系统（DataBase Management System，DBMS）是位于用户与操作系统之间的一层数据库管理软件，Access 正是这样一种软件。常见的数据库管理系统软件还有：Visual FoxPro、SQL Server、Oracle 、Sybase、MySQL 等。

数据库管理系统的主要功能是：

（1）数据定义。定义数据类型及数据库存储形式的功能，此功能使用户可以按照要求在计算机中建立数据库和定义数据库的结构，并且存储用户输入的数据。

（2）数据操作。用户根据此功能可按要求对数据库中的数据进行增加、修改、查询和删除等操作。

（3）数据库的事务管理和维护。此功能用以保证数据的恢复、数据库的并发控制、数据完整性控制、数据安全性控制等。提供各种实用工具完成数据导入导出、数据库备份、数据库性能监控等。

（4）数据通信。主要用于数据库与操作系统的接口，以及用户应用程序与数据库的接口。

3. 数据库系统

数据库系统（DataBase System，DBS）是指在计算机系统中引入数据库后的系统，一般由数据库、数据库管理系统（及其开发工具）、应用系统、数据库管理员组成。在不发生混淆的情况下，人们也常常把数据库系统简称为数据库。图 1-1 所示是数据库系统的构成。

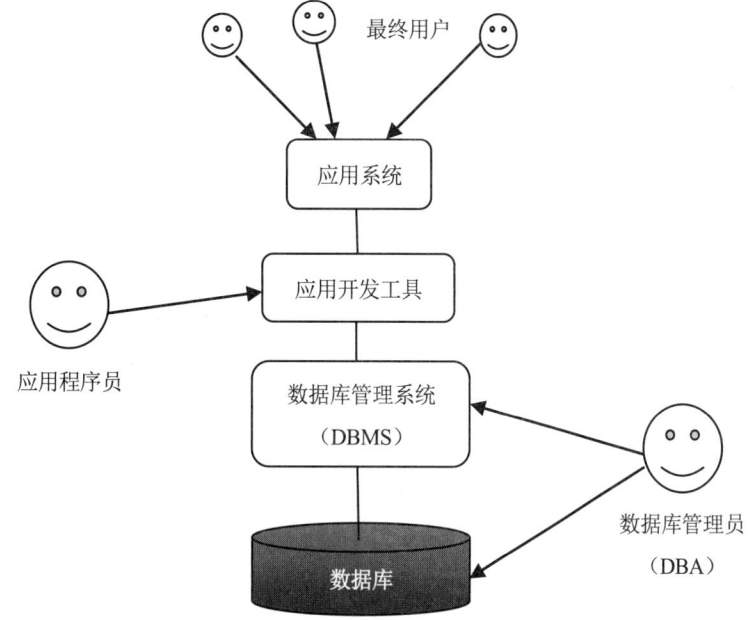

图 1-1　数据库系统的构成

从图 1-1 中可以看出，数据库的建立、使用和维护等工作只靠一个 DBMS 是远远不够的，还要有专门的人员来完成，这些人被称为数据库管理员（DataBase Administrator，DBA）。

数据库系统有以下几个特点：

（1）数据结构化。这是数据库系统与文件系统的本质区别。

（2）数据的共享性高、冗余度低，易扩充。数据共享减少了数据冗余，节约了存储空间。

（3）数据独立性高。数据与应用程序相互独立，可以简化应用程序的编制，方便应用程序的维护和修改。

（4）数据由数据库管理系统软件（DBMS）统一管理和控制。

4. 数据库系统的三级模式

数据库系统可以分为外模式、概念模式和内模式三级。

（1）外模式。一个数据库往往拥有许多用户，对某一个用户来说，可能仅对其中的一部分数据感兴趣，外模式就是定义满足不同用户需要的数据库。外模式是用户与数据库的接口，是应用程序可见到的数据描述。用户对数据库的操作，只能与外模式发生联系，这也是保证数据库安全性的一个有力措施。所以外模式又叫用户模式或子模式（把外模式看作是概念模式的一个子集）。

例如在教学管理系统中，学生与教师登录系统后，所看到的数据是不一样的。学生可以（需要）看到所选的课程名称、学分、授课教师姓名、授课地点与时间、课程成绩等信息，教师可以（需要）看到学生的学号、姓名、专业、班级等信息。这就是在教学管理系统中，不同用户有不同的外模式。

（2）概念模式。概念模式又叫逻辑模式，简称为模式。作为三级模式的中间级，它既与应用程序及其所使用的语言及工具无关，也不涉及数据库采用的存储结构和硬件环境。

一个数据库可以有多个外模式，但概念模式只有一个。它是整个数据库的核心，它可能包括数据记录的结构，数据项的名称、类型、取值范围，数据之间的联系，以及有关数据完整性的要求等。

（3）内模式。内模式又叫存储模式或物理模式，是数据在数据库内部的表示方式，即计算机实际存在的数据库。一个数据库只有一个内模式。对于一般用户来说，通常不需要关心内模式的具体实现细节。

图 1-2 所示是数据库系统的三级模式。

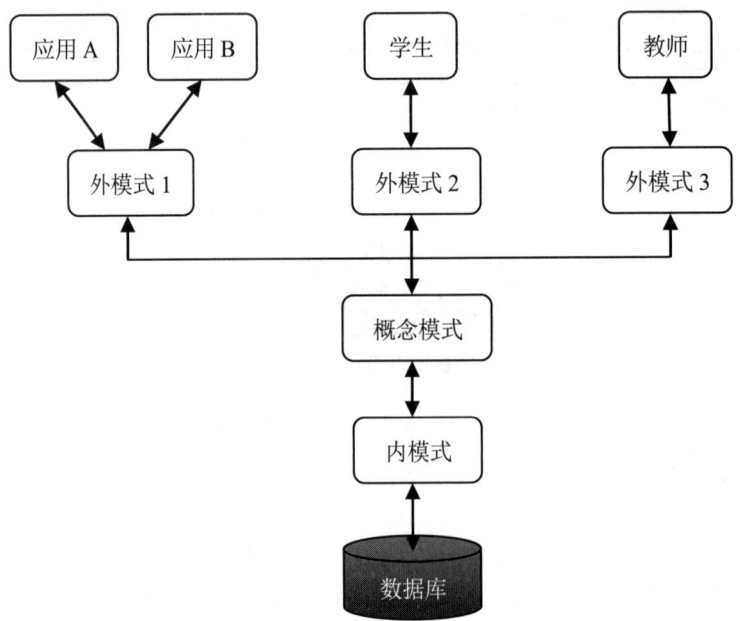

图 1-2　数据库系统的三级模式

1.1.4　数据模型

1. 数据模型的分类

目前数据库领域中最常用的数据模型有：层次模型、网状模型、关系模型、面向对象模型、对象关系模型。

2. 关系模型

当前应用最多的是关系模型。在关系模型中，实体以及实体间的联系都是用关系来表示的，所有实体及实体之间联系的关系的集合构成一个关系数据库。Access 是一种关系型数据库管理系统软件。

一个关系的数据结构就是一张规范化的二维表格，表 1-1 所示是一个典型的关系模型数据结构，也是日常工作、生活中经常用到的一种表格。

表 1-1 课程表

课 程 号	课 程 名 称
1001	英语精读
1002	英语口语
2005	大学语文

关系中的列称为属性或字段、数据元素，用以描述数据的特征。每个属性必须有属性名（字段名），在"课程表"中分别为：课程号、课程名称，即表中的第一行是属性名。

关系中的行称为元组或记录，记录是由多个属性值组成的，如第一个元组（记录）是"1001""英语精读"。表 1-1 中有 3 个元组（记录）、2 个属性（字段）。

上述关系可以表示为：课程表（<u>课程号</u>,课程名称），"课程表"是这个关系的名称，括号内是 2 个属性的名称，带下划线的表示该属性是主码（也叫主属性、主键），在关系"课程表"中，课程号是主码。

对于课程表中的第一个元组的描述是：("1001","英语精读")。

3．数据模型三要素

数据模型有 3 个要素，即数据结构、数据操作及数据的完整性约束条件。

数据结构描述数据库的组成对象以及对象之间的联系，是对系统静态特征的描述；数据操作是指对数据库中各种对象的实例允许执行的操作的集合，是对系统动态特征的描述；数据的完整性约束条件是一组完整性规则，用以限定符合数据模型的数据库状态以及状态的变化，以保证数据的正确、有效、相容。

1.1.5 关系代数

1．传统的集合运算

（1）并运算 U（Union）。并运算是指关系 R 与关系 S 中的所有元组合并，去掉重复的元组，组成一个新关系。前提是关系 R 与关系 S 的属性个数（即列数）必须相等并相同。

【例 1-1】设关系 R 与关系 S 分别如表 1-2、表 1-3 所示，R 与 S 的并运算（R∪S）结果如表 1-4 所示。

R 与 S 都是 4 元关系，并运算的结果仍然是 4 元关系（即 4 列）。

表 1-2 关系 R

学 号	姓 名	性 别	班 级
17010001	王铁	男	英语 17
17010002	何芳	女	英语 17
17010003	肖凡	男	英语 17

表 1-3 关系 S

学 号	姓 名	性 别	班 级
17020004	童星	男	数学 17
17010002	何芳	女	英语 17
17020005	王芳	女	数学 17

表 1-4 R∪S（并）

学 号	姓 名	性 别	班 级
17010001	王铁	男	英语 17
17020004	童星	男	数学 17
17010002	何芳	女	英语 17
17010003	肖凡	男	英语 17
17020005	王芳	女	数学 17

（2）差运算-（Except）。差运算是从关系 R 中删除与关系 S 中相同的元组（R 与 S 的属性个数必须相等并相同），R 中剩余的元组组成一个新关系。

【例 1-2】设关系 R 与关系 S 分别如表 1-2、表 1-3 所示，R 与 S 的差运算（R-S）结果如表 1-5 所示。

（3）交运算∩（Intersection）。交运算取关系 R 与关系 S 中相同的元组（R 与 S 的属性个数必须相等并相同）。

【例 1-3】设关系 R 与关系 S 分别如表 1-2、表 1-3 所示，R 与 S 的交运算（R∩S）结果如表 1-6 所示。

表 1-5 R-S（差）

学号	姓名	性别	班级
17010001	王铁	男	英语 17
17010003	肖凡	男	英语 17

表 1-6 R∩S（交）

学号	姓名	性别	班级
17010002	何芳	女	英语 17

（4）广义笛卡尔积×（Cartesian Product）。广义笛卡尔积允许两个关系的属性个数不相等。运算结果是两个关系的"列"相加、"行"相乘。

【例 1-4】设关系 R1 与关系 S1 分别如表 1-7、表 1-8 所示，R1 与 S1 的笛卡尔积运算（R1×S1）结果如表 1-9 所示。

其中"R1.学号"表示关系 R1 中的学号，"S1.学号"表示关系 S1 中的学号，小数点"."表示一种所属关系。

表 1-7 关系 R1

学 号	姓 名
17010001	王铁
17010002	何芳
17010003	肖凡

表 1-8 关系 S1

学 号	课程号	期末成绩
17010001	1001	76
17010001	2005	80
17010003	1001	89

表 1-9 R1×S1（笛卡尔积）

R1.学号	姓 名	S1.学号	课程号	期末成绩
17010001	王铁	17010001	1001	76
17010001	王铁	17010001	2005	80
17010001	王铁	17010003	1001	89
17010002	何芳	17010001	1001	76
17010002	何芳	17010001	2005	80
17010002	何芳	17010003	1001	89

续表

R1.学号	姓　　名	S1.学号	课程号	期末成绩
17010003	肖凡	17010001	1001	76
17010003	肖凡	17010001	2005	80
17010003	肖凡	17010003	1001	89

2．专门的3种关系运算

（1）选择（Selection）。选择是指在一个关系中选出若干条记录，如在表1-1的"课程表"中选出"英语精读"和"英语口语"两条记录。

（2）投影（Projection）。投影是指从表中选择若干列，如在表1-1的"课程表"中选择"课程名称"一列。

（3）联接（也叫连接）（Join）。联接是指将两个表连接成一个表，可分为等值联接与自然联接两种。

等值联接是从关系R1与S1的广义笛卡尔积中选取公共属性值相等的那些元组。

【例1-5】设关系R1与关系S1分别如表1-7、表1-8所示，R1与S1的等值联接的结果如表1-10所示。

表1-10　R1与S1的等值联接

R1.学号	姓　　名	S1.学号	课程号	期末成绩
17010001	王铁	17010001	1001	76
17010001	王铁	17010001	2005	80
17010003	肖凡	17010003	1001	89

在这个例子中，"学号"列是公共属性，只有"R1.学号"与"S1.学号"的值相等的记录形成结果。

自然联接是一种特殊的等值联接，它要求两个关系中进行比较的分量必须是相同的属性组，并且在结果中把重复的属性列去掉。

【例1-6】设关系R1与关系S1分别如表1-7、表1-8所示，R1与S1的自然联接的结果如表1-11所示。

表1-11　R1⋈S1（自然联接）

学　　号	姓　　名	课程号	期末成绩
17010001	王铁	1001	76
17010001	王铁	2005	80
17010003	肖凡	1001	89

1.2　习　　题

一、选择题

1．数据库系统（　　）。

    A．数据一致性是指数据类型一致　　B．避免了一切数据冗余
    C．与文件系统相比没有太多的区别　　D．减少了数据冗余
2．用树形结构表示实体间联系的模型称为（　　）。
    A．关系型　　　B．层次型　　　C．网状型　　　D．星型
3．专门的关系运算是（　　）。
    A．排序、索引、统计　　　　B．选择、投影、联接
    C．关联、更新、排序　　　　D．显示、打印、制表
4．Access 是一种（　　）型数据库管理系统。
    A．关系　　　B．网状　　　C．层次　　　D．超链接
5．关系表中的每一列称为（　　）。
    A．属性　　　B．记录　　　C．元组　　　D．都不对
6．关系表中的每一行称为（　　）。
    A．属性　　　B．字段　　　C．域　　　D．元组
7．（　　）运算可能改变关系中的属性个数（即列数）。
    A．并　　　B．交　　　C．投影　　　D．差
8．设 R1 为 3 元（即 3 列）关系，R2 为 4 元（即 4 列）关系，下列运算中（　　）是合法的。
    A．R1∩R2（交运算）　　　B．R1∪R2（并运算）
    C．R1⋈R2（自然联接）　　　D．R1-R2（差运算）

二、填空题

1．数据管理技术的发展，经过了_____、文件管理系统阶段及数据库管理系统阶段三个阶段。
2．数据库系统的三级模式，是_____、概念模式及_____。
3．传统的集合运算包括：_____、差、_____及笛卡尔积。
4．常用的数据模型有：层次模型、_____、_____、面向对象模型及对象关系模型。
5．在关系模型中，每一个二维表格称为一个_____。
6．在指定的关系中选取所有满足给定条件的元组，从而构成一个新的关系，这种关系运算称为_____运算。
7．在指定的关系中选取若干个属性（即若干个字段），从而构成一个新的关系，这种关系运算称为_____运算。
8．数据模型 3 要素，包括数据结构、_____和_____。
9．设关系 R 与关系 S 分别如表 1-12 与表 1-13 所示，分别对表 1-14、表 1-15、表 1-16 及表 1-17 填空。

表 1-12 关系 R

A	B	C
a1	a2	a3
x	y	z
c1	c2	c3
d1	d2	d3

表 1-13 关系 S

A	B	C
b1	b2	b3
x	y	z

表 1-14 R∪S（并运算）

A	B	C
a1	a2	a3
x	y	z
c1	c2	c3
d1	d2	d3
b1	b2	b3

表 1-15 R∩S（交运算）

A	B	C
x	y	z

表 1-16 R-S（差运算）

A	B	C
a1	a2	a3
c1	c2	c3
d1	d2	d3

表 1-17 R×S（笛卡尔积）

R.A	R.B	R.C	S.A	S.B	S.C
a1	a2	a3	b1	b2	b3
a1	a2	a3	x	y	z
x	y	z	b1	b2	b3
x	y	z	x	y	z
c1	c2	c3	b1	b2	b3
c1	c2	c3	x	y	z
d1	d2	d3	b1	b2	b3
d1	d2	d3	x	y	z

10. 已知关系 R1 与关系 S1 分别如表 1-18 与表 1-19 所示，对表 1-20 填空。

表 1-18 关系 R1

A	B	C	D
r	s	u	v
w	x	y	t
m	n	l	p
s	t	u	c

表 1-19 关系 S1

D	E
v	32
a	34
c	33
c	48

表 1-20 R1⋈S1（自然联接）

A	B	C	D	E
r	s	u	v	32
s	t	u	c	33
s	t	u	c	48

第 2 章　数据库与表

2.1　Access 简介

Access 是 Microsoft 公司推出的办公自动化集成软件 Office 中的一个模块，是当今流行的、功能较强的关系型数据库管理系统，具有强大的交互式设计功能，因此深受广大用户的喜爱。

随着 Office 的版本不断更新，Access 的界面也有所不同，但是数据库的基本规律及操作方法区别不大。本书以 Access 2010 版为主要软件背景，同时阐明与其他版本的实质性区别及兼容性的问题。

2.1.1　版本的兼容性

Access 的版本从 95、97、2000、2002、2003 版，到 2007、2010、2013、2016 版，一般把 2003 版及以前的版本称为早期版本。早期版本所创建的库文件的扩展名是 mdb，2007 版及以后的版本所创建的库文件扩展名是 accdb。不同的文件扩展名意味着文件在格式上会有差别，因此早期版本建立的 mdb 文件与 Access 2007 之后版本建立的 accdb 文件存在着一个兼容性的问题。

在 Access 2007 以上版本中既可以打开格式为 accdb 的数据库文件，也可以打开 mdb 的数据库文件，即向下兼容。

在早期版本中无法打开 accdb 格式的数据库文件，即早期版本的 Access 只能打开 mdb 格式的数据库。如果要想使 accdb 格式的数据库文件能在早期版本中运行，方法是：在 Access 2007 以后的版本中将库文件另存为 mdb 格式。但是要注意，如果在 accdb 格式数据库中存在着早期版本中所没有的功能，则可能无法完成转换。另外，accdb 数据库另存为 mdb 数据库之后，在早期版本中有些对象及控件很可能仍然不能正常运行。

2.1.2　Access 的界面简介

Access 具有与 Word、Excel 等相同的操作界面和使用环境。

1. 功能区

功能区显示在窗口的顶部，以"选项卡"的形式出现。如图 2-1 所示，功能区中有"开始""创建""外部数据"等选项卡，选项卡和可用命令将随着所执行操作的变化而变化。每个选项卡根据命令的作用，又分为多个"选项卡组"，简称为"组"。每个组由若干个按钮组成，如"剪贴板"组中有"粘贴""剪切""复制"等按钮。

2. 导航窗格

导航窗格位于功能区下方的左侧，用来显示数据库中已经创建好的各种对象。图 2-1 中已有"课程表""学生信息表""课程查询"及"课程窗"4 个对象。

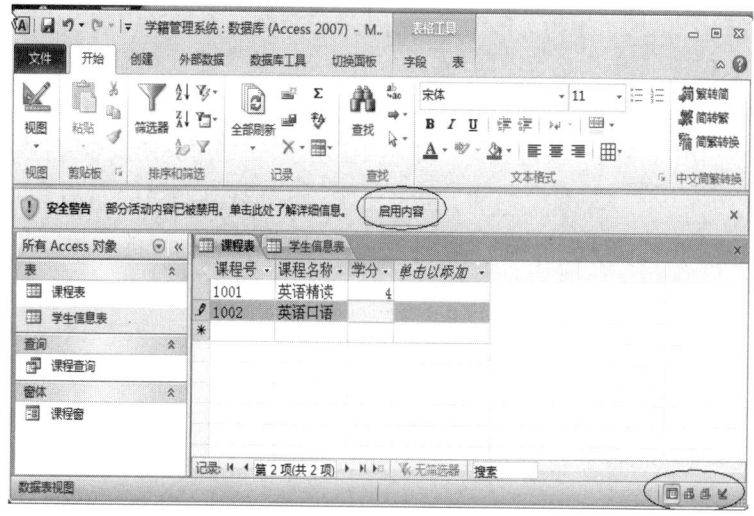

图 2-1　Access 界面

3. 工作区

工作区位于导航窗格的右侧，用于对数据库对象进行设计、编辑、修改、显示以及打开运行数据库对象。默认情况下，工作区中的数据库对象是以选项卡式的文档显示的。图 2-1 中打开了"课程表"及"学生信息表"两个对象。

如果想要以重叠式窗口来显示工作区中的数据库对象，可以在图 2-1 所示界面中选择"文件"选项卡，再单击左下方的"选项"按钮（参见图 2-4），打开"Access 选项"对话框，如图 2-2 所示。在此对话框中选择"当前数据库"选项卡，在右侧"文档窗口选项"选项组中选中"重叠窗口"单选按钮，单击"确定"按钮。以重叠式窗口显示数据库对象，操作和浏览更为方便。

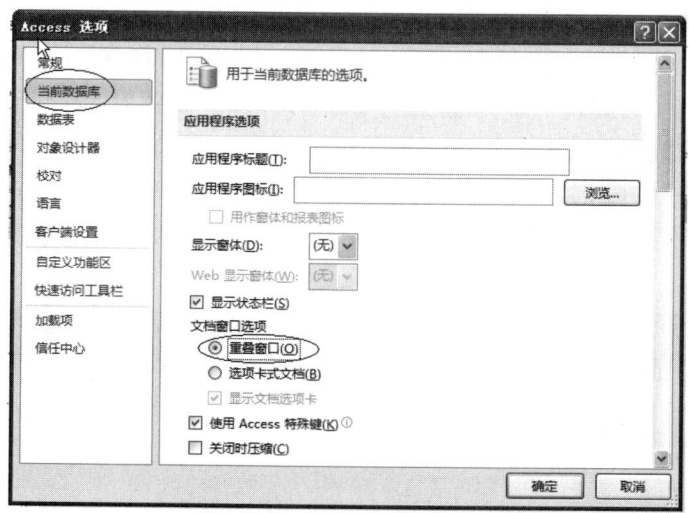

图 2-2　"Access 选项"对话框

4. 安全警告

功能区下方有一个安全警告（如图 2-1 所示）：安全警告 部分活动内容已被禁用，单击此处了解详细信息。很多情况下安全警告自动处于打开状态，此时有些操作是不能实现的，往往需要将安全警告关闭。单击右侧的"启用内容"按钮，安全警告就可以被关闭。

在 Access 2007 版中操作略有不同，在功能区下方也有一个安全警告，单击"安全警告 已禁用了数据库的某些内容"右侧的"选项"按钮，会打开"Microsoft Office 安全选项"对话框，从中选中"启用此内容"单选按钮（如图 2-3 所示），便可关闭安全警告。

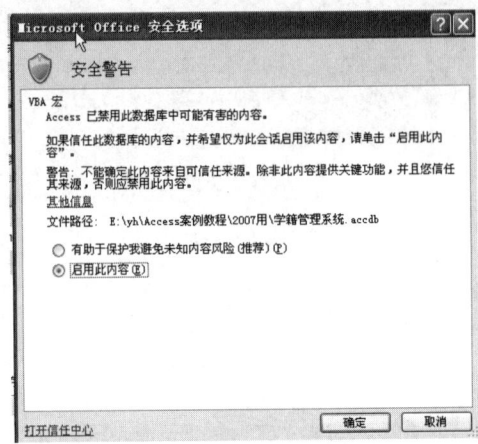

图 2-3　Access 2007 版中的"Microsoft Office 安全选项"对话框

2.2　建立数据库

2.2.1　建立空数据库

【例 2-1】建立一个名为"学籍管理系统"的空数据库。

（1）建立个人文件夹。建议先在 D 盘或 E 盘上（当然也可以在 C 盘）建立一个数据库专用的个人文件夹，以便将下面要创建的"学籍管理系统"数据库保存到个人文件夹中。

（2）建立空数据库。在启动 Access 的第一个界面中，单击"空数据库"按钮，再单击右侧的 按钮（如图 2-4 所示），在打开的"文件新建数据库"对话框中选择准备保存数据库的位置（文件夹），输入数据库名称"学籍管理系统"，最后单击图 2-4 中的"创建"按钮。

所建立的"学籍管理系统"是一个空库，库中还没有任何对象，需要通过后面的实例为数据库逐个建立对象。

2.2.2　Access 数据库文件

Access 的数据库是一个文件，扩展名为 accdb（早期版本所建立的库文件的扩展名为

mdb）。Access 的数据库实际上是一个容器，所有对象都被包含在数据库文件中。一共有 6 种对象：

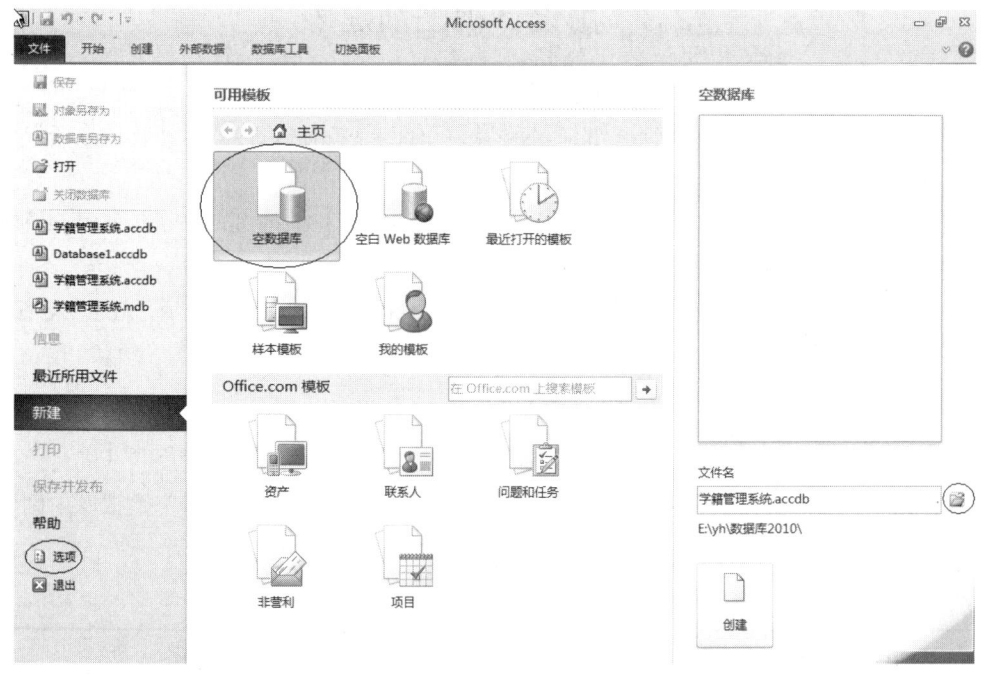

图 2-4 创建"学籍管理系统"数据库

（1）表（Table）。"表"对象是一种关系型表（二维表格），是 Access 用来存储数据的基本对象，其他对象都是基于表对象而产生的，所以在数据库中建立表对象的工作是最为繁重的。

（2）查询（Query）。"查询"是根据某些条件与要求在若干个表中查找出特定的数据，形成新的数据的集合。

（3）窗体（Form）。"窗体"是数据库与用户的一个联系界面，用来显示、操作表或查询中的数据，控制程序流程。

（4）报表（Report）。"报表"用来打印数据，包括打印数据的统计等。

（5）宏（Macro）。"宏"是由一系列的命令组合而成的，可以简化操作，更快捷地完成编程工作。

（6）模块（Module）。"模块"是由 VBA 语言编制的程序段，用以完成宏无法完成的、较为复杂或高级的功能。

2.2.3 用模板创建数据库

利用 Access 数据管理系统自带的模板，可以自动创建数据库及库中的对象。但是用模板创建的数据库，表对象中是没有数据的，仍然需要自己输入。初学者没有掌握各种对象的创建方法和作用，不熟悉各种对象之间的联系，用模板创建的数据库并不适合初学者使用。所以主张初学者应从空数据库开始创建，学会了各种对象的创建与使用后，再借鉴模板作为自己的助手。

2.3 用设计视图创建表

上面提到表是数据库中存储数据的基本对象,下面通过实例,为"学籍管理系统"数据库创建表对象。

创建表的方法有多种:用设计视图创建、直接创建空表、根据 SharePoint 列表创建表、从其他数据源导入或者链接表。

一个关系是由结构与记录两部分组成的,所以用设计视图创建表分两步:先建立表结构,即先建立一个空表,后输入记录。这是最常用也是最重要的创建表的方法。

2.3.1 建立"课程表"

【例 2-2】按照表 2-1 所示内容,在上面已建立的"学籍管理系统"空数据库中创建第一个表对象——课程表。

表 2-1 "课程表"的内容

课 程 号	课 程 名 称	学 分
1001	英语精读	4
1002	英语口语	2
2005	大学语文	3
2012	政治经济学	3
3102	线性代数	3
3111	计算机基础	3
3001	高等数学	3
4009	体育	4
5011	电子商务	1

(1)建立表结构。打开"学籍管理系统"数据库,选择功能区中的"创建"选项卡,在"表格"组中单击"表设计"按钮,打开设计视图,如图 2-5 所示。根据表 2-1 中的内容,在"字段名称"下方输入"课程号",在"数据类型"下方选择"文本",在"字段大小"右侧输入"4"(默认是 255)。在第二行"字段名称"处输入"课程名称",选择数据类型为"文本","字段大小"输入"20"。接着在第三行输入字段名称为"学分",选择数据类型为"数字","字段大小"默认为"长整型"。

"说明"列的内容只是起到注释的作用,与表的创建没有什么关系(即可有可无)。例如,图 2-5 中输入了"课程号设置为文本型。",这句话也可以省略不输入。

(2)为"课程表"设置主键。在图 2-5 中右击"课程号",在弹出的快捷菜单中选择"主键"命令,"课程号"左侧的小方格中出现"钥匙"图标,表示"课程号"已被设为主键。

此外,也可以在选中"课程号"后,单击"设计"选项卡下"工具"组中的"主键"按钮来设置主键,如图 2-6 所示。

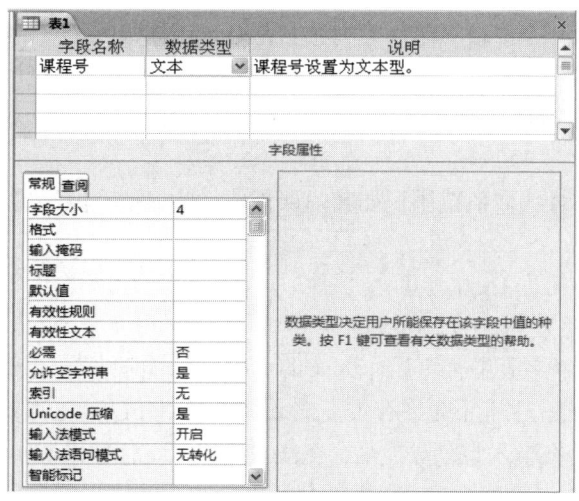

图 2-5　表的设计视图

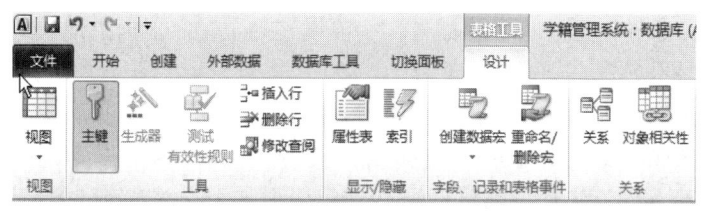

图 2-6　设置主键

（3）保存"课程表"。单击"课程表"的"关闭"按钮，并以"课程表"为表对象的名称保存。此时可以看到左侧的导航窗格中出现一个"课程表"，这就是创建的第一个表对象。

（4）为"课程表"输入记录。双击"课程表"打开数据表视图，按表 2-1 所示内容输入"课程表"的 9 条记录，如图 2-7 所示。最后单击"关闭"按钮，系统将自动保存记录。

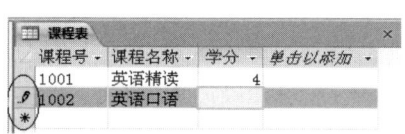

图 2-7　为"课程表"输入记录

图 2-7 中最左侧一列的小方格中有一些小标记，"笔"标记表示当前正在输入的记录；"*"标记表示可以在此输入新记录（这不是一条空白记录，空白记录是不能被保存的）。

另外，在一个已有记录的表对象中，新的记录只能添加在末尾，不能插入到中间。这是因为二维表的特点是表中记录与存放顺序无关，如果需要按一定的顺序排列记录，可以通过设置主键、建立索引、排序等方法来实现（参见后面的实例）。

2.3.2　关系表

1．关系表中的术语

在第 1 章中已经学习过关系（即二维表格）及属性（字段）、元组（记录）等概念，下面进一步学习关系表中的有关术语。

(1) 字段名。每一个字段（属性）的命名是有一定规则的，规则与 Windows 中对文件名的规定略有不同。字段名的长度一般为 1~64 个字符，字段名中可以使用字母、汉字、数字、空格和其他字符，但不能使用句号、惊叹号、方括号、单引号、双引号，不能以空格开头，建议最好不用空格。

(2) 域。域是属性的取值范围，如某门课程成绩的取值范围为 0~100，成绩字段的域就是 0~100。

(3) 主关键字（简称主键，也叫主属性）。在一个表中虽然允许不设主键，但在一般情况下主键往往是非常需要甚至必不可少的。

什么样的字段或者字段组合可以作为表的主键呢？能唯一标识表中每一条记录的字段或字段集可以作为主键，主键不允许有重复值或空值（NULL）。这里要强调"空值"不是空格，也不是 0，空值是在输入记录时，某个字段没有输入过任何值，叫做空值，记作 NULL。例如，在图 2-7 中，如果"英语口语"的学分什么值也不输入，那么第 2 条记录的"学分"字段的值就是空值（NULL）。

在上面的例 2-2 中，已经将"课程号"字段设置为主键，根据主键的定义，每一条记录中的课程号的值是不允许重复和为空的。

主键不仅因为它的性质使得在输入记录时减少出错，而且在数据库中有多个表时，表与表之间需要建立关联，主键更是必不可少的。一个表中只能有一个主键。

对于一个用来存储学生档案的信息表，"学号"字段作为主键最合适，可以避免两个学生的学号重复。而姓名作为主键不合适，因为难免会有同名同姓的学生。同样，如职工信息表中将职工号设置为主键、户籍资料信息中用身份证号作为主键，就不会出现重复，由此可见主键的实用性与重要性。

有时在一个表中找不到没有重复值的字段，这时也可以用两个或两个以上的字段集一起作为主键，注意是一起作为一个主键，而不是作为多个主键。或者专门设置一个类型为"自动编号"型的字段来作为表中的主键。所以主键有 3 种类型：单字段型、多字段型（一般最多为 10 个字段）及自动编号型。

(4) 候选关键字。候选关键字的作用及能作为候选关键字的条件与主关键字是一样的。例如，在"课程表"中课程号可以作为主键，课程名称也符合作为主键的条件，这两个字段都是候选关键字。一个表可以有多个候选关键字，但只有一个主键，也就是说在候选关键字中只能选择一个作为表的主键。

(5) 外关键字（简称外键）。一个表中的某个字段或者字段集是另一个表中的主键，这个字段或字段集就是外键。作为外键的字段名同另一表中的主键字段名可以相同，也可以不相同（建议取相同的字段名），但这两个字段的类型必须一致。

在一个表中不能有同名的字段名存在，也不应该有相同的记录存在。如果在人事档案表中，有两条记录的姓名是同名的，那么两个人的工作证号是不同的，或者还可以有其他像性别、出生日期、参加工作时间等的不同，以区别两条记录。

2. 关系表的设计原则

设计表是数据库系统设计中最重要的一个环节。表中字段设计的合理与完整与否，是一个数据库是否成功的关键，对于以后表的维护以及建立查询、窗体和报表等数据库对象有着直接的影响。设计表应该遵循以下原则：

(1) 一个表包含一个主题信息。如课程表只包含课程信息, 不应包含学生信息。
(2) 一个表中不能有相同的字段名。
(3) 一个表中不能有重复的记录。
(4) 表中同一列的数据类型必须相同。如课程表中的课程号中不能出现学分的值。
(5) 一个表中的记录顺序、字段顺序可以任意交换, 不影响实际存储的数据。
(6) 表中每一个字段必须是不可再分的数据单元。如课程表中不应该设置一个名为"课程编号及名称"这样的字段。

3. 表的主要视图方式

前面提到, 表由结构与记录两部分组成, 所以在建立"课程表"时, 输入字段(结构)与输入记录时的视图是完全不同的。表有两种主要的视图方式。

(1) 设计视图。设计视图用来编辑和修改表的结构, 即编辑和修改表中的所有字段, 包括字段名及字段类型、字段大小等。如图 2-5 所示是表的设计视图。

(2) 数据表视图。数据表视图用来编辑和修改记录。如图 2-7 所示是表的数据表视图。

两种视图方式可以切换, 可右击图 2-7 中的表名选项卡"课程表", 在弹出的快捷菜单中进行选择; 也可单击图 2-6 中最左侧的"视图"下拉按钮, 进行不同视图方式的切换, 或者通过界面右下角的视图按钮来切换 (如图 2-1 所示)。

2.3.3 数据类型

在图 2-5 中为"课程表"的字段选择数据类型时, 可以看到 Access 2010 有 12 种字段类型, 具体见表 2-2。

表 2-2 字段的数据类型

数据类型	说明	大小
文本型(更高版本中为短文本型)	由字母、汉字、数字及各种符号组成	长度为 1~255 个字符
备注型(更高版本中为长文本型)	适用于长度较长的数据, 如备注、简历、内容提要等	1~65 535 个字符(即最长 64KB)
数字型	1. 字节型 0~255, 无小数 2. 整数型 -32 768~32 767, 无小数 3. 长整型 -2 147 483 648~2 147 483 647, 无小数 4. 单精度型 -3.4×10^{38}~3.4×10^{38}, 7 位小数 5. 双精度型 -1.7×10^{308}~1.7×10^{308}, 15 位小数 6. 小数 -1.7×10^{308}~1.7×10^{308}, 28 位小数 7. 同步复制	1B 存储 2B 存储 4B 存储 4B 存储 8B 存储 12B 存储 16B 存储
日期/时间型	存储日期时间值	8B 存储
货币型	整数部分 15 位, 小数部分 4 位, 自动添加货币符号及千分位分隔符	8B 存储
自动编号型	在添加记录时自动递增, 不随记录删除而变化	4B 存储
是/否型	用于存储逻辑型数据, 只有两种值: 真、假。用 Yes 或-1 或 True 表示真, No 或 0 或 False 表示假	1 位

续表

数 据 类 型	说　　明	大　　小
OLE 对象型	存储多媒体数据	不超过 1GB
超链接型	存储作为超链接地址文本，如电子邮箱、网页地址（URL）等	最长 65 535 个字符
查阅向导型	存储从列表框或组合框中选择的文本或数值	4B 存储
附件型（早期版本中没有）	用于存储任何技术的文件类型，类似于电子邮件中的附件	取决于附件
计算型（2007 版以下没有）	表达式或结果类型是小数	8B 存储

自动编号型字段的值在输入记录时会自动递增填入，不需要也不能手动输入，且不会有重复值。因此自动编号型的字段可以提供唯一值，每个自动编号型的值只与一条记录绑定，删除某条记录，该记录的自动编号值作废，即该自动编号的值不会再赋值给其他记录。一个表中只能有一个自动编号型的字段。

通过上例总结，表的建立步骤应该分两步，先建表结构，后输入表记录。表结构建立涉及字段名称、字段类型和字段属性，应在表的设计视图中进行；表记录的输入在数据表视图中完成。

【例 2-3】为"课程表"添加一个字段，字段名为"课程介绍"，附件型，并为课程号是"3111"的记录添加附件内容。

（1）打开"课程表"的设计视图，增加一个新字段"课程介绍"，类型为附件型。

（2）切换到数据表视图，双击课程号为 3111 的记录的回形针标记，在弹出的"附件"对话框中单击"添加"按钮，打开"选择文件"对话框，选择需要添加的文件，如"计算机基础课程大纲.docx"。此时回形针标记旁圆括号中出现了"1"，表示已添加了一个文件。可以继续添加更多的文件，最后单击"确定"按钮并关闭"附件"对话框。

图 2-8　为附件型字段输入数据

2.3.4　建立"学生信息表"

【例 2-4】为"学籍管理系统"数据库创建第二个表对象：学生信息表。

（1）设计表结构。表 2-3 所示是"学生信息表"的结构，字段的类型及大小应根据实际情况来设计。

表 2-3　"学生信息表"的结构

字 段 名 称	数 据 类 型	字 段 大 小
学号	文本型	8
姓名	文本型	20
性别	查阅向导型	
民族	文本型	20
班级	文本型	20
出生日期	日期/时间型	
是否团员	是/否型	
籍贯	文本型	20
电话	文本型	20
邮箱地址	超链接型	
照片	OLE 对象型	
简历	备注型	

"姓名""民族""班级""籍贯"字段类型只能是文本型。

"学号""电话"字段的值虽然都是数字，但是这些数据是不需要参加算术运算的。如工作证号、身份证号、工资号、课程号、邮政编码、电话号码等不需要参加算术运算的数据，一般应尽量设置成文本型，这样可以保留住前置零。例如，把电话号码中的区号设置成数字型，那么区号 010，输入后会自动变成 10（对于数字来说前置零是无效的，所以前置零不被保留），把"区号"字段设置成文本型就不存在这样的问题。

"照片"是多媒体数据，必须用 OLE 对象型。

"简历"字段的数据可能比较长，而且长短不一，设置成备注型比较合适。

如果某个字段的值只有两种，不可能有第三种以上的值，那么设置成是/否型比较合适。例如，"是否团员"字段只有"是"与"不是"两种值，所以可以设置成是/否型。当然，设置成文本型也是可以的。

"邮箱地址"设置成超链接型，可以方便发邮件。

"性别"字段完全可以设置成文本型，也可以设置成是/否型，因为性别只有两种值。正因为性别的值是固定的，所以设置成查阅向导型可以使输入记录更为方便。

（2）用设计视图建立"学生信息表"的结构。建立表结构的方法在例 2-3 中已学习过，这里主要说明"查阅向导"型字段的建立方法。

打开"学籍管理系统"数据库，选择功能区中的"创建"选项卡，在"表格"组中单击"表设计"按钮，打开设计视图，按表 2-3 所示输入各字段名及类型、大小等。

其中"性别"字段的建立方法如下：当选择字段类型为"查阅向导"后，出现"查阅向导"对话框，选中"自行键入所需的值"单选按钮（见图 2-9），单击"下一步"按钮；在出现的下一个对话框中（见图 2-10）输入"男""女"，接下来按向导提示完成操作。这时"性别"字段的数据类型仍然显示为"文本"两个字，这是正常的，在后面输入记录时会看到查阅向导型字段与其他类型的区别。

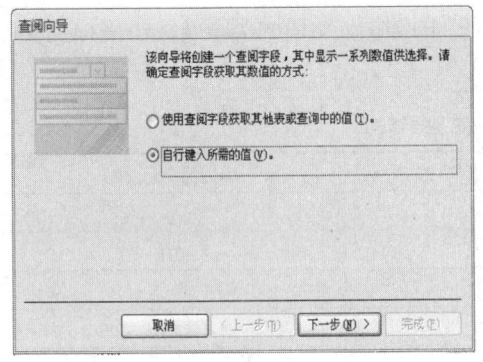

图 2-9 "查阅向导"对话框(一)

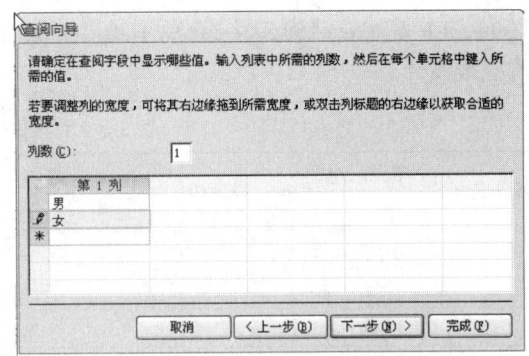

图 2-10 "查阅向导"对话框(二)

(3) 将"学号"字段设置为主键。右击"学号",在弹出的快捷菜单中选择"主键"命令。

(4) 为方便观察字段属性设置之后所产生的效果,先输入一条记录。

切换到数据表视图,按照表 2-4 所示内容输入第一条记录。

表 2-4 "学生信息表"的第 1 条记录

学号	姓名	性别	民族	班级	出生日期	是否团员	籍贯	电话	邮箱地址	照片	简历
17010001	王铁	男	白	英语17	1999年12月1日	是	河北	12001300111	wt@sohu.com		

在此要强调的是"性别""出生日期""是否团员""照片"字段的输入方法。

"性别"是查阅向导型字段,当把光标放到"性别"字段下方时,会出现下拉箭头,用鼠标单击下拉箭头,会出现下拉列表,根据需要选择"男"或"女"。

"出生日期"是日期/时间型字段,不要输入年、月、日这几个汉字,应该在英文半角状态下输入,如"1999-12-1"或者"1999/12/1"。

"是否团员"字段下方有一小方格,用鼠标单击出现"√"标记,表示是团员。如果不是团员不要用鼠标单击,即小方格中没有"√"标记的表示不是团员。这是是/否型字段的特点。

"照片"字段的输入可以有两种方法:一是右击需输入照片处,在弹出的快捷菜单中选择"插入对象"命令,在打开的对话框中选中"由文件创建"单选按钮(见图 2-11),随后直接选择要输入的照片或者图片文件即可;另一种方法是在图 2-11 中选中"新建"单选按钮,在"对象类型"列表框中选择"Microsoft Word 文档",单击"确定"按钮打开 Word 窗口,在"插入"选项卡下的"插图"组中单击"图片"按钮,插入所需的图片。

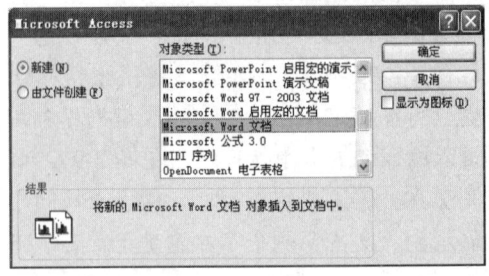

图 2-11 Microsoft Access 对话框

两种方法输入的照片都不会在表中直接显示，只显示"包"或者"Microsoft Word 文档"等字样，在后面建立窗体时会看到图片显示。要说明的是：用第一种方法输入的照片在窗体中可能不能很好地显示，所以建议用第二种方法输入照片。

2.3.5 字段属性

在图 2-5 的表设计视图中，可以看到字段有"字段大小""格式"等属性，不同类型的字段，属性有所不同。下面来讨论主要属性。

1．字段大小

字段大小只对文本、数字型及自动编号型有效。当字段为数字类型时，字段大小可以选择整型、长整型等（见表 2-2）。字段为文本类型时，字段大小可设置为 1~255，表示该字段所能容纳的字符的最大个数。例如"课程名称"字段的字段大小设置为 20，表示最多可以输入 20 个字符。注意是 20 个字符不是 20 个字节，即字符个数不分半角与全角，如 20 个字符最长可以输入 20 个半角的数码、字母或其他符号，也可以输入 20 个全角的汉字或者 20 个其他全角字符。

2．格式

格式用来限制显示或打印的方式，只影响显示方式，不影响数据保存方式。如果不设置格式，则以默认格式显示。

格式只对日期/时间型、数字型、货币型、文本型、备注型、超链接型及是/否型数据有效。

格式中会用到一些特殊的符号作为格式字符。表 2-5 列出了格式及输入掩码中常用的格式字符。更多的格式字符及用法可以查阅有关手册。

表 2-5　格式字符

格 式 字 符	用　　途
0	数字 0~9，必需，不允许+和-，不允许输入空格
9	数字 0~9，可选，不允许+和-
#	数字或空格，可选，允许+和-
L	字母 A~Z，必需，不能有空格、汉字
?	字母 A~Z，可选
A	字母或数字，必需
a	字母或数字，可选
&	任何字符或空格，必需。一般用于汉字
C	任何字符或空格，可选
. , ; : - /	小数点占位符、千位、日期与时间的分隔符
<	将其后的字母转为小写显示
>	将其后的字母转为大写显示
!	从右到左显示
\	将其后的字符显示为原义字符
密码（Password）	文本框中输入任何字符都按原字符保存，但以*显示

3. 输入掩码

输入掩码用来控制在字段中输入数据，起到格式的限制与统一作用。例如，将"学号"字段的输入掩码设置为：00级000000，输入时限制前两位代表年级，后6位代表序号，以减少出错率。

当某个字段既设置了格式属性，又设置了输入掩码时，则格式属性优先于输入掩码的设置。

4. 标题

字段名可以与显示的标题不一致。在设计视图中显示的是字段名，在数据表视图中显示的是标题，不设置标题，则标题与字段名相同。

5. 默认值

如果某个字段的值大部分是同一个值，可将这个值设置为默认值，以减少输入工作量。

6. 有效性规则与有效性文本

在有效性规则中可以输入必要的规则，以限制字段的域，在后面的实例中会用到这种规则；有效性文本中可以输入一些文字，当输入记录违反了所设置的有效性规则时，会弹出有效性文本以示警告。

7. 必填字段

默认为"否"，即字段的值允许不输入，设置成"是"，则可以避免字段值为空。

8. 允许空字符串（仅对文本型）

在输入记录时，允许字段的值为空字符串。

9. 索引（在此用于设置单字段索引）

索引可以取3种值：无、有（有重复）、有（无重复）。OLE对象型及附件型字段不能设置索引属性。

其他属性一般取其默认值即可。

【例2-5】 切换到设计视图，为"学生信息表"设置字段属性。

（1）设置出生日期的显示格式。选择"出生日期"字段，在"格式"文本框中选择长日期格式。当切换到数据表视图时，可以看到日期值自动加上了年、月、日。

（2）设置"邮箱地址"字段值以大写显示。选择"邮箱地址"字段，在"格式"文本框中输入：>。

（3）设置学号的输入掩码为：××级××××××。选择"学号"字段，在"输入掩码"文本框中输入：00级000000。

（4）设置民族的默认值属性。考虑到表中"民族"字段值"汉"占大部分，所以将"汉"设置为默认值，以减少输入记录时的工作量。选择"民族"字段，在"默认值"文本框中输入：汉。

（5）设置姓名为必填字段。选择"姓名"字段，在"必填字段"文本框中选择：是。这样可以保证"姓名"字段不为空。

【例2-6】为"课程表"的"课程介绍"字段设置标题属性。

以设计视图方式打开"课程表",选择"课程介绍"字段,在标题文本框中输入:课程介绍。

"课程介绍"字段是附件型,数据表视图中显示的是一个回形针标记,通过设置标题属性,数据表视图中就可以显示标题:课程介绍。

【例2-7】按表2-6所示的内容,为"学生信息表"输入所有记录(第一条记录在例2-4中已输入)。

表2-6 "学生信息表"的记录

学号	姓名	性别	民族	班级	出生日期	是否团员	籍贯	电话	邮箱地址	照片	简历
17010001	王铁	男	白	英语17	1999年12月1日	是	河北	12001300111	wt@sohu.com		
17010002	何芳	女	汉	英语17	1999年11月2日	是	陕西	12001300112	hf@sohu.com		
17010003	肖凡	男	汉	英语17	1998年9月9日	是	山东	12001300113	xf@sohu.com		
17020004	童星	男	汉	数学17	2000年7月8日	否	河北	12001300114	tx@sohu.com		
17020005	王芳	女	汉	数学17	1999年5月6日	否	北京	12001300115	wf@sohu.com		
17020006	王灵燕	女	汉	数学17	1998年1月1日	是	上海	12001300116	wly@263.net		
17020007	高青	男	蒙古	数学17	2000年1月12日	否	河北	12001300117	gq@163.com		
17030008	肖凡	男	汉	中文17	1998年1月8日	是	广东	12001300118	xxf@sohu.com		
17030009	周小洁	女	汉	中文17	1999年9月7日	是	北京	12001300119			
17030010	欧阳小俊	男	回	中文17	1998年10月2日	否	天津	12001300110	oyxj@sohu.com		
17030011	吴博	男	汉	中文17	1998年8月9日	是	北京				
17030012	黄梅梅	女	汉	中文17	2000年5月4日	是	上海				
17031111	张三	男	汉	中文17	1998年10月1日	是	天津				
17031112	李四	男	汉	中文17	1998年7月5日	是	湖南				

在数据表视图方式下,可以看到"学号""出生日期""民族""邮箱地址"等字段因为设置了字段的某些属性,显示或者输入记录时与例2-4中输入第一条记录有一些不同。

2.3.6 建立"成绩表"

【例2-8】为"学籍管理系统"数据库创建第三个表:成绩表。

(1)设计表结构。表2-7所示是"成绩表"的结构。

"成绩表"中的学号应该与"学生信息表"中的学号一致,课程号也应该与"课程表"中的课程号一致。

"成绩表"中的课程号的值,如果与"课程表"中的课程号的值不一致,这是不允许的,因为学生不能选修"课程表"中没有开设的课程。例如:"成绩表"中的课程号不能输入"6000",因为"课程表"中没有"6000"号课程。为了使"成绩表"中输入的记录能与相应的"学生信息表"及"课程表"的数据一致,"成绩表"中"学号"与"课程号"两个字段采用查阅向导型。数据分别来自"学生信息表"与"课程表"。

考虑到成绩可能会出现小数,所以4个有关成绩的字段都设置为单精度型。

表 2-7 "成绩表"的表结构

字 段 名 称	数 据 类 型	字 段 大 小
学号	查阅向导型	
课程号	查阅向导型	
期中成绩	数字型	单精度型
期末成绩	数字型	单精度型
平时成绩	数字型	单精度型
总评成绩	数字型	单精度型

（2）用设计视图建立"成绩表"的结构。建立表结构的方法与"学生信息表"结构的建立，但"学号"与"课程号"两个字段的查阅向导型的建立与"学生信息表"中的"性别"字段有所不同。

为"学号"字段选择查阅向导型，出现图 2-9 所示的对话框时，选中第一项"使用查阅字段获取其他表或查询中的值"单选按钮。单击"下一步"按钮，在弹出的下一个对话框中选择"表：学生信息表"。单击"下一步"按钮，在弹出的如图 2-12 所示对话框中单击">"按钮，分别将"学号""姓名"两个字段从左边的"可用字段"列表框中选择到右边"选定字段"列表框中。连续单击"下一步"按钮，当出现图 2-13 所示的对话框时，取消选中"隐藏键列（建议）"复选框，使"学号"与"姓名"两个字段同时展示。单击"下一步"按钮，指定"学号"为"可用字段"，直到完成。

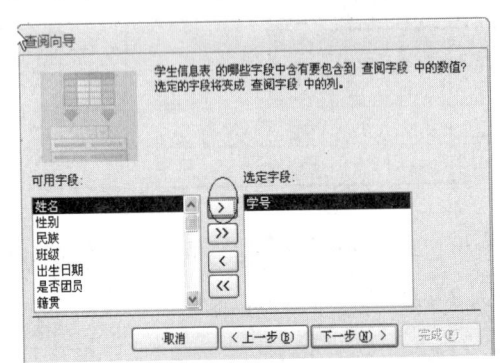

图 2-12 "查阅向导"对话框（一）

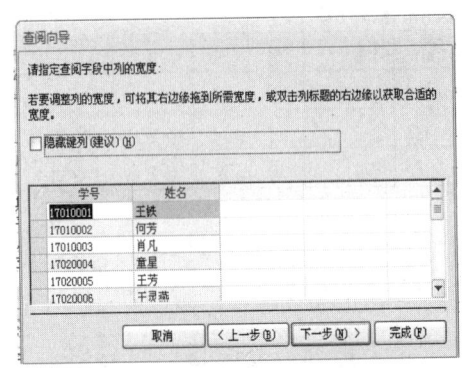

图 2-13 "查阅向导"对话框（二）

用同样的方法设置"课程号"为查阅向导型，只是要选择"课程表"作为数据源。

（3）设置主键。首先来看表 2-8 所示"成绩表"的记录，每个字段值都有重复值，不符合作为主键的条件。前面讲过，主键有 3 种类型，既然"成绩表"中单字段无法设置为主键，可以考虑用多字段作为主键。分析一下，学号为 17010001 的学生选了 3 门课，这 3 门课的课程号是不会重复的，因为学生不可能把同一门课选两次。所以"学号"与"课程号"两个字段合起来作为主键，是符合主键的条件的，这就是多字段型的主键。

在设计视图中，将光标移向"学号"字段左侧的小方格，待其变为向右的粗箭头形状时，向下拖动，将"学号"与"课程号"两行都涂黑，再单击"主键"按钮，小方格中出现两个钥匙图标，代表这两个字段一起被设置为主键，如图 2-14 所示。注意，不是两个主键，而是两个字段合起来作为一个主键。

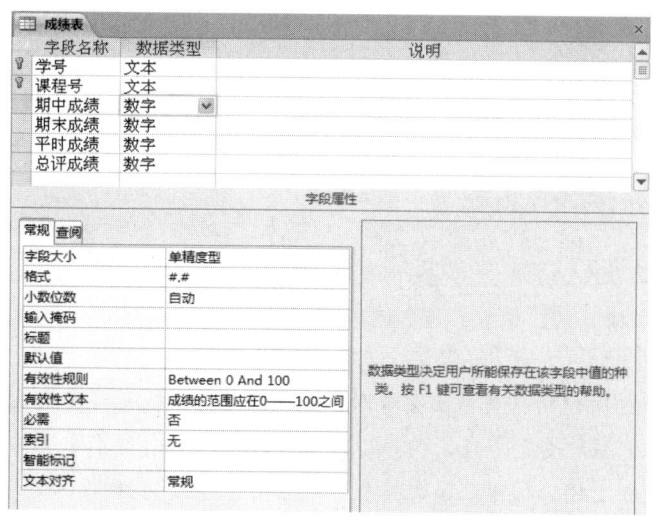

图 2-14 "成绩表"的设计视图

(4) 设置字段属性。

为期中成绩、期末成绩、平时成绩字段分别设置有效性规则：成绩在 0~100 之间，设置有效性文本："成绩的范围应在 0~100 之间"。

分别在 3 个字段的"有效性规则"框中输入：between 0 and 100；在"有效性文本"框中输入：成绩的范围应在 0~100 之间，如图 2-14 所示。

设置"期中成绩""期末成绩""平时成绩""总评成绩"的显示格式为：保留 1 位小数。

分别在 3 个字段的"格式"框中输入：#.#，如图 2-14 所示。

注意：先不要为"成绩表"输入记录，在下一节建立了表间关系之后再输入记录。

2.4 表 间 关 系

在数据库中表与表并不是孤立的，相互之间是有联系的，这种联系叫关系或关联。通过建立关系，实现参照完整性，可将多个表中的信息同时显示在窗体、报表或查询中。

两个表之间是否能建立关联（关系），条件是两表间是否存在共有字段。

2.4.1 建立表间关联

【例 2-9】为"学籍管理系统"数据库中的学生信息表、成绩表及课程表 3 个表建立关联。

(1) 先为各表建立主键。在前面的实例中已经为这 3 个表建立了主键。

(2) 关闭所有表。要建立关联，务必先将所有表关闭。

(3) 建立关联。在功能区"数据库工具"选项卡下的"关系"组中，单击"关系"按钮，打开"关系"窗口（两条连线及 1、∞ 符号在关联建好后才能出现），如图 2-15 所示。

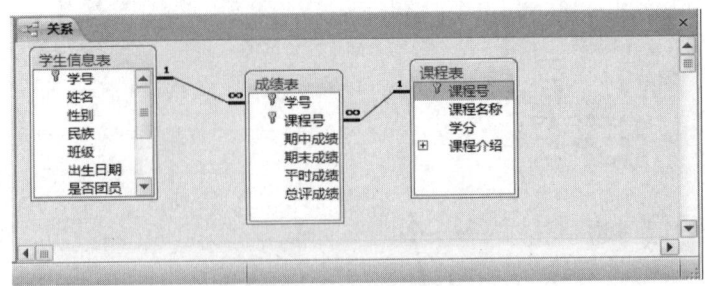

图 2-15 "关系"窗口

说明：当打开图 2-15 所示的"关系"窗口时，3 个表之间可能有些连线已存在，那是因为成绩表中有两个字段类型是查阅向导型，而且数据分别来自于学生信息表与课程表。这时可直接双击连线，打开"编辑关系"对话框，按图 2-16 所示进行操作。

如果"关系"窗口中没有出现 3 个表，可以右击"关系"窗口的空白处，在弹出的快捷菜单中选择"显示表"命令，把 3 个表分别添加到"关系"窗口。

在"关系"窗口中，用鼠标选择"学生信息表"中的"学号"字段，将其拖动到"成绩表"中的学号字段（如果没有连线的话），松开鼠标，在出现的"编辑关系"对话框中选中"实施参照完整性""级联更新相关字段"及"级联删除相关记录" 3 个复选框，单击"确定"按钮，如图 2-16 所示。

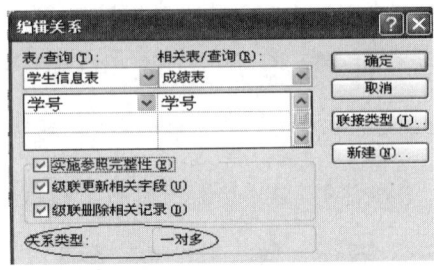

图 2-16 "编辑关系"对话框

用同样的方法，将"课程表"中的"课程号"字段拖动到"成绩表"中的"课程号"字段，建立关联并实施参照完整性，最后结果如图 2-15 所示。

（4）编辑关系。如果要删除关系，可以右击关系线，在弹出的快捷菜单中选择"删除"命令。

双击关系线，可以打开图 2-16 所示的"编辑关系"对话框，对关系进行修改。

2.4.2 表间关系的相关知识

1. 主表与子表

两表建立关联，必须确定哪一个是主表（也叫父表），哪一个是子表。

在上例中，课程表与成绩表之间，前者是主表，后者是子表，因为应该先有课程表，后有成绩表。例如，课程表中有课程号为 1001 的记录，成绩表才可以出现课程号为 1001 的记录,即学生才可以选择 1001 这门课,反之则不然。如果在成绩表中输入课程号为 6000,这表明学生要选择课程表中还没有开设的课程,这是不符合常理的,所以课程表应该是主表,而成绩表是子表。同样,学生信息表与成绩表之间的关系,学生信息表是主表,成绩表是子表。

学生信息表与课程表之间不具备建立关联的条件。

2. 建立关联的条件

建立关联首先要对主表建立主键,子表是否建立主键一般不影响建关联。在图 2-15 中可以看出,主键字段名左侧有一个"钥匙"标记。

两表之间是否能建立关联,还要看子表中是否有"外键"。外键的概念在前面已经叙述过。实际上就是要看两表之间是否有共有字段。学生信息表与成绩表的共有字段是学号,课程表与成绩表的共有字段是课程号。这里再次强调,共有字段的字段名可以不同,比如学生信息表中的字段名叫"学号",成绩表中的学号字段名也可以叫"编号",但是这两个共有字段应该类型一致(查阅向导型除外),否则可能无法建立关系。当然共有字段最好还是取一样的字段名,这样比较方便、直观。学生信息表与课程表没有这样的共有字段,所以不能建关联。

在打开"关系"窗口之前,应该先将所有表都关闭。

3. 3 种关系类型

在图 2-16 中可看到"关系类型:一对多"这样的字样。两表之间的关系类型一共有 3 种:

(1)一对一。主表中一条记录对应子表中一条记录,记作(1:1)。在一对一关系类型中,主表与子表的共有字段都必须是主键。

(2)一对多。主表中一条记录对应子表中多条记录,记作(1:n)。学生信息表与成绩表、课程表与成绩表都是一对多的关系。例如,课程表中的课程号为"1001"的记录只有一条,但在成绩表中课程号为 1001 的记录有多条,因为一门课被许多同学选修。

图 2-15 中的"1"表示"一方",主表是"一方";"∞"表示"多方",子表为"多方"。在一对多关系中,子表可以不建主键。

在一对多的关系中,比较容易判断主表与子表。如课程表与成绩表的共有字段"课程号",课程表中课程号(主键)没有重复值,是主表,成绩表中的课程号有重复值,所以是子表。

在一对一的关系中,因为两表共有字段都是主键,都没有重复值,判断的原则是主键取值范围大的是主表,取值范围小的是子表。例如建立一个补助表,将学生信息表中的前三条记录作为补助表中的记录,学生信息表中的记录比补助表中的记录更多,学生信息表就是主表,补助表是子表。

(3)多对多。主表中多条记录对应于子表中多条记录,记作(m:n)。Access 数据库管理系统不能实现这种类型的关系,这种类型的关系应该转换为多个一对多的关系,再由 Access 数据库管理系统实现。

4. 在"关系"窗口中拖动字段时的方向

在图 2-15 所示的"关系"窗口中拖动字段建立连线时,拖动方向应该从主表到子表,如果拖反了,即从子表向主表拖动,对于一对多关系来说,系统会自动识别主表与子表,不会发生错误。但是在一对一关系中,从子表向主表拖动,系统就会将"子表"当作主表,很可能无法建立关系,或者即便建立了,在以后的操作中也很可能会出现意想不到的错误,所以要特别小心。

5. 关系模型的 3 种完整性约束

第 1 章讲过数据模型有 3 个要素,即数据结构(描述系统的静态特征)、数据操作(描述系统的动态特征)及数据的完整性约束条件,而完整性约束条件又有 3 种,即用户自定义完整性、实体完整性及参照完整性。

(1)用户自定义完整性。用户自定义完整性是用户根据实际需要,自行定义的删除约束、更新约束及插入约束。如在例 2-8 创建的"成绩表",为 3 个有关成绩的字段定义了自定义约束:成绩的取值范围为 0~100,当成绩的取值超出这个范围时,就违反了自定义完整性约束。

(2)实体完整性。实体完整性则指对于关系中元组的唯一性约束,也就是对组成主键的属性的约束。在例 2-4 中将"学生信息表"的"学号"字段设置为主键,所以"学号"字段的属性域不能为空(NULL),且属性值不能重复。如果不满足此条件,就违反了关系的实体完整性。

(3)参照完整性。参照完整性是在输入和删除记录时为维护表间关系而必须遵循的一个规则系统。

在建立关联之前,如果在子表中输入了主表中不存在的记录,如在成绩表中输入了学号为 00000000 的记录,建立"实施参照完整性"时,如图 2-16 所示,系统会弹出警告框,警告你违反了参照完整性,因为主表中没有 00000000 学号的记录。因此,建立参照完整性是为了使主表与子表中的数据保持一致,即在建立了正确的关联并实施了参照完整性之后,再输入成绩表记录,就无法输入主表(学生信息表)中不存在的记录,避免了主表与子表之间数据不一致的错误。同样在图 2-16 中选择"级联更新相关字段""级联删除相关记录",也正是为了维持两表之间的关系,而自动同步更新、自动同步删除,自动维持参照完整性。

如果在图 2-16 中不设置参照完整性,即不选中"实施参照完整性"复选框,那么图 2-15 中两表之间只能出现连线,不会出现"1"和"∞"。

说明:在建立数据库中的表对象时,应该先建立关联,后输入记录;先输入主表中的记录,后输入子表中的记录,这样可以避免输入记录时违反参照完整性规则,减少出错率。尤其在没有建立关联之前,不要在子表输入记录,因此成绩表中的记录放在后面的例子再输入。

2.4.3 为成绩表输入记录

【例 2-10】按表 2-8 所示内容,为"成绩表"输入记录。其中,"总评成绩"不用输入任何数据,在后面的例子中再计算。

表 2-8 "成绩表"的记录

学 号	课 程 号	期 中 成 绩	期 末 成 绩	平 时 成 绩	总 评 成 绩
17010001	1001	94	76	66	
17010001	2005	80	80	80	
17010001	3102	80	90	89	
17010002	3102	69	97	58	
17010002	3111	85	89	76	
17010002	4009	69	97	58	
17010003	1001	70	89	88	
17010003	1002	78	89	60	
17010003	3102	95	91	90	
17010003	3111	80	88	78	
17020004	2005	75	79	80	
17020004	4009	84	70	84	
17020005	1002	88	70	50	
17020005	3102	90	60	77	
17020006	1001	20	90	39	
17020006	1002	50	9	8	
17020007	1002	64	60	76	
17020007	3102	84	90	84	
17030008	1001	90	98	87	
17030008	2005	86	70	76	
17030008	4009	90	80	70	
17030009	1001	80	90	89	
17030009	1002	8	9	8	
17030010	1001	80	90	89	
17030010	3111	90	87	87	
17030011	1001	56	55	58	
17030011	4009	89	90	88	
17030012	1001	89	78	77	
17030012	3111	89	77	80	
17031111	1002	80	90	89	

2.4.4 主表与子表之间的关系举例

前面讨论了"学籍管理系统"数据库的 3 个表的主子关系,并建立了关联和参照完整性。下面来观察主表与子表之间的一些现象,以进一步加深对实施参照完整性的重要性的理解。

【例 2-11】对于主表"课程表"展开子表。

由于课程表存在着子表,即成绩表是子表,当打开"课程表"时会看到左侧的"+"标记,如图 2-17 所示。单击"+"标记,子表"成绩表"即被展开,"+"变成"-";再单击"-",子表被折叠。

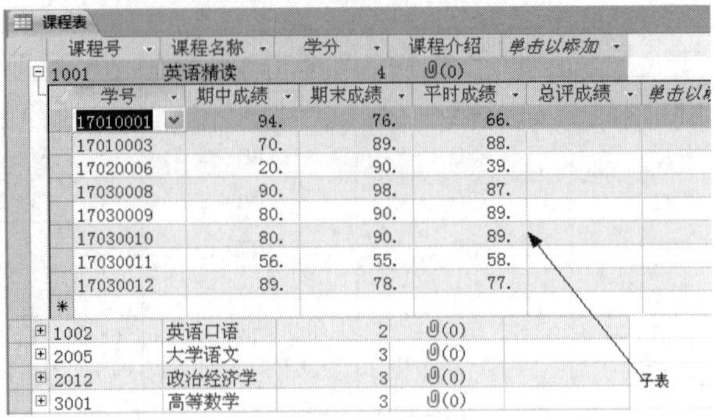

图 2-17 展开子表

【例 2-12】观察修改后的结果。

(1)打开"学生信息表",将张三的学号由原来的 17031111 改为 17031115,然后关闭"学生信息表"。打开"成绩表",可以看到 17031111 也自动被改成了 17031115。这是因为在图 2-16 中设置了"实施参照完整性"中的"级联更新相关字段",即当更改主表中的主键值时,所有建立了参照完整性的子表会自动更改相关字段的值,这里的相关字段是学号。

(2)打开"学生信息表",删除"张三"的记录并关闭表(张三的学号已被改为 17031115)。再打开"成绩表",可以看到其中原有的一条学号为 17031115 的记录已经自动被删除。这是因为在图 2-16 中设置了"级联删除相关记录",即当删除主表中的记录时,会自动删除所有子表中的相关记录。

由此例可看出参照完整性的重要性,如果没有建立正确的关系和参照完整性,在后面的多表查询中还会出现意想不到的后果或者错误。

2.5 用其他方法创建表

2.5.1 直接创建空表

【例 2-13】利用直接创建空表的方法,按表 2-9 所示内容创建一个"补助表"。

表 2-9 "补助表"的记录

学 号	姓 名	补 助
17010001	王铁	300
17010002	何芳	300
17010003	肖凡	300

在"创建"选项卡"表格"组中,单击"表"按钮,创建一个名为"表 1"的新表,并以数据表视图方式打开,如图 2-18 所示。

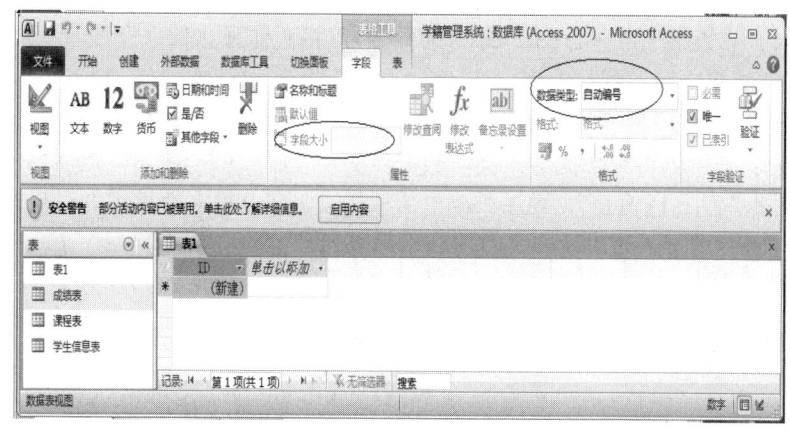

图 2-18 新建的表 1

双击 ID 字段名，将其改为"学号"；在"单击以添加"处单击并输入"姓名"，接着输入"补助"字段。

用这种方法创建表，实际上是直接在数据表视图中输入字段名及记录；且第 1 个字段（原为 ID）的数据类型默认是自动编号型，其他新添加的字段如"姓名""补助"默认为文本型（如图 2-18 所示）。可以在图 2-18 中用"表格工具"选项卡中的按钮，改变数据类型及字段大小等，或者切换到"设计视图"，对这 3 个字段的类型及大小重新设置，再回到数据表视图输入记录。

将"学号"字段设置为文本型，大小为 8；"姓名"为文本型，大小为 20；"补助"为货币型。这里的"学号""姓名"字段类型及大小应该与学生信息表相同。最后将表 2-9 中的 3 条记录完整输入。

2.5.2 导入、链接与导出

通过导入、链接也是建立表对象的一种方法。

Access 通过"导入"与"导出"的方法，不仅可以在两个 Access 数据库中互相访问数据，而且还具有访问不同系统中不同格式的数据的能力，实现数据的共享。

在"外部数据"选项卡的"导入并链接"组中，可以看到 Access 所能处理的数据格式有：Access 数据库、Excel 电子表格、ODBC 数据库、HTML 文档、文本文件、XML 文件等。

用导入、导出的方法不但可以在两个 Access 数据库之间导入、导出表对象，还可导入、导出 Access 数据库中的其他 5 种对象。

导入和链接的操作相似，都可以将其他格式的数据引入到 Access 数据库，但是这两种方法所获得的表是有本质区别的。

导入的表相当于复制表，将数据内容真正保存在当前库中，与源文件的数据没有联系。当改变导入表中的数据时，源文件中的数据不会受影响；同样改变源文件中的数据时，导入表中的数据也不会发生改变。

链接只是将源文件的映像放在当前库，真正的数据仍保存在源文件，改变源文件中的数据，链接表与源文件中的数据将同步改变，始终保持数据一致。

【例 2-14】将 Excel 表导入到"学籍管理系统"数据库。

（1）建立 Excel 工作表。用 Excel 建立一个名为"通讯录"的工作簿文件，并在其 Sheet1

工作表中输入一些数据（可参考图 2-20 中的数据），将工作簿文件保存在个人文件夹中。

（2）将外部数据导入到数据库。在"学籍管理系统"数据库窗口中，单击"外部数据"选项卡下"导入并链接"组中的 Excel 按钮，打开"获取外部数据-Excel 电子表格"对话框，如图 2-19 所示；选中"将源数据导入当前数据库的新表中"单选按钮，然后单击"浏览"按钮，找到上面建立的"通讯录"，单击"确定"按钮；出现"导入数据表向导"对话框，从中选择 Sheet1 并单击"下一步"按钮；在下一个向导对话框中选中"第一行包含列标题"复选框，如图 2-20 所示；接着按照向导提示完成数据的导入。

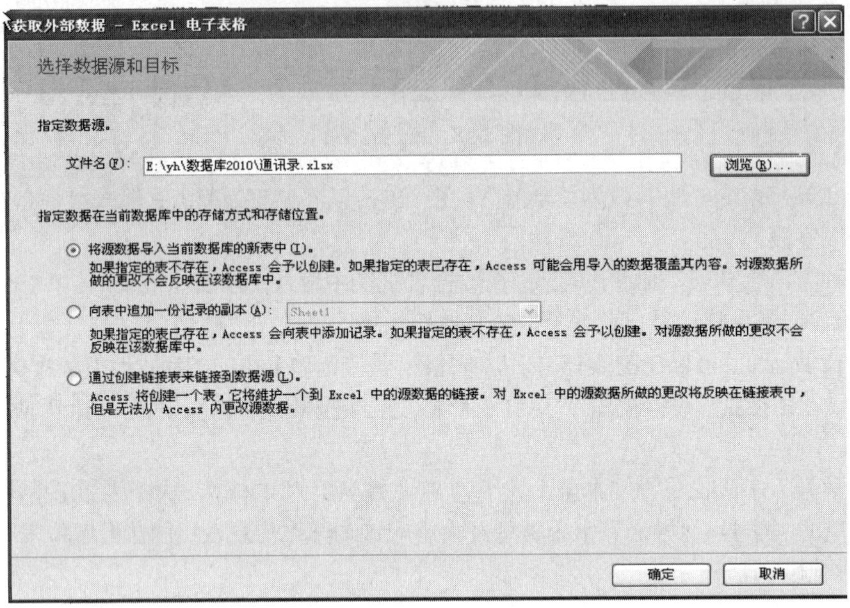

图 2-19 "获取外部数据-Excel 电子表格"对话框

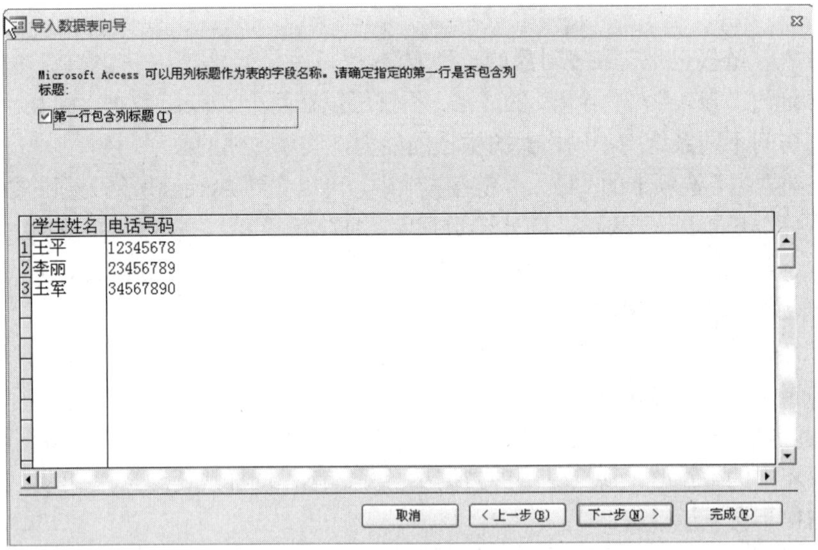

图 2-20 "导入数据表向导"对话框

【例 2-15】将"课程表"导出为 Excel 表。

在"学籍管理系统"数据库的导航窗格中选择"课程表"，在"外部数据"选项卡的"导出"组中单击 Excel 按钮,即可将"课程表"导出为 Excel 表。

【例 2-16】将 Excel 工作簿文件"通讯录"中的 Sheet1 链接到"学籍管理系统"数据库中,作为一个表对象,表名为"通讯录"。

链接与导入的操作基本相同,只需在图 2-19 中选中"通过创建链接表来链接到数据源"单选按钮,然后仿照例 2-14 按向导提示进行操作即可。

可以看到链接表"通讯录"的图标是一个 Excel 文件的图标,左侧有一个箭头,这是链接表的标记。

前面提到链接表与源文件可以保持数据同步。打开 Excel 中的"通讯录.xlsx"文件,修改 Sheet1 中的一项内容,如把"王平"改为"王小平",关闭 Excel,打开库中的"通讯录"链接表,此时表中第一条记录也已改为"王小平",而在例 2-14 中导入的 Sheet1 表中仍然是王平,不会改变成王小平,这就是链接与导入的区别。

2.6 表的操作

2.6.1 复制表与删除表

在数据库窗口中可以复制整个表,也可只复制结构,还可以将一部分记录复制(追加)到已有的表中。

【例 2-17】将"学生信息表"的结构复制一份,命名为"学生信息表结构"。

在"学籍管理系统"数据库的导航窗格中右击"学生信息表"对象,在弹出的快捷菜单中选择"复制"命令,然后在导航窗格的空白处右击,在弹出的快捷菜单中选择"粘贴"命令,在弹出的"粘贴表方式"对话框中选中"仅结构"单选按钮,在"表名称"文本框中输入"学生信息表结构",如图 2-21 所示。

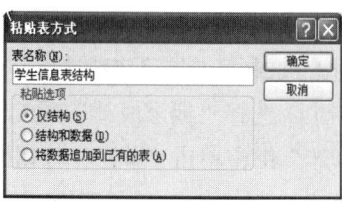

图 2-21 "粘贴表方式"对话框

复制过来的"学生信息表结构"是一个只有结构没有记录的空表。

如果在图 2-21 中选中"结构和数据"单选按钮,那么复制的表与原表完全一致,既有结构又有记录。

在图 2-21 中选中"将数据追加到已有的表"单选按钮,可以将一个表(源表)中的记录追加到另一个表(目标表)中,但这两个表的结构应该相同。

右击导航窗格中的某个表,在弹出的快捷菜单中选择"删除"命令,即可将表删除。

2.6.2 冻结与隐藏字段

1. 冻结字段

当表中的字段比较多,超过屏幕宽度时,需要用水平滚动按钮将表左右移动,这为查看数据带来不便。此时可以冻结某些重要的字段(列),保证被冻结的字段在水平移动时保持不动,始终可见。

2. 隐藏字段

可以将某些字段暂时隐藏,不被显示在数据表视图中,但这些字段并没有被删除,只要取消隐藏就可以恢复显示。

【例2-18】对"学生信息表"进行冻结与隐藏字段的操作。

(1)冻结"学号"与"姓名"字段。以数据表视图方式打开"学生信息表",选择"学号"与"姓名"两列,右击鼠标,在弹出的快捷菜单中选择"冻结字段"命令,"学号"与"姓名"两列被冻结,移动水平滚动条,"学号"与"姓名"两列始终不会被移出。

右击某个字段,在弹出的快捷菜单中选择"取消冻结所有字段"命令,即可恢复原状。

(2)隐藏字段。选择电话及邮箱地址字段,右击鼠标,在弹出的快捷菜单中选择"隐藏字段列"命令,这两列数据不再被显示。

右击某个字段,在弹出的快捷菜单中选择"取消隐藏字段"命令,弹出"取消隐藏列"对话框,在对话框中选择电话及邮箱地址两个字段的复选框,即可恢复被隐藏的字段。

2.6.3 记录排序

表中的记录默认是按主键字段的值升序排列的,若没有设置主键,则按输入时的先后顺序排列。如果需要,也可按照表中的某个或某些字段进行排序。

1. 单字段排序

【例2-19】对"成绩表"中的期末成绩按降序排序。

在"成绩表"的数据表视图中,选择"期末成绩"列或者将光标放在此列的任何地方,在"开始"选项卡的"排序和筛选"组中单击"降序"按钮即可,如图2-22所示。

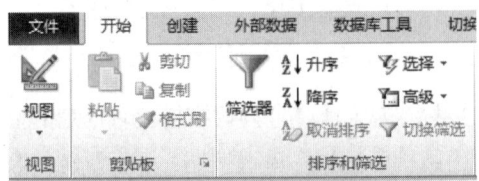

图2-22 "排序与筛选"组

单击"排序和筛选"组中的"取消排序"按钮可以取消排序。

在数据表视图中,每个字段名右侧都有一个下拉箭头,可以直接在这个下拉列表中进行排序。

2. 排序的规则

表中字段值的排序规则，英文按字母顺序排序，中文按拼音字母的顺序排序，其他字符按照 ASCII 码值的顺序排序，数字按数值大小排序，日期按日期的先后顺序排序。

如果字段的值为空值，则包含空值的记录排列在最前面（升序）。

备注型、OLE 对象型、超链接型、附件型字段不能排序。

注意：文本型字段的值如果是纯数字，排序时按 ASCII 码值的顺序排序，并非按数值大小排序。例如：文本字符串（即文本型的值，或者称为文本型常量）"6"、"17"、"180"，按升序排序的结果是"17"、"180"、"6"。规则是先比较最左边 1 位，按 ASCII 码值的顺序，"6"应该排在最后，"17"和"180"的最左边位都是"1"，再比较左边的第 2 位，"7"应该排在"8"的前面，所以最后的排序（升序）结果是"17"、"180"、"6"。

3. 多字段排序

多字段排序需要按字段的排序顺序从左到右相邻放置。

【例 2-20】对“学生信息表”按性别升序排序，性别相同的按学号升序排序。

由于“学号”与“性别”字段不相邻，且顺序也不对，所以要先调整字段放置的位置及顺序。

在“学生信息表”的数据表视图中，选择学号列，将“学号”列移动到“性别”列的右侧。图 2-23 所示是移动之后的顺序。

姓名	性别	学号	民族	班级
王铁	男	17010001	白	英语17
肖凡	男	17010003	汉	英语17
童星	男	17020004	汉	数学17
高青	男	17020007	蒙古	数学17
肖凡	男	17030008	汉	中文17
欧阳小俊	男	17030010	回	中文17
吴博	男	17030011	汉	中文17
李四	男	17031112	汉	中文17
何芳	女	17010002	汉	英语17
王芳	女	17020005	汉	数学17
王灵燕	女	17020006	汉	数学17
周小洁	女	17030009	汉	中文17
黄梅梅	女	17030012	汉	中文17

图 2-23　多字段排序

选中“性别”与“学号”两列，单击图 2-22 中的“升序”按钮，可以看到性别字段“男”排在“女”的前面，这是按拼音顺序排列的，男性记录中又按学号从小到大排列。“性别”与“学号”字段名右侧的下拉箭头旁有一个向上的箭头，表示这两个字段为升序排序，如图 2-23 所示。

2.6.4 记录筛选

记录筛选就是只显示表中那些满足某种条件的记录，其他的记录被隐藏起来，实际上也是简单的查询。

可以直接单击每个字段名右侧的下拉箭头，在下拉列表中进行筛选，非常方便。这种方法类似于 Excel 中的筛选。

【例 2-21】筛选出“学生信息表”中所有少数民族的记录。

单击"民族"字段右侧的下拉箭头,打开筛选器,取消选中"汉"复选框(如图 2-24 所示),单击"确定"按钮,其他非汉族(即少数民族)的记录就被筛选出来。

图 2-24 筛选少数民族

单击图 2-22 中的"筛选器"按钮也可打开筛选器。

在图 2-24 中再次选中"汉"复选框,则可以取消筛选。

【例 2-22】筛选出"学生信息表"中所有汉族的女生记录。

先在图 2-24 中选中"汉"复选框,取消选中非汉族的复选框,即先筛选出汉族的记录,再单击"性别"字段的下拉箭头,取消选中"男"复选框,就可以筛选出所有汉族的女生记录。

从图 2-22 中可以看到,在"排序和筛选"组中还有"选择""高级"等命令。其中"选择"命令可以实现选择筛选,具体有"等于""不等于"等可供选择;"高级"命令又包含了按窗体筛选、高级筛选。实际上,Access 通过建立查询对象实现查询的功能远比筛选更丰富,在下一章中将详细学习查询对象的创建。

2.6.5 表的其他操作

表对象以数据表视图方式打开时,可以由"文本格式"组对文字进行字体、字形、字号及颜色等的设置,方法类似于 Word。

"查找"组中的"查询""替换"命令的用法也类似于 Word。

在"文本格式"组的"对话框启动器"(右下角的小箭头)打开的对话框中可以设置数据的单元格效果,比如设置为平面,网格线为蓝色,背景为白色等。

2.7 习题与实验

2.7.1 习题

一、选择题

1. Access 2007 版以上数据库文件的扩展名是(   )。

A．MDB　　B．ACCDB　　C．DOCX　　D．XLSX
2．早期版本数据库文件的扩展名是（　　）。
A．MDB　　B．ACCDB　　C．DOCX　　D．XLSX
3．数据表中的列称为（　　）。
A．标题　　B．字段　　C．记录　　D．都不对
4．数据表中的行称为（　　）。
A．标题　　B．字段　　C．记录　　D．都不对
5．在数据表中需要存放一段音乐的字段类型应该是（　　）。
A．文本型　　B．备注型　　C．OLE 对象型　　D．自动编号型
6．在数据表中需要存放一段视频的字段类型可以是（　　）。
A．文本型　　B．备注型　　C．附件型　　D．都不对
7．在关系数据模型中，域是指（　　）。
A．某几个字段　　　　　　B．某几条记录
C．属性　　　　　　　　　D．属性的取值范围
8．要修改字段的类型，应该在数据表的（　　）视图中进行。
A．浏览　　B．预览　　C．设计　　D．都不对
9．文本型（短文本）字段中最多可存储的字符个数是（　　）。
A．8　　B．64　　C．255　　D．6400
10．要求奖金的取值范围在 1000～10000 之间，应在表设计视图的"奖金"字段的"有效性规则"框中输入（　　）。
A．1000 and 10000　　　　　　B．1000-10000
C．1000 or 10000　　　　　　D．Between 1000 and 10000
11．对于某个字段的值必须输入任何字符或空格，该字段的输入掩码是（　　）。
A．A　　B．&　　C．C　　D．a
12．空值 NULL 是指（　　）。
A．0　　　　　　　　　　B．空格
C．从未输入过任何值　　　D．都不对
13．以下关于主键的说法，（　　）是错误的。
A．作为主键的字段中不允许出现空值（NULL）
B．作为主键的字段中允许出现空值（NULL），但不允许有重复值
C．使用自动编号是创建主键的最简单的方法
D．不能确定任何一个字段的值是唯一时，可将两个以上的字段组合成为主键
14．下面关于自动编号型字段的说法，（　　）是正确的。
A．一个表中可以有多个自动编号型字段，只要字段名不同就可以
B．自动编号型字段的字段名必须是 ID
C．一个表中只能有一个自动编号型的字段
D．自动编号型字段的值不用输入，系统会自动填入，但可能会有重复值
15．表 A 中的一条记录与表 B 中的多条记录相匹配，则表 A 与表 B 存在的关系是（　　）。
A．无意义　　　　　　　　B．不确定

C. 一对多 D. 多对一

16. 表中的隐藏列（　　）。
   A. 在屏幕上暂时看不见 B. 永远消失
   C. 一旦隐藏不能再显示 D. 取消隐藏也不能在屏幕上显示

17. 排序时如果选取了多个字段，则结果是按照（　　）排序。
   A. 最左边的列 B. 最右边的列
   C. 从左向右的优先次序依次 D. 无法进行

18. 为某字段定义了输入掩码，同时又设置了格式属性，则数据显示时（　　）。
   A. 互相冲突，不能显示任何数据 B. 格式属性优先于输入掩码的设置
   C. 输入掩码的设置优先于格式属性 D. 都不对

19. 要将某一字段设置为必填字段，应在表的（　　）视图中设置。
   A. 预览 B. 浏览 C. 设计 D. 没有这样的属性

20. 表中有一个"电话"字段，文本型。要确保输入的电话值只能为8位数字（不能有空格），应将该字段的输入掩码设置为（　　）。
   A. ######## B. 00000000
   C. 99999999 D. ????????

21. Access 字段名不能包含（　　）字符。
   A. ! B. 汉字 C. — D. _

22. 能够用"输入掩码向导"创建输入掩码的字段类型有（　　）。
   A. 数字和文本 B. 数字和日期/时间
   C. 货币与数字 D. 文本和日期/时间

23. 数据的最小访问单位是（　　）。
   A. 字节 B. 字段 C. 记录 D. 表

二、填空题

1. 数据库共有_____、_____、_____、_____、_____和_____ 6种对象。

2. 关系模型的完整性规则是对关系的某种约束条件，包括实体完整性、_____和自定义完整性。

3. Access 2010 版的数据类型共有_____种，分别是_____、_____、_____、_____、_____、_____、_____、_____、_____、_____和_____。

4. 备注型字段适用于长度较长的文本，最长可达_____个字符。

5. 货币型数据可以和数值型数据混合计算，结果为_____型。

6. 主键有_____、_____与_____ 3种类型。

7. 表间关系有_____、_____与_____ 3种。

8. 是/否型数据有两个值，分别是真和假，用_____、_____或_____表示真，而_____、_____或_____表示假。

9. 输入掩码的">"字符，作用是_____。

10. 要求"性别"字段取值必须是"男"或"女"，在"有效性规则"框中应输入_____。

11．将数字 9、28、280 按升序排序，排序的结果为_____。

12．将文本型字符串"9"、"28"、"280"按升序排序，排序的结果为_____。

三、思考题

1．什么是"参照完整性"？

2．在"学籍管理系统"数据库中，如果没有为"学生信息表"与"成绩表"建立正确的关联及参照完整性，删除学生信息表中的张三记录，成绩表中的张三记录是否还能存在？产生的结果是什么？

3．"冻结字段"有什么作用？

4．"隐藏列"有什么作用？

5．"导入"与"链接"有什么区别？

2.7.2 实验一

在"学籍管理系统"数据库中完成下列各题。

1．将"课程表"的字体、字形、字号及颜色分别调整为华文楷体、粗体、14 磅及深蓝色。

提示：在"文本格式"组中选择。

2．设置"课程表"的格式，单元格效果为平面，网格线为蓝色，背景为白色。

提示：打开"文本格式"组的"对话框启动器"。

3．将"学生信息表"的"电话"字段的标题属性设置为：电话号码。

4．为"补助表"中的"补助"字段设置有效性规则：将补助的金额限制在 0～1000。

5．为"补助表"的"学号"字段设置输入掩码，使其输入的格式为：××级××××××。

6．将"补助表"与"学生信息表"建立关联，并设置参照完整性、级联更新相关字段和级联删除相关记录。分别设置补助表的学号为主键、补助表不设主键时，观察关联类型有什么区别。

7．将"补助表"导出为 Excel 表。

8．将由 Excel 导入的"通讯录"表删除。

9．将由 Excel 链接的"通讯录"表删除。

10．在个人文件夹下新建一个空数据库，库名自定，将"学籍管理系统"数据库中的学生信息表、课程表及成绩表导入。

2.7.3 实验二

说明：各章的实验二都是在实验一的基础上加大难度，并且基本不再给出提示，读者可以参考例题中的步骤来完成实验二，以进一步提高自己的操作水平及熟练程度。

1．在个人文件夹中建立一个名为"教师任课系统"的空数据库。以下实验题在"教师任课系统"库中完成。

2．将"学籍管理系统"数据库中的"学生信息表""成绩表""课程表"及"补助表"

导入到"教师任课系统"数据库。

3．现有教师信息见表 2-10，请设计并建立教师信息表的结构，然后输入教师信息表的所有数据。为"性别"字段设置有效性规则：性别的值只能为"男"或者"女"。

表 2-10 "教师信息表"内容

教师编号	教师姓名	性别	出生日期	职称	参加工作时间	部门	工作年限	是否外聘
0101	张小江	男	1964年11月1日	教授	1986年9月1日	外语系		否
0102	孙可	女	1966年3月5日	副教授	1989年10月9日	外语系		是
0103	何强	男	1974年5月7日	副教授	1999年6月4日	外语系		否
0201	张小平	女	1978年5月15日	讲师	2004年3月1日	社科部		否
0202	柳小海	男	1963年1月16日	教授	1990年5月1日	社科部		否
0203	赵玉	女	1985年9月12日	讲师	2011年8月15日	基础部		否
0204	黄丽	女	1968年12月2日	教授	1990年3月1日	基础部		是
0205	张小明	男	1972年6月15日	副教授	1998年7月25日	基础部		否
0301	付杨	女	1987年10月9日	助教	2014年6月15日	中文系		否
0304	王强	男	1985年6月15日	讲师	2010年8月15日	中文系		是

4．建立"教师任课表"，内容见表 2-11（建议先建立结构，不要输入记录，做完下面的 5、6 两个小题后再输入记录）。

表 2-11 "教师任课表"内容

序号（自动编号）	教师编号	课程号
	0101	1001
	0102	1001
	0103	1002
	0102	1002
	0304	2005
	0201	2012
	0203	3001
	0203	3102
	0204	3111
	0205	3111
	0301	2005
	0202	

5．为教师任课表设置主键（序号作为主键）。

6．建立以上 6 个表的关联，并设置实施参照完整性、级联更新相关字段和级联删除相关记录。

7．在"教师信息表"中筛选出"部门"是外语系的记录。

8．为"学生信息表"第一条记录的"简历"字段输入内容，内容自编。

9. 为"补助表"增加新字段：伙食补助，货币型，并为每个人的伙食补助输入100。

10. 为"补助表"再增加一个新字段：补助总计，计算型。补助总计的值为补助加伙食补助。

提示：在"补助表"的设计视图中，"补助总计"字段的"表达式"文本框中输入：[补助]+[伙食补助]，切换到数据表视图，可以看到每条记录中的"补助总计"字段的值已自动计算。

注意：因为Access 2007及早期版本没有计算型字段，10小题的"补助总计"字段可以设置为货币型或者数字型，用下一章要学习的更新查询计算出"补助总计"字段的值。

第3章 查　　询

查询是 Access 数据库中的又一个重要对象。查询是根据给定的条件从表（或查询）中筛选出符合条件的记录，构成一个数据集合。查询可以看作是一个简化的表。表与查询都可以作为窗体、报表的数据源。

创建查询的方法有：用向导创建、用设计视图创建以及用 SQL 语言创建。

注意：本章中的例题在"学籍管理系统"数据库中完成。

3.1　用向导创建查询

通过功能区的"创建"选项卡可以看到，"查询"组中只有"查询向导"及"查询设计"两个按钮。单击"查询向导"按钮，打开"新建查询"对话框，其中包含 4 种向导，如图 3-1 所示。

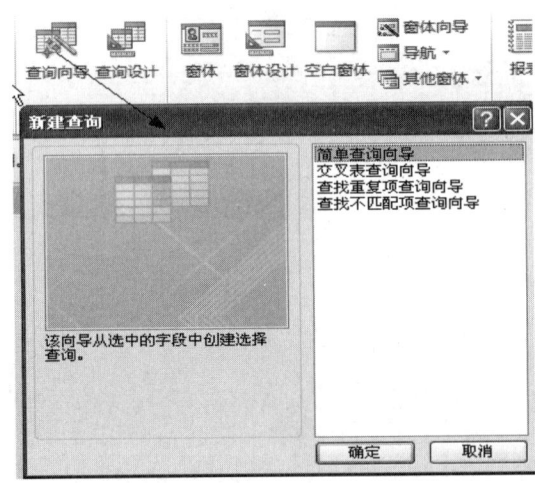

图 3-1　"新建查询"对话框

3.1.1　用"简单查询向导"创建查询

【例 3-1】在"学籍管理系统"数据库中，以"学生信息表"为数据源，用"简单查询向导"创建一个名为"学生信息查询"的查询。

打开"学籍管理系统"数据库，在图 3-1 中选择"简单查询向导"并单击"确定"按钮，打开如图 3-2 所示的"简单查询向导"对话框。在"表/查询"下拉列表框中选择"表: 学生信息表"作为数据源，在"可用字段"列表框中选择所需字段，然后单击">"按钮，将其选入到"选定字段"列表框中，如图 3-2 所示。

选择除了"照片""简历"字段以外的所有字段，接下来按向导提示完成，即可看到查询的结果。

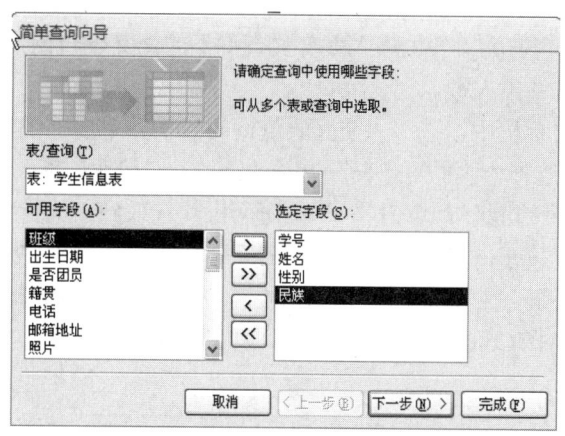

图 3-2 "简单查询向导"对话框

在图 3-2 中单击">>"按钮，可一次性将所有"可用字段"选入到"选定字段"列表框中。同理，单击"<"按钮可将"选定字段"退回到"可用字段"列表框，单击"<<"按钮可将所有"选定字段"一次性退回到"可用字段"列表框。

【例 3-2】建立一个名为"综合查询"的多表查询。

在"简单查询向导"对话框中，如图 3-2 所示，先由"表/查询"下拉列表框中选择"学生信息表"，在"可用字段"列表框中选择"学号""姓名""性别""班级"到"选定字段"列表框。然后从"表/查询"下拉列表框中选择"课程表"，在"可用字段"下拉列表框中选择"课程号""课程名称"到"选定字段"列表框。最后选择"成绩表"，选择"期中成绩""期末成绩"及"平时成绩"字段，按向导完成。

3.1.2 查询的数据源及视图方式

1. 查询的数据源

查询的数据源可以是单个表或查询，也可以是多个表或查询。当数据源为多个表时，一定要先建好关联，否则查询的结果可能会不正确，或者出现意想不到的结果。

例 3-2 所建立的"综合查询"，数据源来自 3 个表，这 3 个表必须先建立正确的关联，否则查询显示的结果可能就是不正确的。

2. 查询的主要视图方式

查询有 3 种主要的视图方式。

（1）数据表视图。用来显示查询的结果，双击查询对象名即可打开数据表视图，这种视图方式同表的数据表视图方式非常类似。

（2）设计视图。用来创建或修改查询，在后面的实例中将学习用设计视图来创建查询。

（3）SQL 视图。无论用向导还是用设计视图创建查询，系统都会在后台自动构建一个 SQL 语句。也可以直接用 SQL 语言来创建查询。

这 3 种视图方式之间的互相切换和表的视图方式切换的方法相同。

3.1.3 创建交叉表查询

【例3-3】建立一个名为"各民族人数交叉查询"的交叉表查询，以"班级"为行字段，"民族"为列字段，统计出人数。

在"新建查询"对话框中，选择"交叉表查询向导"并单击"确定"按钮，打开"交叉表查询向导"对话框。选择"学生信息表"，单击"下一步"按钮。在下一个向导对话框的"可用字段"列表框中选择"班级"，单击">"按钮，将其选入到"选定字段"列表框，作为行标题，单击"下一步"按钮，如图 3-3 所示。在下一个向导对话框中选择"民族"作为列标题，单击"下一步"按钮。在下一个向导对话框中，从"字段"列表框中选择"姓名"字段，并在"函数"列表中选择 Count（计数或计算），如图 3-4 所示。最后单击"完成"按钮并保存，结果如图 3-5 所示。

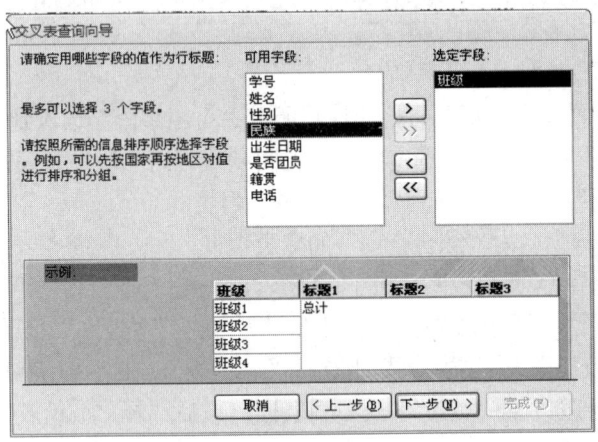

图 3-3　"交叉表查询向导"对话框

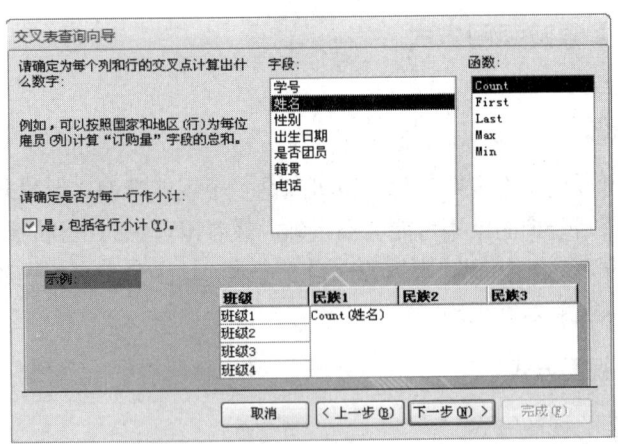

图 3-4　"交叉表查询向导"对话框

可以看出，图 3-5 所示的结果类似于 Excel 电子表格中的数据透视表。

3.1.4 关于导航窗格

前面提到，导航窗格是用来显示数据库中已经建立好的各种对象的，对象可以不同的组织方式显示。从图 3-5 左侧的导航窗格中可以看到,"综合查询"对象的名称出现了 3 次,并不是有 3 个"综合查询",而是在默认情况下,导航窗格中的对象是按"表和相关视图"的组织方式显示的。在上面的例 3-2 中所建立的"综合查询"是一个多表查询,数据源分别来自"学生信息表""课程表"以及"成绩表","综合查询"分别与这 3 个表相关,所以在这 3 个表的下方都出现了"综合查询"对象的名称。

图 3-5　各民族人数交叉查询

单击"所有表"右侧的下拉箭头,可以在打开的列表中选择不同的组织方式,如图 3-6 所示。如果选择"对象类型",导航窗格中的对象将按不同的对象分类显示,如图 3-7 所示。当选择"对象类型"之后,还可以在"按组筛选"中选择某一种对象。如果选择"表",则导航窗格中只显示所有表对象,其他对象都被隐藏。

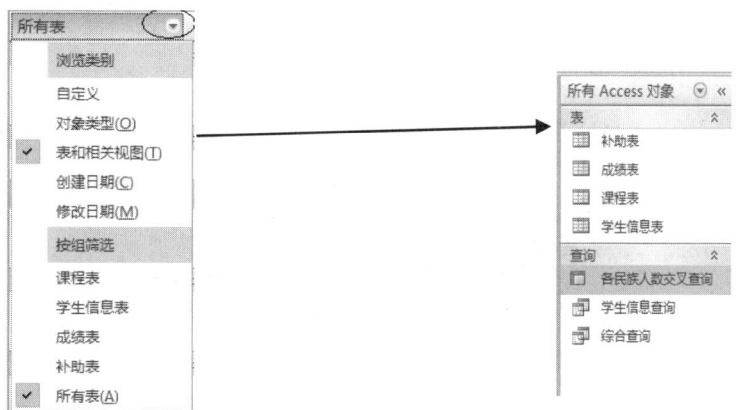

图 3-6　导航窗格中的组织方式列表　　　图 3-7　导航窗格中以"对象类型"方式显示的对象

3.1.5　查找重复项和不匹配项

【例 3-4】以"学生信息表"为数据源,建立一个名为"查找班级重复项"的查询,查询班级字段值的重复项,实际上就是每个班级的人数。

在"新建查询"对话框中,选择"查找重复项查询向导"并单击"确定"按钮,在打开的"查找重复项查询向导"对话框中选择"学生信息表",单击"下一步"按钮。在下一个向导对话框中,从"可用字段"列表框中选择"班级",单击">"按钮,将其选入到"重复值字段"列表框中,如图3-8所示。接下来,连续单击两次"下一步"按钮,在出现的向导对话框中输入查询对象名"查找班级重复项",单击"完成"按钮,即可看到查询结果,如图3-9所示。

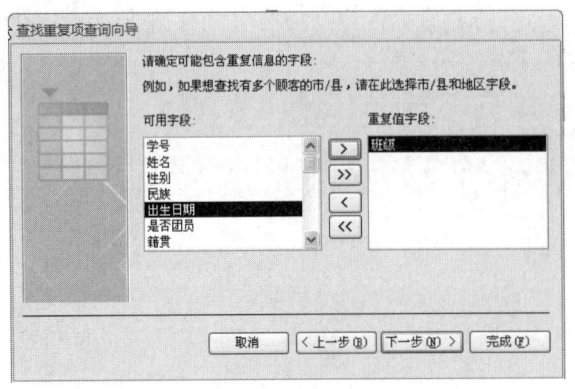

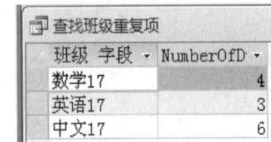

图3-8 "查找重复项查询向导"对话框　　　　图3-9 "查找班级重复项"查询

【例3-5】建立一个名为"查找学号不匹配"的查询,查询"学生信息表"中没有选修任何课程的学号与姓名,即"学生信息表"中的学号来在"成绩表"中出现的记录。

在"新建查询"对话框中,选择"查找不匹配项查询向导"并单击"确定"按钮。在打开的"查找不匹配项查询向导"对话框中选择"学生信息表",单击"下一步"按钮。在下一个向导对话框中选择"成绩表",单击"下一步"按钮。在下一个向导对话框中分别选择两表中的"学号"字段,并单击中间的"<=>"按钮,然后单击"下一步"按钮,如图3-10所示。在下一个向导对话框中选择"学号"与"姓名"两个字段,单击"下一步"按钮。在下一个向导对话框中输入查询名"查找学号不匹配",单击"完成"按钮,即可看到结果只有一条记录,即姓名为李四的记录。因为学生信息表中的李四没有选择任何课程,在成绩表中没有学号为17031112的记录。

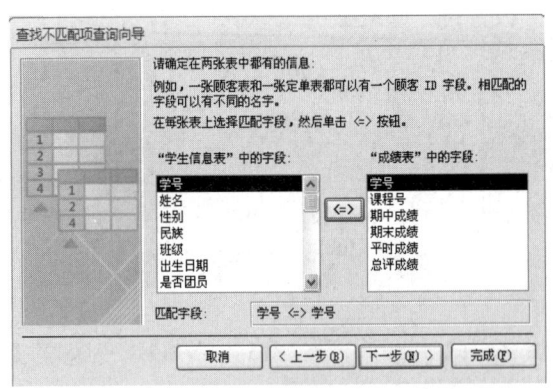

图3-10 "查找不匹配项查询向导"对话框

3.2　用设计视图创建查询

前面学习了用向导创建查询,非常方便、快捷,但是对于一些条件的选择还需要在设计视图中来设置,或者直接用设计视图创建查询。

3.2.1 条件查询

首先通过两个条件查询的实例来认识查询的设计视图。

【例3-6】建立一个"与"条件的查询,查询显示出1999年(含1999年)以后出生的女生的学号、姓名、性别、出生日期及班级。查询名为"女生查询"。

(1)选择表。在"创建"选项卡的"查询"组中单击"查询设计"按钮,打开如图3-11所示的查询设计视图。在"显示表"对话框中选择"学生信息表",单击"添加"按钮,将"学生信息表"添加到左上角,然后关闭"显示表"对话框。

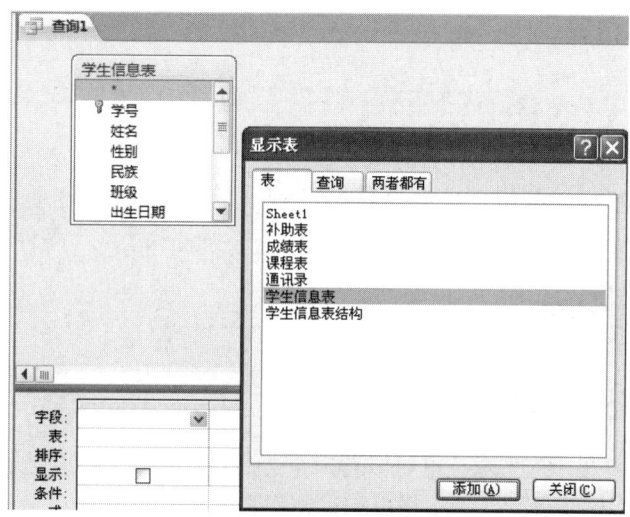

图3-11 "查询"的设计视图

(2)选择字段。将"学生信息表"中的"学号"字段拖动到网格中的"字段"行(或者双击"学号"字段,"学号"字段就会出现在网格中),如图3-12所示。接下来,将"姓名""性别""出生日期"及"班级"字段逐一拖入网格中。

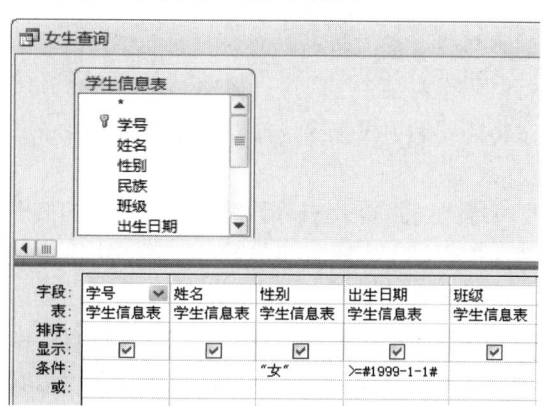

图3-12 "查询"的设计视图

(3)输入条件。在"性别"字段的"条件"行中输入"女"(不必打引号,系统会自动添加),在"出生日期"字段的"条件"行中输入">=#1999-1-1#"。

(4)以"女生查询"为查询名保存并显示结果。

【例 3-7】建立一个"或"条件的查询,要求查询显示出 1999 年(含 1999 年)以后出生,或者性别为女的"学号""姓名""性别""出生日期"及"班级"字段,并按出生日期升序排序,查询名为"出生日期性别查询"。

按照上例的过程操作至图 3-12,将">=#1999-1-1#"移动到下一行,在"出生日期"的"排序"行中选择"升序",如图 3-13 所示。保存并显示结果。

字段:	学号	姓名	性别	班级	出生日期
表:	学生信息表	学生信息表	学生信息表	学生信息表	学生信息表
排序:					升序
显示:	☑	☑	☑	☑	☑
条件:			"女"		
或:					>=#1999-1-1#

图 3-13 "查询"中的"或"条件

分别以数据表视图方式打开上面的两个查询,观察两个查询的结果。"与"条件所显示的记录比较少,只有 1999 年以后出生的女生;"或"条件所显示的记录较多,显示出所有女生,同时显示出 1999 年以后出生的男生。这是"与"条件和"或"条件的区别。

3.2.2 查询的设计视图

1. 设计视图中的"显示表"对话框

从图 3-11 中的"显示表"对话框可以看出,查询的数据来源可以是表(上述两个实例),也可以选择"查询"选项卡,从中选择查询对象作为查询的数据源。

值得注意的是,在选择数据源时,应根据需要选择对象,选多选少都不可以。例如上面的例 3-6、例 3-7,只需要一个表对象,即"学生信息表",不要选择其他不需要的表对象。

2. 设计视图中的网格

网格中的第一行是"字段"行,所需要的字段从数据源中拖过来,第二行"表"行中会自动显示出该字段所在的表名或者查询名。

第三行是"排序"行,用于对某个字段进行排序,可以选择升序、降序和不排序。如果要对多个字段排序,必须将排序的字段按第一排序字段、第二排序字段……的顺序,从左到右依次放置。

例如,在图 3-13 中,如果要求按班级升序排序,班级相同的按出生日期升序排序,那就必须将"班级"字段与"出生日期"字段交换位置,使"出生日期"字段在"班级"字段的右侧,并将这两个字段都选择升序。

第四行是"显示"行,这一行的小方格中自动(默认)都有"√"标记,表示这个字段的内容会在数据表视图中显示出来。如果用鼠标单击将"√"标记取消,则此字段内容在数据表视图中将不被显示。

第五行、第六行及第六行之后都是"条件"行,用来输入查询时的条件。"与"条件写在同一行,"或"条件写在不同行。如果有多个条件都是或关系,可以把条件输入到多行。

图 3-11 所示"学生信息表"的字段中有一个"*"标记,它代表所有字段。如果把"*"

拖入网格的字段行中(其他字段不用拖入),在数据表视图就可以显示出所有字段。

3. 运行查询

(1)当一个查询被关闭时,双击导航窗格中的查询名,就可以数据表视图方式打开查询,显示出查询的结果,这实际上就是运行查询。

(2)当查询以设计视图方式打开时,可以直接单击工具栏中的"运行"按钮(红色感叹号按钮)运行查询,看到查询的结果。

3.2.3 创建参数查询

所谓参数查询,即在运行查询时不直接显示结果,而是先弹出一个"输入参数值"的对话框,根据用户输入的参数值显示出查询结果。

【例 3-8】以"综合查询"为数据源,建立一个名为"姓名参数查询"的参数查询。要求运行此查询时提示:"请输入学生姓名:",根据输入的姓名显示出该学生的姓名、学号、班级、性别、课程号、课程名称、期中成绩、期末成绩及平时成绩。

在"创建"选项卡的"查询"组中单击"查询设计"按钮,打开查询设计视图。在"显示表"对话框中选择"查询"选项卡,将"综合查询"作为数据源。

将所需字段逐一拖入网格中,在"姓名"字段的"条件"行中输入"[请输入学生姓名:]",如图 3-14 所示。

提示信息两边加方括号,这是参数查询的特点。注意方括号必须是英文半角符号。

直接单击"运行"按钮,出现"输入参数值"对话框。输入某一学生的姓名,结果显示一个学生的信息。如输入"王铁"(如图 3-15 所示),则只显示王铁的信息。

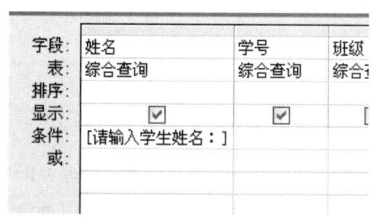

图 3-14 参数查询

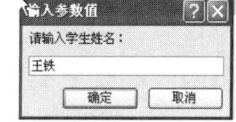

图 3-15 "输入参数值"对话框

【例 3-9】建立多参数查询。以"学生信息表"为数据源,建立一个名为"班级性别参数查询"的参数查询。在运行查询时先提示:"请输入班级名称:",当输入某个班级名称后,再提示:"请输入性别男或女:",根据输入的性别可以显示出某班的所有男生或者某班的所有女生的信息。

用设计视图创建查询,选择"学生信息表"作为数据源,选择所有字段,在"班级"字段与"性别"字段的条件行中分别输入提示信息,如图 3-16 所示。

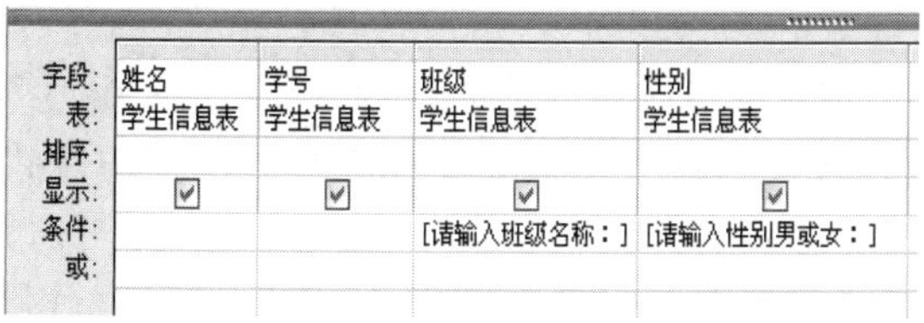

图 3-16 多参数查询

单击"运行"按钮，输入一个班级名称，单击"确定"按钮后再根据提示信息输入"男"或者"女"，可以看到查询的结果。

3.2.4 表达式及运算符

在创建表和查询时，往往需要用到表达式来完成条件的设置，如第 2 章中的有效性规则的表达式，查询设计视图中的条件表达式等。Access 表达式中所用到的运算符及分界符，也与其他的高级语言、Excel 电子表格类似。

1. 表达式

表达式是用运算符、常量、变量、函数以及字段名、控件名和属性等连接起来的式子。表达式能计算出一个单个值。

2. 分界符

（1）字符型常量（也叫字符串）的分界符是英文半角的双引号或者英文半角的单引号。

例如，图 3-12 中"条件"行输入的字符串：女，应该加引号，即："女"。不过在查询的设计视图中，字符串的分界符往往可以省略，系统会自动加上。

（2）日期型常量的分界符是英文半角符号：#。

图 3-12 中的出生日期的条件：#1999-1-1#。一般情况下可以省略"#"符号，系统能自动识别。

（3）字段名、对象名、控件名用英文半角的方括号，一般情况下可以省略方括号。例如：[性别]="女"

性别是字段名，加方括号，女是字符型常量，要加双引号或单引号。也可以写成：性别="女"，字段名不加方括号，一般情况下系统能自动识别。

3. 运算符

（1）算术运算符：^（乘幂，例 2^3=8）、*（乘）、/（除）、\（整除，例 10\3=3，即只取商的整数）、mod（求余数，例 10 mod 3 得 1，即 10 除以 3 的余数为 1）、+（加）、−（减）。

以上运算符按优先级的高低排列，乘幂运算符的优先级最高，加与减的优先级最低。

（2）字符串连接运算符。

① &（强制连接符），例如，"cheek"&48&"abcd"，运算结果为："cheek48abcd"。强制连接符将数字 48 强制作为字符与另外两个字符串常量顺序连接在一起，结果为字符型常量。

② +（要求"+"两端的类型必须都是字符型常量），例如，"cheek"+"48"，结果为："cheek48"。但不能计算："cheek"+48，因为类型不一致。

相比而言，"+"运算符的能力弱于"&"运算符。要注意"+"运算符对于数字来说是值相加，而对于字符型常量则是顺序连接。

必须注意纯数字的文本常量与数字的区别。例如：12+24=36，这是数字型常量做加法运算，数值相加。而"12"与"24"则是两个文本常量（字符串），"12"+"24"="1224"，是顺序连接，不是数值相加。

另外，运算符&与第 2 章的表 2-5 格式字符中的格式字符&，作用是不一样的。

（3）关系运算符：=（等号，在查询的设计视图中，往往可以省略等号）、<（小于）、

<=（小于等于）、>（大于）、>=（大于等于）、<>（不等号）。

所有的关系运算符是同一优先级的，在表达式中应按从左到右的次序运算。

例如图 3-12 中"条件"行输入的字符串：女，实际上是=女，在此"="被省略。

（4）逻辑运算符： not（非）、and（与）、or（或），三个运算符中，not 的优先级最高，and 其次， or 最低。

图 3-12 所示的查询设计视图中的条件表达式可以用 and 运算符来表示：

性别="女" and 出生日期>=#1999-1-1#

图 3-13 所示的查询设计视图中的条件表达式可以用 or 运算符来表示：

性别="女" or 出生日期>=#1999-1-1#

注意：&运算符与 and 运算符从英语的角度看起来含义相同，但在 Access 中是两个完全不同的运算符。

（5）特殊运算符。

① in 运算符。例如，民族 in("汉","白","回")，即民族是"汉"或者是"白"或者是"回"，等价于：民族="汉" or 民族="白" or 民族="回"。但不能写成：民族="汉" or "白" or "回"。更不能写成：民族="汉" and 民族="白"and 民族="回"，一个人的民族不可能同时为汉、白、回，不是"与"关系。

② between…and …运算符。例如，成绩 between 60 and 89，表示成绩在 60～89 之间（包括 0 与 89），等价于：成绩>=60 and 成绩<=89。不可以写成： 60<=成绩<=89，数学中的表达式写法与计算机中表达式的写法往往有区别。

另外，如果要查询出成绩不及格以及成绩在 90 分（含 90）以上的记录，条件表达式应该为：成绩<60 or 成绩>=90，不能写成：成绩<60 and 成绩>=90，一个人的成绩不可能不及格同时还在 90 分以上，这不是"与"关系，也不能用 between…and …。

③ like 运算符。like 后面可以用？、*、#、[ ]实行模糊查找。其中？代表一个字符，*代表 0 到多个字符，#代表一个数字，[ ]可以指定范围，如[0-9]、[a-z]。

要查询姓王的学生信息，可以用 like 运算符：姓名 like "王*"。

在这里不能用等号替代 like，即不能写成：姓名= "王*"。等号只能与确切的量连用，例如，姓名="王平"，这是正确的。等号不能与？、*、#、[ ]这样的通配符连用。

like 还可以与 not 连用，例如，姓名 not like "王*"，表示除了姓"王"以外的其他姓名。

like "王*"与 like "*王*"是不一样的，前者表示姓名以王开头，而后者是姓名中包含"王"字，如"王平""张王平""张平王"都符合。

④ is 运算符。例如：民族 is null，表示民族字段为空；民族 is not null，则表示民族字段有数据（不为空）。

⑤ .（点）运算符和!（感叹号）运算符。这两个运算符的作用基本相同，表示一种所属关系，例如，课程表.课程号，表示课程表中的课程号。又如，成绩表!课程号，表示成绩表中的课程号。

注意：所有的运算符都必须是英文半角的，且英文字母不区分大小写。

4．表达式生成器

在前面实例的设计视图中已经多次用到条件表达式，后面要学习的窗体、报表、宏、模块等对象中也会用到表达式。Access 提供了"表达式生成器",利用"表达式生成器"能快捷地输入表达式。

当打开查询设计视图时,单击功能区中的"生成器"按钮,打开"表达式生成器"对话框,如图 3-17 所示。在左下方的"表达式元素"列表框中列出了已经建立的表、查询等各类对象,以及函数、常量、操作符等。从中双击某一项,可以展开其相应内容。利用"表达式生成器"所提供的对象(包括字段)、函数、常量及操作符,可以方便、快捷地建立表达式。用"表达式生成器"建立表达式,与前面我们手动直接输入表达式结果是相同的。

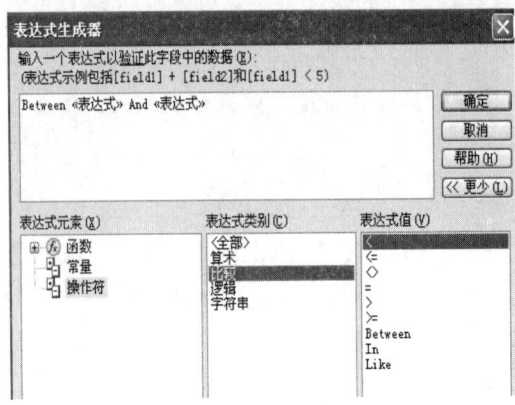

图 3-17 表达式生成器

3.2.5 函数

函数格式:函数名(参数 1,参数 2,....)

一般情况下,函数名后面必须有一对英文半角的圆括号将参数(即自变量)括起来,多个参数之间用英文半角的","分隔。函数名不区分大小写。Access 系统的函数非常丰富且实用,其中一些较为常用的函数按类别列于表 3-1～表 3-5 中。必要时可以求助于 Access 的"帮助"菜单。

表 3-1 数值函数

函 数 名 称	函 数 格 式	功　　能	举　　例
绝对值函数	ABS(数值表达式)	求"数值表达式"的绝对值	ABS(-10)=10 ABS(10)=10
指数函数	EXP(数值表达式)	求 e 的乘幂,其中 e 为 2.718	EXP(2)=7.389 (即求 e^2)
取整函数	INT(数值表达式)	取小于或等于"数值表达式"的整数	INT(99.8)=99 INT(-99.8)= -100
四舍五入函数	ROUND(数值表达式,n)	对数值表达式四舍五入保留 n 位小数	ROUND(45.67,1)=45.7
平方根函数	SQR(数值表达式)	求"数值表达式"的平方根,自变量必须大于等于 0	SQR(4)=2 SQR(0)=0
符号函数	SGN(数值表达式)	返回"数值表达式"的符号值	SGN(2)=1 SGN(-2)=-1 SGN(0)=0

表 3-2　字符函数

函数名称	函数格式	功　能	举　例
空格函数	SPACE(数值表达式)	返回个数以"数值表达式"的值为空格数组成的字符串	SPACE(5)　返回 5 个空格
重复字符串函数	STRING(n,字符表达式)	返回一个由"字符表达式"的第一个字符重复 n 次组成的字符串	STRING(3, "*")　返回"***" STRING(3, "abc") 返回"aaa"
左子函数	LEFT(字符表达式,n)	从"字符表达式"的左边开始，截取 n 个字符	LEFT("中国北京",2)="中国" LEFT("中国北京",10)="中国北京"
右子函数	RIGHT(字符表达式,n)	从"字符表达式"的右边开始，截取 n 个字符	RIGHT(" 中国北京",2)= "北京"
子串函数	MID(字符表达式,n1,n2)	在"字符表达式"中从第 n1 个字符开始，截取 n2 个字符。n2 省略时从第 n1 个字符开始截取至末尾	MID(" abcdef",2,3)= "bcd" MID(" abcdef",3)= "cdef"
字符串长度函数	LEN(字符表达式)	返回"字符表达式"的字符个数	LEN(" ABCDEF")=6 LEN("中国")=2
删除前导、尾部空格函数	LTRIM RTRIM TRIM	删除前导空格 删除尾部空格 删除前导及尾部的空格	LTRIM("　　abc")="abc" RTRIM("abc　　") ="abc" TRIM("　abc　") ="abc"

表 3-3　日期时间函数

函数名称	函数格式	功　能	举　例
系统日期函数	DATE()	返回当前系统的日期	
系统时间函数	TIME()	返回当前系统的时间	
年函数	YEAR(日期表达式)	返回年的 4 位整数	YEAR(#2011-1-31#)=2011
月函数	MONTH(日期表达式)	返回 1～12 之间代表月份的整数	MONTH(#2011-1-31#)=1
日函数	DAY(日期表达式)	返回 1～31 之间代表日的整数	DAY(#2011-1-31#)=31
小时函数	HOUR(日期表达式)	返回 0～23 之间代表小时的整数	HOUR(#4:30 PM#)=16
系统日期和时间函数	NOW()	返回当前系统的日期和时间	

注意：有些函数没有自变量，如 DATE()，此时这对圆括号不能省略，不能写成 DATE。

表 3-4　统计函数

函数名称	函数格式	功　能	备　注
总计函数	SUM(数值表达式)	对自变量求和	这 5 个统计函数在后面讲解的查询的"总计"行中，再具体学习
平均值函数	AVG(数值表达式)	对自变量求平均值	
计数函数	COUNT(表达式)	统计记录个数	
最大值函数	MAX(数值表达式)	求自变量的最大值	
最小值函数	MIN(数值表达式)	求自变量的最小值	

注意：平均值函数的函数名是 AVG，不能写成 Average。

表 3-5　转换函数及其他

函数名称	函数格式	功　能	举　例
数值转字符函数	STR(数值表达式)	将数值表达式转换为字符	STR(123)= "123"
字符转数值函数	VAL(字符表达式)	将字符表达式转换为数值	VAL(" 123")=123
字符转 ASCII 码值函数	ASC(字符表达式)	返回字符表达式中第一个字符的 ASCII 码值	ASC("ABC")=65（即 A 的 ASCII 码值是 65）
ASCII 码值转字符函数	CHR(数值表达式)	返回数值表达式对应的 ASCII 码字符	CHR(65)= "A"
变大写函数	UCASE(字符表达式)	将字符表达式中的字母变为大写	UCASE(" Abc")="ABC"
变小写函数	LCASE(字符表达式)	将字符表达式中的字母变为小写	LCASE(" Abc")="abc"
条件函数	IIF(条件表达式,表达式 1,表达式 2)	当条件表达式为真时，返回表达式 1 的值，否则返回表达式 2 的值	IIF(X>90,"优","合格")当 X 的值大于 90 时，函数返回值为"优"，否则为"合格"

3.2.6　在查询中增加新字段

在查询中增加字段，是指需要在查询中创建（显示）数据源中不存在的字段，方法是在空白字段行中输入：新字段名:表达式。

这里新字段名后面的冒号必须是英文半角符号，"表达式"是得到新字段的方式。

【例 3-10】以"成绩表"及"课程表"为数据源，选择"学号""课程名称"及"期末成绩"字段。增加一个新字段：期末成绩比例，由期末成绩乘以 60%得到。查询名为"成绩比例查询"。

在查询设计视图的"显示表"对话框中选择"成绩表"及"课程表"，将"学号""课程名称"及"期末成绩"字段拖入网格，如图 3-18 所示。当两个或两个以上的表作为查询的数据源时，两表之间必须已建立正确的关联。

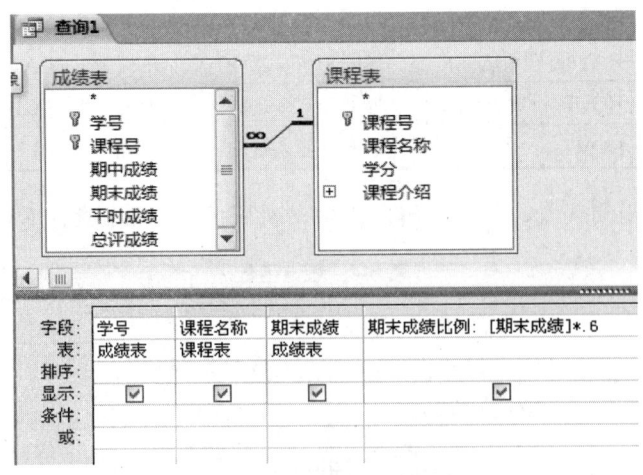

图 3-18　在查询中增加新字段

在空白字段行中输入"期末成绩比例:期末成绩*0.6"，如图 3-18 所示（英文半角的方括号可以省略，系统会自动添加）。

不要输入"新字段名=表达式",即在此不能输入:"期末成绩比例=期末成绩*0.6"。另外,在 Access 的运算符中没有%,所以 60%必须输入为 0.6(.6)。

"期末成绩比例"只是此查询中能够显示的一个临时的新字段,并非表中真正的新字段,即成绩表中不会产生"期末成绩比例"这个字段。

如果两表之间没有直接的关系,必须有第三个表使两表之间有间接关系。例如,如果需要"学生信息表"与"课程表"两个表作为数据源,这两表之间没有关联,这时必须将"成绩表"也选择到查询的设计视图中,使"学生信息表"与"课程表"通过"成绩表"有间接关系,即使不需要"成绩表"中的任何字段。

3.2.7 在查询中计算

【例3-11】建立一个名为"平均分查询"的查询,计算并显示"姓名"字段及每个学生的"期中成绩"的平均分,只计算每门课程都及格的学生。

在查询设计视图的"显示表"对话框中添加"学生信息表"及"成绩表",将"学号""姓名""期中成绩"字段拖入设计视图的网格中,如图 3-19 所示。

单击功能区中的"汇总"按钮 Σ ,使其增加"总计"行;在学号、姓名的"总计"行中选择 Group by(分组),在"期中成绩"的"总计"行中选择"平均值"(Avg),在"期中成绩"的"条件"行中输入:">=60",如图 3-19 所示。

保存并运行查询。

【例3-12】建立"英语期末查询",显示"英语精读"课程期末成绩的最高分、最低分。

以"成绩表"和"课程表"为数据源,在查询的设计视图中将所需字段拖入网格,如图 3-20 所示。

单击"Σ"按钮,添加"总计"行;在"总计"行中分别选择 Group By(分组)、"最小值"(min)、"最大值"(max),如图 3-20 所示。

图 3-19 平均分查询

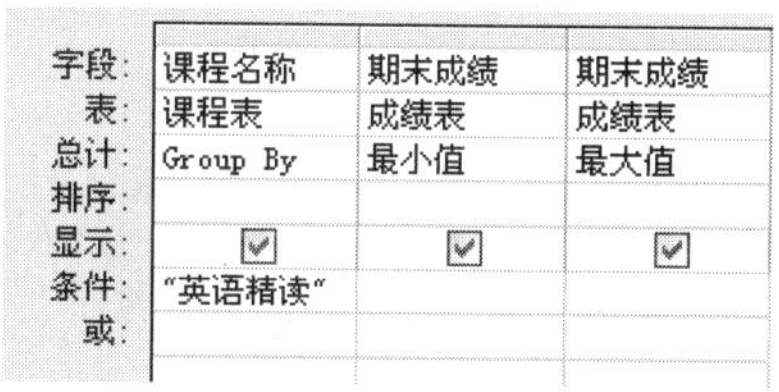

图 3-20 最大值与最小值查询

在课程名称的条件行中输入:英语精读。
保存并运行。

3.2.8 "总计"行

通过上述实例,可以看到"总计"行中有 7 个函数、5 个选项,利用这些函数与选项可以方便地在查询中进行计算。下面将"总计"行中的函数与选项列在表 3-6 中。

说明:在查询设计视图中,"总计"行中的函数与选项以中文作为名称还是以英文作为名称,不同的版本有所不同,但含义和用法是一样的。

表 3-6　查询设计视图"总计"行中的函数及选项

名称		功能
"总计"行的中文名称	"总计"行的英文名称	
7个函数 合计（或者总计）	Sum	求某字段值的累加值（即求和）
计数（或者计算）	Count	统计记录个数
平均值	Avg	求某字段值的平均值
最大值	Max	求某字段值的最大值
最小值	Min	求某字段值的最小值
标准差	StDev	求某字段值的标准偏差
方差（或者变量）	Var	求某字段值的方差
5个选项 分组	Group by	对某个字段按相同的值分组
第一条记录	First	求在表或查询中第一条记录的字段值
最后一条记录	Last	求在表或查询中最后一条记录的字段值
表达式	Expression	创建表达式中包含统计函数的计算字段
条件	Where	指定不用于分组的字段，并且此字段在查询结果中不被显示

在5个选项中，Expression 与 Where 是两个特殊的选项，下面举例说明这两个选项的用法。

【例3-13】 创建"班级人数查询"，按班级统计出1999年（含）之后出生的人数，显示"班级""人数"字段。

以"学生信息表"为数据源，在查询设计视图中选择"班级""出生日期"两个字段，单击功能区中的"Σ"按钮添加"总计"行，如图3-21所示。

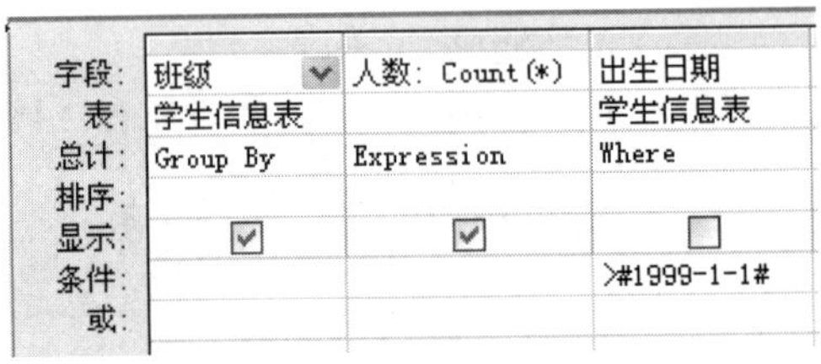

图 3-21　查询的设计视图

图3-21中3个字段的"总计"行的选择原则如下：

（1）因为要按班级统计人数，所以应该对班级字段分组，即在"总计"行中选择 Group By（分组）。

（2）"人数"实际上是一个新字段。在查询中添加新字段的方法，是在字段行输入"新字段名:表达式"。所以在图3-21中输入"人数:count(*)"，count函数是统计记录个数的，多少条记录就是多少个人。由于表达式中用到了统计函数 count，那么在"总计"行必须选择 Expression（表达式）。

（3）"出生日期"字段不能分组，所以只能选择"Where（条件）"，并且"显示"行中小方格内的标记"√"标记自动取消，当运行查询时"出生日期"字段不被显示。

说明：用"*"作为计数函数 count 的自变量来统计记录数，是非常便捷的。也可以用学号、姓名等作为自变量，如 count(姓名)。count(姓名)与 count(*)是有区别的，前者对于姓名为空（Null）的记录不进行统计，后者对于姓名为空的记录也统计在内。

只有 count 函数可用"*"作为自变量，其他函数不可用"*"作为自变量。

【例 3-14】 利用 Sum 与 iif 函数建立一个名为"分数段统计"的查询，要求显示出每门课的课程名称、选修总人数及期末成绩在 85 分以上（含 85）、60 至 85 以下、不及格的人数。

在查询设计视图中选择"课程表"及"成绩表"作为数据源，选择"课程名称"字段。除了"课程名称"字段之外，其余 4 个字段都是查询中的新字段，即要建立"总人数""85 分以上""60 至 85 以下""不及格"4 个新字段。用 Sum 函数与 iif 函数嵌套来计算各分数段的人数。

单击"Σ"按钮增加总计行，按课程名称分组。

4 个新字段的建立及表达式如下（可参考图 3-22）：

总人数:学号。在"总计"行中选择"计数"（Count）。

85 分以上： sum(iif([期末成绩]>=85,1,0))。在"总计"行中选择 Expression（表达式）。

60 至 85 以下: sum(iif([期末成绩]>=60 And [期末成绩]<85,1,0))。在"总计"行中选择 Expression（表达式）。

不及格: sum(iif([期末成绩]<60,1,0))。在"总计"行中选择 Expression（表达式）。

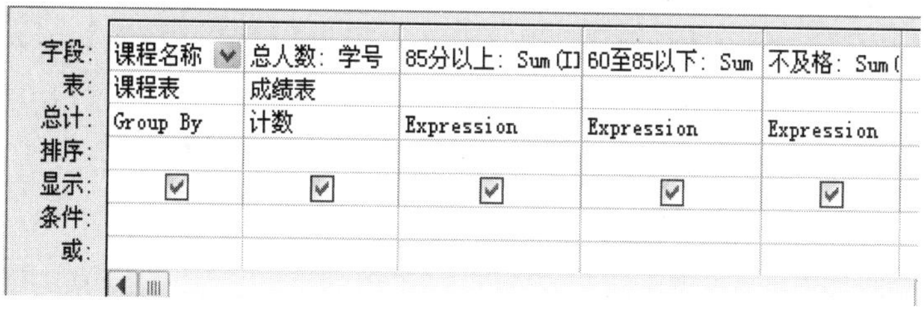

图 3-22 "分数段统计"查询

值得注意的是，表达式"sum(iif([期末成绩]>=60 And [期末成绩]<85,1,0))"如果用"[期末成绩] between 60 and 84"来替代，那么 84 与 85 之间的小数部分（如 84.5）将不能被统计在内，所以在用表达式时要特别注意。

3.3 创建操作查询

前面创建的查询，都是从表或查询中选择了满足一定条件的字段、记录，而对原表中的数据不做任何改动。下面要学习的操作查询（也叫动作查询），其特点是对原表的数据进行修改。共分为 4 类：生成表查询、删除查询、更新查询及追加查询。

创建操作查询的过程中有一个特点，就是要在"查询类型"组中选择类型，如图 3-23 所示。

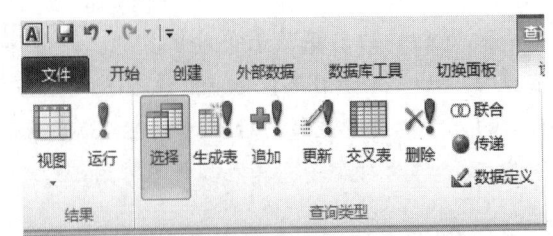

图 3-23　查询类型

3.3.1　生成表查询

生成表查询是利用现有表中的全部或部分记录、字段生成一个新的表。

【例3-15】建立名为"团员生成表查询"的查询，通过执行该查询，生成一个名为"团员表"的新表，只要团员的记录，且只要"学号""姓名""性别"及"是否团员"4个字段。

（1）在查询的设计视图中选择"学生信息表"作为数据源，选择"学号""姓名""性别"及"是否团员"4个字段。

由于"是否团员"字段为是/否型，所以选择是团员的记录，应该在"是否团员"字段的条件行中输入：yes。也可以输入：-1，或：true。如果要选择不是团员的记录，条件行应输入：no，或者：0，或者：false。

（2）选择操作查询的类型。在图3-23所示的"查询类型"组中单击"生成表"按钮，打开"生成表"对话框，在"表名称"组合框中输入"团员表"，单击"确定"按钮，如图3-24所示。注意"团员表"是新建的表名，保存时的查询名应该为"团员生成表查询"。不要把查询对象的名称也取为"团员表"，在同一个数据库中不允许表名与查询同名。

图 3-24　"生成表"对话框

操作查询的结果产生在表中，虽然在数据表视图中能看到查询的内容，但运行查询时查询本身并不产生结果。在没有运行此查询之前，结果并未产生，即团员表并没有被建立起来。

重要说明：在 Access 2007 版以上，操作查询的运行可能是被禁用了的，要想执行操作查询，必须按照"2.1.2 Access 的界面简介"中的"4.安全警告"，关闭"安全警告"。

取消"安全警告"后，运行"团员生成表查询"，将看到新生成的"团员表"中有 9 条记录。

在此例中，一共建立了 2 个对象，一个是"团员生成表查询"查询对象，当运行了这个查询之后，自动创建"团员表"表对象。如果再次运行"团员生成表查询"，只能再次重新生成团员表。运行查询时，查询本身不会产生任何结果，因为操作查询的结果产生在表中。

3.3.2 追加查询

追加查询是将某个表（源表）中的部分记录追加到已有表（目标表）的尾部中。

【例3-16】建立名为"非团员追加查询"的查询，通过执行该查询，将"学生信息表"中非团员的记录追加到"学生信息表结构"表中（"学生信息表结构"表是在第 2 章的例 2-17 中复制得到的）。

在查询的设计视图中选择"学生信息表"作为数据源，选择所有字段，在是否团员的条件行中输入：no。

在"查询类型"组中单击"追加"按钮，在弹出的"追加"对话框的"表名称"组合框中选择"学生信息表结构"，单击"确定"按钮，如图 3-25 所示。此时在设计视图中会出现一行"追加到"行。

图 3-25 "追加"对话框

保存并运行"非团员追加查询"，4 条非团员的记录将被追加到"学生信息表结构"表中。

值得注意的是，非团员追加查询可能只能运行一次，如果第二次运行此查询，则很可能会出现不能追加的警告。原因是第一次追加了 4 条记录，第二次再将同样的 4 条记录追加进去，造成了主键字段"学号"的重复，主键是不能有重复值的，表中不允许有重复的记录存在，这是设计表的一个原则，所以不能追加（运行）第二次。

3.3.3 删除查询

删除记录最直接的方法就是在表的数据表视图中进行操作，但是当要删除的记录是成批且有规律时，则用删除查询来实现是最方便、快捷的。

【例3-17】利用删除查询建立一个"女生表"。

（1）将"学生信息表"复制一份命名为"女生表"（结构和数据全部复制过来）。

（2）建立一个名为"删除男生查询"的查询，将"女生表"中的男生记录删除。

在查询的设计视图中选择"女生表"作为数据源，选择"性别"字段，在条件行中输入"男"。

在"查询类型"组中单击"删除"按钮，此时会在设计视图中增加"删除"行，如图 3-26 所示。

图 3-26 "删除查询"的设计视图

（3）保存并运行"删除男生查询"，完成对女生表中男生记录的删除。
（4）打开"女生表"查看结果。

3.3.4 更新查询

更新查询可以对一个或多个表中符合某种条件的数据进行批量的数据修改。

【例3-18】建立一个名为"成绩更新查询"的查询，更新"成绩表"中的总评成绩（"成绩表"中的"总评成绩"字段一直未输入），其总评成绩为：期中成绩×30%+期末成绩×60%+平时成绩×10%。

在查询的设计视图中选择"成绩表"，选择"总评成绩"字段，在"查询类型"组中单击"更新"按钮，在设计视图中将自动增加"更新到"行。在"更新到"行中输入总评成绩的计算公式，如图3-27所示。单击"运行"按钮，完成对表的更新。

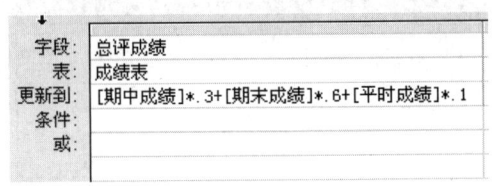

图3-27 "更新查询"的设计视图

说明： 在很多情况下字段名两边的分界符方括号[ ]往往可以省略，系统会自动加上；但在更新查询中，字段名的分界符方括号最好不要省略，否则很可能会出错。

3.3.5 操作查询小结

通过前面4个实例，对操作查询做一小结。首先操作查询在创建时必须在"查询类型"组中选择要建立的查询类型，这类查询对象的图标与其他查询不一样，图标旁边有一个惊叹号标记；其次操作查询运行时本身不产生结果，结果产生在相应的表中。

生成表查询除创建的查询本身外，运行后会自动产生一个新表对象，即生成表查询建立并运行后，实际上导航窗格中应该产生两个新对象，一个是查询，一个是表，所以要注意生成表查询在建立时，查询名不能与要生成的新表同名，同一个数据库中查询与表不能同名。

更新查询的设计视图中有一个特殊的行：更新到，用来输入要更新字段值的表达式，且不要省略字段名两边的方括号。

删除查询的设计视图中有一个特殊的行：删除，在"删除"行中有"Where"字样。

有些操作查询不能反复运行，否则很可能会产生意想不到的结果或者错误。

必须关闭"安全警告"，否则操作查询不能运行。

3.4 综合举例

【例3-19】建立一个名为"出生年份参数查询"的参数查询，当运行查询时提示"请输入要查询的出生年份:",只要输入年份(如 1999),就可以查询出该年出生的学生信息,显示"学生信息表"中所有字段。

分析:这个题目的关键在于只输入年份,而"学生信息表"中没有年份字段,只有出生日期。可以用 year 函数将出生日期字段中的年份提取出来,作为设置参数的字段。可以从"学生信息表"中只拖入一个"*"来代替所有字段,不要选中第 2 列字段显示行中的复选框,如图 3-28 所示。

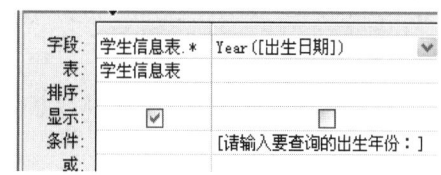

图 3-28 出生年份参数查询

【例 3-20】建立一个名为"只输入姓的参数查询"的参数查询,当运行查询时提示"请输入学生的姓:",只要输入姓,如输入"王",就可以查询出学生信息表中所有姓王的记录,显示所有字段。

分析:参数查询运行时,方括号内的内容实际上要被输入的数据替代。假设查询运行时输入"王",需要查询出姓王的学生记录,可以用 like"王*"实现模糊查询,因此在方括号后面加上"*"就可以了。如果不加 like 运算符,则默认为="王*","="不能与"*"号连用,所以 like 运算符在这里是必需的,如图 3-29 所示。

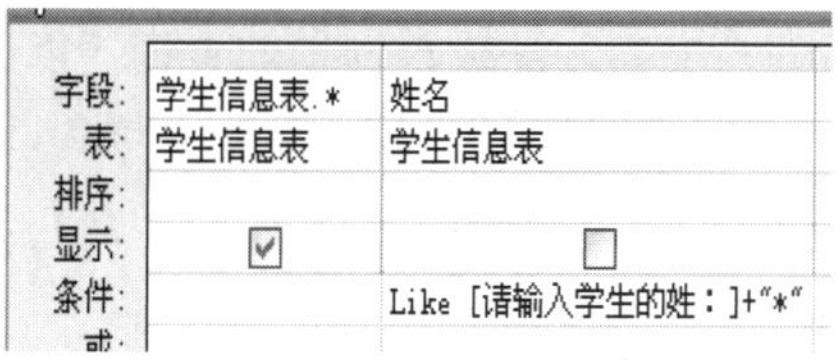

图 3-29 只输入姓的参数查询

【例 3-21】建立一个名为"年龄查询"的查询,要求显示每个学生的"学号""姓名""性别""班级""出生日期"及"年龄"字段。

分析:年龄是查询中的新字段,每个人的年龄都可以由现在的年份减去出生日期中的年份而得到。Year(date())可以从 date()中提取出现在的年份,year(出生日期)可以得到学生的出生年份,两个年份相减得到的是一个数字,这个数字就是要计算的年龄值。

在查询的设计视图中,以"学生信息表"作为数据源,选择"学号""姓名""性别""班级""出生日期"字段,在最后一列的字段行中输入:年龄:year(date())-year(出生日期)。保存并运行查询。

【例 3-22】建立一个名为"专业选课人次查询"的查询。学生信息表中的学号字段值,左起第 1、2 位一般代表入学年限,第 3、4 位一般代表各个专业。如学号 17010001,第 3、4 位是 01,01 代表英语专业。现要求以"成绩表"为数据源,按不同的专业(即按学号第 3、4 位的值分组)统计出选课人次。显示"专业代号""选课人次"字段。

分析:专业代号与选课人次都是查询中的新字段。要以学号的第 3、4 位分组,也就是对专业代号这个新字段分组。可以用 mid 函数将学号字段的第 3、4 位提取出来，如图 3-30 所示。

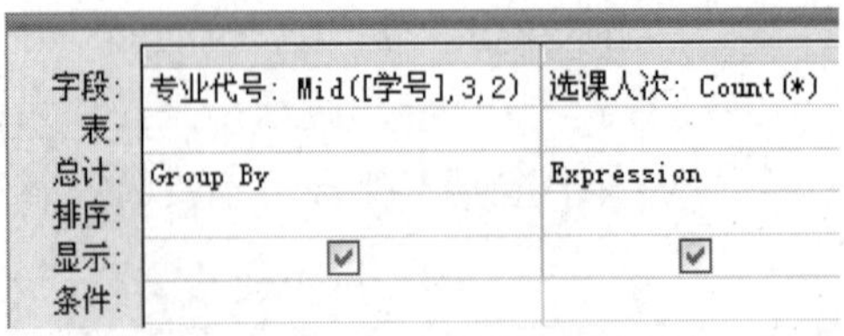

图 3-30　专业选课人次查询

注意 mid(学号,3,2) 表示从学号的第 3 位开始取，一共取 2 位，即第 3、4 位，不能写成 mid(学号,3,4)。

【例 3-23】建立一个名为"增加补助查询"的更新查询，将"补助表"中每个学生的补助在原来的基础上增加 200 元。

分析：补助表中的"补助"字段已经有数值，要在原来的基础上增加 200 元，可用表达式"补助+200"来实现，无论原来补助的数值是多少。这是一个更新查询，在查询设计视图的"更新到"行中输入：[补助]+200。更新查询中，对于表达式的字段名两边的方括号不能省略。

更新查询是一种操作查询，因此更新查询必须要运行一次，结果产生在补助表中，打开补助表，可以看到补助已经由原来的 300 更新成了 500。要注意这种更新查询只能运行一次，如果再运行一次，则补助会变成 700，每运行一次增加 200，所以不能多次运行。

【例 3-24】建立一个名为"平均分等级查询"的查询，以例 3-11 中所建立的"平均分查询"为数据源，要求显示"学号""姓名""等级"3 个字段。等级的计算规则为：平均分在 85 分（含 85）以上的等级为优，平均分在 75 以上（含 75）至 85 分（不含 85）之间的等级为良，75 分以下（不含 75）等级为及格。

分析：等级是查询中的新字段，可以用 iif 函数实现对等级的计算，表达式如下（可参考图 3-31）：

等级:IIf(期中成绩之平均值>=85,"优",IIf(期中成绩之平均值>=75,"良","及格"))

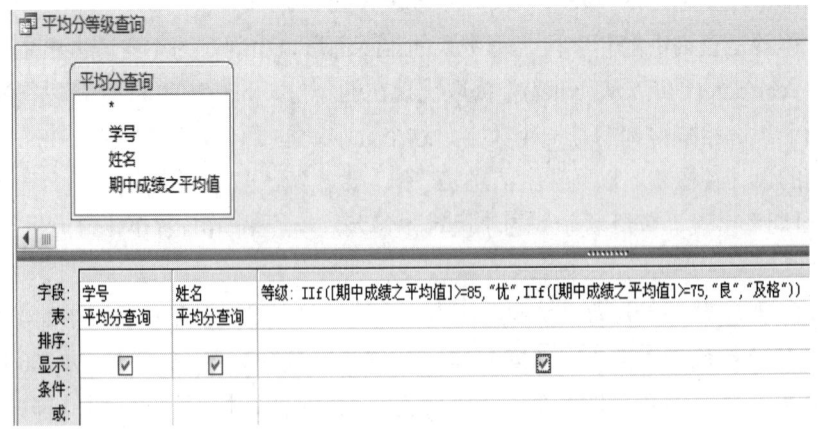

图 3-31　平均分等级查询

3.5 SQL 查询

结构化查询语言（Structured Query Language，SQL）是目前应用最为广泛的关系数据库语言。SQL 语言的功能包括查询、操纵、定义和控制 4 个方面，也就是说集成了数据库定义语言和数据库操作语言的功能，是一种综合、通用、功能极强的关系数据库语言。绝大多数流行的关系数据库管理系统，如 Oracle、Sybase、Microsoft SQL Server、Access 等，都采用了 SQL 语言标准。

3.5.1 SQL 语言的动词

SQL 设计巧妙，语言简洁，完成数据定义、数据操纵、数据查询、数据控制的核心功能只用了 9 个动词，见表 3-7。

表 3-7 SQL 语言的动词

SQL 功能	动　　词
数据定义	CREATE，DROP，ALTER
数据查询	SELECT
数据操纵	INSERT，UPDATE，DELETE
数据控制	GRANT，REVOKE

3.5.2 SQL 的数据查询功能

前面已经提到，查询对象有 3 种主要视图方式，其中一种就是 SQL 视图。也就是说，当用向导或者用设计视图创建查询时，Access 会自动在后台生成相对应的 SQL-Select 语句。

双击"女生查询"打开此查询对象，切换到 SQL 视图，可以看到自动生成的 Select 语句：

```
SELECT 学生信息表.学号,学生信息表.姓名,学生信息表.性别,学生信息表.出生日期,
学生信息表.班级
FROM 学生信息表
WHERE ((( 学生信息表.性别)="女") AND ((学生信息表.出生日期)>=#1/1/1999#));
```

1．Select 语句的格式

SQL-Select 语句的格式如下：

```
SELECT [DISTINCT] <字段名列表> [AS <新字段名>]
FROM <表或查询列表>
[WHERE <行选择条件>]
[GROUP BY <分组条件>]
[HAVING <组选择条件>]
[ORDER BY <排序条件> [DESC]];
```

- 语句中的单词不区分大小写，一个 Select 语句可以写成一行，也可以写成多行，末

尾一般用";"号结尾。
- 方括号内的内容为可选项,尖括号内的内容为必选项。真正使用时方括号与尖括号都不写。
- <字段名列表>中的字段是要查询显示的字段,多个字段之间用英文半角的","分隔。
- <表或查询列表>中的表或查询是字段来源的表或查询,多个表或查询之间用英文半角的","分隔。
- 语句格式的书写顺序不能颠倒。

其余项目的含义及用法在后面的实例中解释。

2. Select 语句举例

【例 3-25】用 SQL-Select 语句完成下列各小题。

(1)创建"SQL 课程表查询",检索出"课程表"中所有字段、所有记录信息。

单击"创建"选项卡"查询"组中的"查询设计"按钮,打开查询的设计视图。在弹出的"显示表"对话框中不选择任何数据源,直接单击"关闭"按钮。切换到"SQL 视图",如图 3-32 所示。输入命令:

```
select *
from 课程表;
```

其中"*"代表所有字段。单击红色的!按钮("运行"按钮),可立即看到查询的结果。

图 3-32 SQL 视图

(2)创建"SQL 民族查询",检索出学生来自于哪些民族,只显示"民族"字段,要求消除重复行。

```
select distinct 民族 from 学生信息表;
```

其中 distinct 的作用是消除重复行。

(3)创建"SQL 成绩查询",检索出"学号""课程号"及"总评成绩"字段,并按总评成绩降序排列。

```
select 学号,课程号,总评成绩
from 成绩表
order by 总评成绩 desc;
```

其中 order by 后面的字段是要排序的字段名,默认升序,desc 表示降序。

(4)创建"SQL 出生查询",检索出 1999 年出生的学生的姓名、性别、出生日期。

```
select 姓名,性别,出生日期
from 学生信息表
where year(出生日期)=1999;
```

或

```
select 姓名,性别,出生日期
```

```
from 学生信息表
where 出生日期 between #1999-1-1# and #1999-12-31#；
```
要选择的条件表达式写在 where 的后面，如果条件表达式不止一个，多个表达式之间要用逻辑运算符 and 或者 or 连接。

（5）创建"SQL 姓名查询"，检索出姓名为"肖凡""何芳""童星"的学生的学号、姓名、课程名称及期末成绩，并按学号升序排序。

```
select 学生信息表.学号,姓名,课程名称,期末成绩
from 学生信息表,成绩表,课程表
where 学生信息表.学号=成绩表.学号 and 课程表.课程号=成绩表.课程号 and
姓名 in("肖凡","何芳","童星")
order by  学生信息表.学号；
```

也可写成：

```
select 学生信息表!学号,姓名,课程名称,期末成绩
from 学生信息表,成绩表,课程表
where 学生信息表!学号=成绩表! 学号 and 课程表!课程号=成绩表!课程号 and
姓名 in("肖凡","何芳","童星")
order by  学生信息表!学号；
```

由于"学号"字段可以来自于学生信息表，也可以来自于成绩表，所以必须在"学号"前边说明来自哪个表，即学生信息表.学号。"."实际上表示一种所属关系，表示"学生信息表"中的学号字段，也可用"!"来代替"."。其他字段都只能来自于一个表，所以在字段名前不用加表名。

当 from 后面的表名不止一个时，必须在 where 后面写明表与表之间的联接关系。如本例中：学生信息表.学号=成绩表.学号 and 课程表.课程号=成绩表.课程号。这实际上就是在第 2 章中建立的表间关系，但在 SQL 语句中，无论表间关系是否建立，都必须在 Where 短语中写出联接表达式。要注意 where 项的条件无论有多少个，都必须用逻辑运算符连接，而不能用空格或逗号将各个条件隔开。

（6）创建"SQL 不及格查询"，统计出课程号为"1002"、期中成绩不及格的人数。

```
select 课程号,count(学号) as 不及格人数
from 成绩表
where 期中成绩<60 and 课程号="1002"
group by 课程号；
```

"不及格人数"是新字段名，在 select 语句中增加新字段与查询设计视图中的书写格式不一样。select 语句中增加新字段的格式是：表达式 as 新字段名。

group by 短语用于分组，其含义与用法和查询设计视图中的"总计行"中的 group by（分组）相同。

（7）创建"SQL 平均分查询"，计算出至少选修两门课以上的学生所选课程的"总评成绩"的平均分，显示"学号""姓名"及"平均分"字段，平均分要求保留 1 位小数，并按平均分降序排序。

```
select 学生信息表.学号,姓名,round(avg(总评成绩),1) as 平均分
from 学生信息表,成绩表
```

```
where 学生信息表.学号=成绩表.学号
group by 学生信息表.学号,姓名
having count(课程号)>=2
order by avg(总评成绩) desc;
```

having 短语是组选择条件,当用到 group by 短语分组时,才有可能用到 having 短语。由于"平均分"字段只是查询中显示的、临时的新字段,并不是真正的字段,所以在 order by 短语中不能直接对"平均分"字段排序,而是必须对原表达式排序,即:order by avg(总评成绩),或者:order by round(avg(总评成绩),1)。

(8)创建"SQL 邮箱地址查询",检索出没有填写邮箱地址的学生姓名。

```
select 姓名
from 学生信息表
where 邮箱地址 is null;
```

(9)创建"SQL 王姓查询",检索出姓"王"的学生姓名。

```
select 姓名
from 学生信息表
where 姓名 like "王*";
```

(10)创建"SQL 非王姓查询",检索出除了姓"王"的学生姓名。

```
select 姓名
from 学生信息表
where 姓名 not like "王*";
```

(11)创建"SQL 籍贯查询",用子查询(即嵌套查询)检索出与"王铁"籍贯相同的学生姓名及籍贯。

```
select 姓名,籍贯
from 学生信息表
where 籍贯=(select 籍贯 from 学生信息表 where 姓名="王铁");
```

如果要检索出与肖凡籍贯相同的学生姓名及籍贯,情况就有所不同。因为有两个肖凡,且两个肖凡籍贯也不同,一个是山东,另一个是广东。此时子句中所查询到的值就有两个,相当于括号内的值为("山东","广东")。条件表达式应该改为:where 籍贯 in(select 籍贯 from 学生信息表 where 姓名="肖凡"),相当于:where 籍贯 in("山东","广东")。

(12)创建"SQL 联合查询",按表 3-8 所示建立"新开课程表",表结构与"课程表"相同。用联合查询检索出"课程表"与"新开课程表"中的所有记录,要求显示"课程号""课程名称"及"学分"3 个字段。

表 3-8 新开课程表

课程号	课程名称	学分
6001	心理学	2
6002	金融学基础	3
6005	数据结构	3

```
select 课程号,课程名称,学分
from 课程表 union select 课程号,课程名称,学分 from 新开课程表;
```

通过联合查询，可以将两个表中的记录全部查询（显示）出来。联合查询用 union 联接两个 select 语句，两个 select 语句中的字段名称及字段个数应该一致。

3．联接类型

查询联接类型可分为 3 种：内部联接、左联接与右联接。为了方便起见，设"课程表""教师表"的字段及记录分别如图 3-33、图 3-34 所示，根据这些字段及记录阐述 3 种联接。

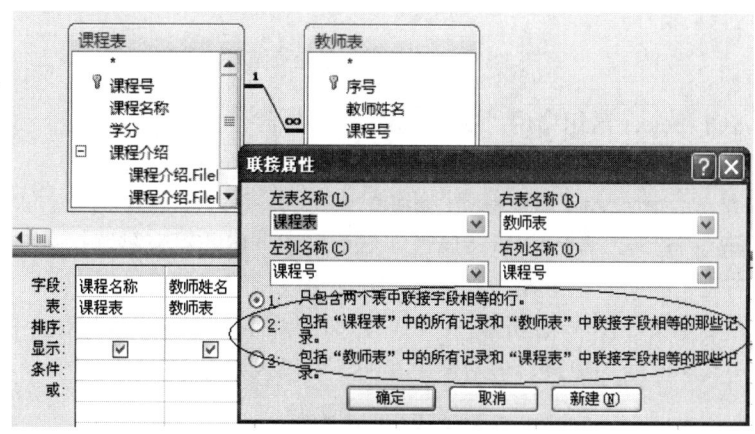

图 3-33　课程表 　　　　　　　　　　　　图 3-34　教师表

（1）内部联接。内部联接即第 1 章中讲到的自然联接，属于特殊的等值联接。

当"课程表"与"教师表"建立正确的关联后，在查询设计视图中选择"课程表"与"教师表"时，就可以看到两表之间的关联线已经存在。双击关联线，打开"联接属性"对话框，如图 3-35 所示。

图 3-35　"联接属性"对话框

在"联接属性"对话框中可以看到 3 种类型联接的说明。其中"内部联接"是默认的联接类型（即图 3-35 中的第一个单选按钮），这种联接方式是两个表各取一条记录，在联接字段上进行字段值的联接匹配。若字段值相等，查询将合并这两个匹配的记录，从中选取需要的字段组成一条记录，显示在查询结果中；若字段值不匹配，则查询得不到结果。查询结果的记录条数等于字段值匹配相等的记录数。

内部联接的查询结果如图 3-36 所示。由于"课程表"中课程号为"2005"的记录在"教师表"中不存在，也就是说这条记录在两表中没有字段值匹配的记录，所以在图 3-36 中不显示这条记录。

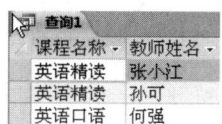

图 3-36　"内部联接"的查询结果

内部联接在 SQL-Select 语句中用 Inner Join 联接两表：

```
SELECT 课程表.课程名称, 教师表.教师姓名
FROM 课程表 INNER JOIN 教师表 ON 课程表.课程号 = 教师表.课程号;
```

上面的语句也可以写成：

```
SELECT 课程表.课程名称, 教师表.教师姓名
FROM 课程表, 教师表
WHERE 课程表.课程号 = 教师表.课程号;
```

两种写法是相同的结果。

（2）左联接。图 3-35 所示“联接属性”对话框中列出的第二种联接是左联接，联接查询的结果是“左表”的所有记录及与“右表”联接字段相等的记录。

左联接的查询结果如图 3-37 所示。左表（课程表）的 3 条记录（3 门课程）都显示在结果中，大学语文（课程号为 2005）的记录虽然在右表（教师表）中不存在，但左表中存在这条记录，所以左联接也会将其显示在结果中。

查询2

课程名称	教师姓名
英语精读	张小江
英语精读	孙可
英语口语	何强
大学语文	

图 3-37　“左联接”的查询结果

左联接在 SQL-Select 语句中用“Left Join”联接两表：

```
SELECT 课程表.课程名称, 教师表.教师姓名
FROM 课程表 LEFT JOIN 教师表 ON 课程表.课程号 = 教师表.课程号;
```

（3）右联接。图 3-35 所示“联接属性”对话框中列出的第三种联接是右联接，联接查询的结果是“右表”的所有记录及与“左表”联接字段相等的记录。

右联接的查询结果如图 3-38 所示，右表（教师表）中的柳小海没有担任课程，在左表（课程表）中没有与其相匹配的记录，但右表中存在，所以也被显示在结果中。

查询3

课程名称	教师姓名
	柳小海
英语精读	张小江
英语精读	孙可
英语口语	何强

图 3-38　“右联接”的查询结果

右联接在 SQL-Select 语句中用 Right Join 联接两表：

```
SELECT 课程表.课程名称, 教师表.教师姓名
FROM 课程表 RIGHT JOIN 教师表 ON 课程表.课程号 = 教师表.课程号;
```

在 Access 中，查询所需的联接类型大多数是内部联接，只有极少数使用左联接与右联接。如要查询哪些课程没有教师担任，可以用左联接，上述用左联接显示的结果中（见图 3-37），“大学语文”这门课没有教师担任；同样要查询哪些教师没有担任课程，可以用右联接，见图 3-38 所示。

4．不建关联影响查询结果的正确性

为了方便，将“学生信息表”及“补助表”的记录减少（如图 3-39 和图 3-40 所示）。当

这两个表建立了正确关联时，查询结果如图 3-41 所示。因为是内部联接，所以查询结果只显示两表中学号值相匹配的记录，即只有 3 条记录。

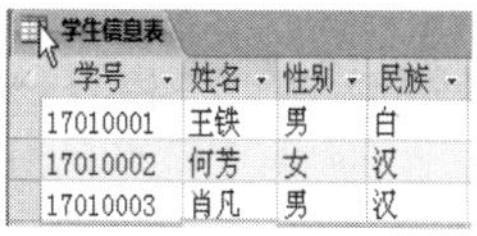

学生信息表

学号	姓名	性别	民族
17010001	王铁	男	白
17010002	何芳	女	汉
17010003	肖凡	男	汉

图 3-39　学生信息表

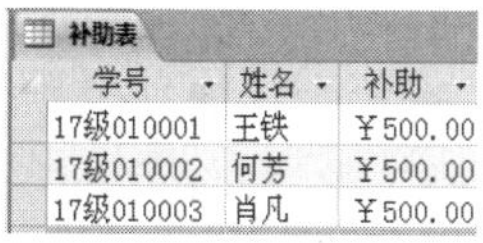

补助表

学号	姓名	补助
17级010001	王铁	￥500.00
17级010002	何芳	￥500.00
17级010003	肖凡	￥500.00

图 3-40　补助表

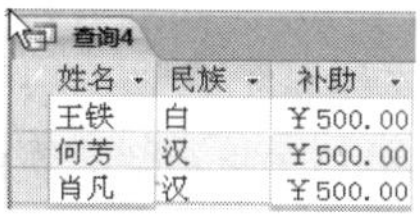

查询4

姓名	民族	补助
王铁	白	￥500.00
何芳	汉	￥500.00
肖凡	汉	￥500.00

图 3-41　建立关联后的查询结果

图 3-42 所示是上述两表未建关联时的查询结果，共有 9 条记录，很容易看出查询的结果是不正确的。在查询中不建立关联，查询将以笛卡尔积的形式产生查询结果。也就是说，一个表的每一条记录和另一表的所有记录联接构成新的记录，这样的结果是没有实际意义的。由此可见正确建立关联的重要性。

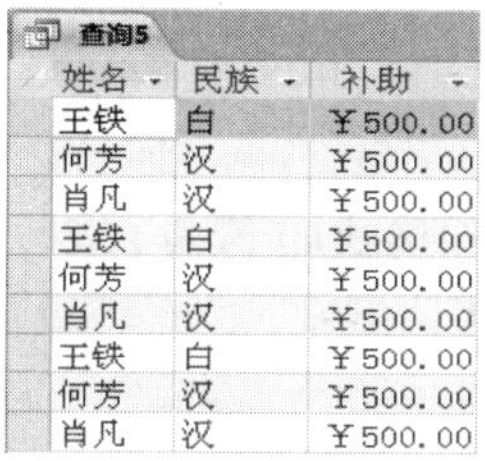

查询5

姓名	民族	补助
王铁	白	￥500.00
何芳	汉	￥500.00
肖凡	汉	￥500.00
王铁	白	￥500.00
何芳	汉	￥500.00
肖凡	汉	￥500.00
王铁	白	￥500.00
何芳	汉	￥500.00
肖凡	汉	￥500.00

图 3-42　未建关联的查询结果

3.5.3　SQL 的数据定义功能

SQL 的数据定义功能是对表结构而言的，共有 3 个语句：CREATE、DROP、ALTER。

1. Create 语句

Create 是创建表结构的语句，格式如下：

```
CREATE  TABLE <表名>(<字段名>  数据类型 [DEFAULT 默认值] [NOT NULL]
               [,字段名 数据类型 [DEFAULT 默认值] [NOT NULL]]
               …
               [,PRIMARY  KEY(字段名[,字段名]…)]
               [,FOREING  KEY(字段名[,字段名]…)
               REFERENCES 表名 (字段名[,字段名] …)]
               [,CHECK(条件)]);
```

【例 3-26】 建立“SQL 创建学生表查询”，通过 SQL 视图创建名为“学生表”的表结构。表的结构见表 3-9。

表 3-9　学生表的结构

字段名称	数据类型	字段大小	备　注
学号	文本型	8	设置为主键
姓名	文本型	3	不能为空（必填字段）
出生日期	日期/时间型		
性别	文本型	1	

打开查询的 SQL 视图，输入如下命令：
```
create table 学生表(学号 char(8),姓名 char(3) not null,
        出生日期 date,性别 char(1), primary key (学号));
```
运行这个查询，可以看到"学生表"中已建立了 4 个字段，学号为主键，但没有记录，即 Create 命令只创建表结构（定义表）。

语句格式中的[,FOREING KEY(字段名[,字段名]…) REFERENCES 表名 (字段名[,字段名] …)] [,CHECK(条件)]];短语，是用来建立与其他表的关联的。

【例 3-27】建立"SQL 创建课程查询"，通过 SQL 视图创建名为"课程"的表结构。

打开查询的 SQL 视图，输入如下命令：
```
create table 课程(课程号 char(4),课程名称 char(20),学分 int,primary key(课程号));
```
语句中的 int 代表长整型。

2. Alter 语句

Alter 语句用来修改表结构，语句格式如下：
```
ALTER TABLE <表名>
        [ADD 子名]              //增加字段或完整性约束条件
        [DROP COLUMN 子名]      //删除字段
        [ALTER COLUMN 子名] ;   //修改字段
```

【例 3-28】建立"SQL 增加字段查询"，通过 SQL 视图对上例所建立的学生表增加一个"班级"字段。

打开 SQL 视图，输入如下命令：
```
alter table 学生表 add 班级 char(10);
```

【例 3-29】建立"SQL 修改查询"，通过 SQL 视图将学生表中的"姓名"字段大小改为 4。

打开 SQL 视图，输入如下命令：
```
alter table 学生表 alter column 姓名 char(4);
```

【例 3-30】建立"SQL 删除查询"，通过 SQL 视图将学生表中的"班级"字段删除。

打开 SQL 视图，输入如下命令：
```
alter table 学生表 drop column 班级;
```

3. Drop 语句

Drop 语句用来删除表，格式如下：
```
DROP TABLE 表名;
```

【例 3-31】建立"SQL 删除表查询"，通过 SQL 视图将例 3-27 中建立的"课程"表删除。

打开 SQL 视图，输入如下命令：
```
drop table 课程;
```

3.5.4 SQL 的数据操纵功能

数据操纵功能指对记录的操作，包括 INSERT、UPDATE 及 DELETE 3 种语句。

1. Insert 语句

Insert 是插入数据（记录）的语句，有两种形式，一种是单个插入，另一种是成批插入。单个插入的语句格式：

```
INSERT INTO <表名> [(字段名[,字段名…])] VALUES (常量[,常量…]);
```

成批插入的语句格式：

```
INSERT INTO <表名> [(字段名[,字段名…])] 子查询;
```

【例3-32】建立"SQL 单个插入查询"，通过 SQL 视图，为例 3-26 中建立的"学生表"插入一条记录。

命令如下：

```
insert into 学生表 (学号,,姓名,出生日期,性别) values ("17010001","王铁",#1999/12/1#,"男");
```

【例3-33】建立"SQL 成批插入查询"，通过 SQL 视图，将"学生信息表"中的女生记录追加到例 3-26 中建立的"学生表"。

命令如下：

```
insert into 学生表(学号,姓名,出生日期,性别)
select 学号,姓名,出生日期,性别
from 学生信息表
where 性别="女";
```

2. Update 语句

Update 用来修改记录，格式如下：

```
UPDATE <表名>
SET <字段名>=<表达式>/ <子查询>
    [,字段名=表达式/<子查询 …]
    [WHERE 条件表达式];
```

【例3-34】建立"SQL 修改记录查询"，通过 SQL 视图，将"学生表"中王铁的学号改为 17310000。

命令如下：

```
update 学生表 set 学号="17310000" where 姓名="王铁";
```

3. Delete 语句

Delete 语句用来删除记录，格式如下：

```
DELETE FROM <表名> [WHERE 条件表达式];
```

【例3-35】建立"SQL 删除记录查询"，通过 SQL 视图，将"学生表"中王铁的记录删除。

命令如下：

```
Delete from 学生表 where 姓名="王铁";
```

限于篇幅，SQL 语句只列出了主要的格式和简单的例题，SQL 语句的更多格式可以通过

Access 的帮助系统查看或者查询有关手册。

3.6 习题与实验

3.6.1 习题

一、选择题

1. 下面（　　）是不正确的。
   A．17 /2=8.5
   B．17\8=2
   C．19 mod 9=1
   D．表达式：#2017-1-16#-#2017-1-10# 没有结果

2. 运算符 like 中用来通配任何单个字符的是（　　）。
   A．?　　　　B．*　　　　C．!　　　　D．#

3. 运算符 like 中用来通配任何一个数字的是（　　）。
   A．?　　　　B．*　　　　C．!　　　　D．#

4. 下面选项中（　　）是正确的。
   A．"姓名" & ":" & "童星"，运算结果是"姓名：童星"
   B．"姓名" and ":" and "童星"，运算结果是"姓名：童星"
   C．运算符号&和 and 是一样的，都是"与"的意思
   D．都不对

5. 函数 right("abcdefg",3)的返回值是（　　）。
   A．abc　　　B．cba　　　C．efg　　　D．gfe

6. 函数 year(date())的返回值（　　）。
   A．是个日期/时间型的值　　B．是错误的
   C．是系统当前日期的年份　　D．都不对

7. 下面的选项中（　　）是正确的。
   A．Int(-7.9)=8　　　　B．Int(-7.9)=7
   C．Int(7.9)=8　　　　D．都不对

8. 函数 Mid("abcdefg",3,4)的返回值是（　　）。
   A．abcd　　B．cd　　　C．cdef　　D．efg

9. 下面选项中（　　）是正确的。
   A．" 1001"+20　　　　B．" 1001"+" 20"=" 1021"
   C．count(*)　　　　　D．sum(*)

10. 下面选项中（　　）是正确的。
    A．只能根据表对象创建查询
    B．只能根据已建立的查询创建查询
    C．可以根据表和已建立的查询创建查询

D．不能根据已建立的查询创建查询

11．选择“工作证号”（文本型字段）为“011”“012”的记录，条件表达式是（　　）。

A．工作证号="011" AND 工作证号="012"

B．工作证号="011" OR 工作证号=" 012"

C．"工作证号"="011" AND "工作证号"="012"

D．"工作证号"="011" OR "工作证号"="012"

12．在表中要查找“职工编号”是“1001”“1002”“1005”（设“职工编号”为文本型字段），应在查询设计视图的“职工编号”字段所对应的条件行中输入（　　）。

A．1001 and 1002 and 1005　　B．" 1001"　and " 1002"　and " 1005"

C．in (" 1001","1002","1005")　　D．at(" 1001","1002","1005")

13．在查询设计视图的“职工姓名”字段所对应的条件行中输入："张平" and "王平" and "李平"，下面（　　）是正确的。

A．只能显示第 1 个人的姓名　　B．1 个人也显示不出来

C．可以显示这 3 个人的姓名　　D．会弹出出错信息的对话框

14．查询的设计视图如图 3-43 所示，“是否团员”的“总计”行选择了 Where（条件），则在查询的数据表视图中该字段（　　）。

A．不被显示　B．可以显示　　C．不确定　　D．都不对

15．在查询的设计视图中增加一个新字段“团员人数”，表达式为 Count(*)（如图 3-43 所示），在该字段的“总计”行中必须选择（　　）。

A．first（第一条记录）　　B．count(团员)（计数、计算）

C．where（条件）　　D．expession（表达式）

16．在图 3-43 中，是否团员字段的条件是 yes，也可以输入为（　　）。

A．是　　B．-1　　C．"是"　　D．都不对

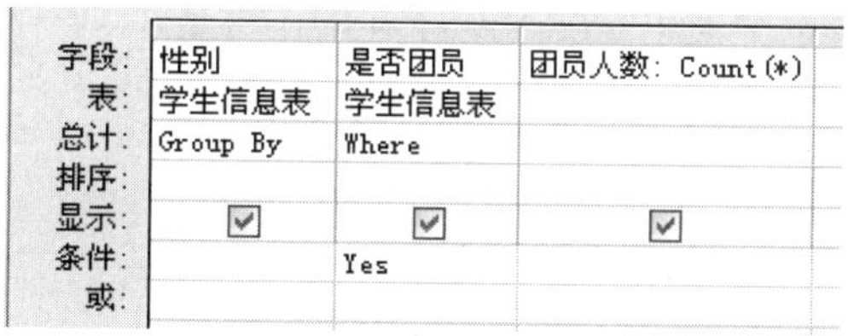

字段:	性别	是否团员	团员人数: Count(*)
表:	学生信息表	学生信息表	
总计:	Group By	Where	
排序:			
显示:	☑	☑	☑
条件:		Yes	
或:			

图 3-43　查询的设计视图

17．生成表查询属于（　　）查询。

A．汇总　　B．SQL　　C．选择　　D．动作（或叫操作）

18．要成批修改表中的数据，可使用（　　）查询。

A．选择　　B．更新　　C．交叉表　　D．参数

19．图 3-44 显示的是查询设计视图，判断此查询将显示（　　）。

A．“姓名”字段值　　B．除“姓名”以外的所有字段值

C．所有字段值　　D．什么也不显示

20．图 3-45 显示的是查询设计视图的设计网格部分，判断要创建的查询是（　　）。

A．删除查询　　B．生成表查询

C. 追加查询 D. 更新查询

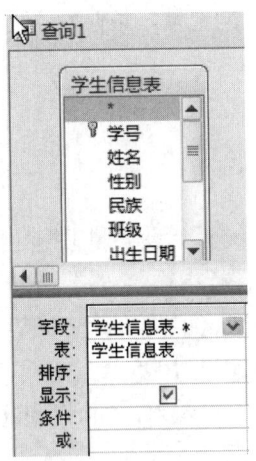

图 3-44 查询的设计视图　　　　图 3-45 查询的设计视图

21. 用 SQL-Select 语句建立一个基于"订单"表的查询，要查找"订单日期"（日期/时间型）为 2017 年 3 月份的订单，Where 子句的条件表达式为（　　）。

A. 订单日期 between "2017-03-01" and "2017-03-31"
B. 订单日期 between #2017-03-01# and #2017-03-31#
C. 订单日期 between #2017-03-01# or #2017-03-31#
D. 订单日期 between 2017-03-01 or 2017-03-31

22. 某数据表有一个"专业名称"字段，要查找专业名称以"计算机"开头的记录，在 SQL-Select 语句的 where 子句中，应该用（　　）表达式。

A. "计算机" B. 专业名称 like "计算机*"
C. ="计算机" D. left(专业名称="计算机")

23. 在 SQL-Select 查询中使用 group by 子句的作用是（　　）。

A. 按某个字段值排序 B. 按条件查询
C. 按某个字段分组 D. 无用

二、填空题

1. 字符型常量的分界符是_____，日期/时间型常量的分界符是_____。
2. 查询有_____、数据表视图及_____3 种主要视图方式。
3. 表达式：籍贯 in("北京","上海","广东")，可以写成等价的表达式_____。
4. 要查询"年龄在 18~22 岁（含 18、22）之间的学生"，在查询设计视图的"年龄"条件行中应输入_____。
5. 设表中有一个字段名为"身份证"、文本型，要从身份证号提取出出生年月日，用 mid 函数写出表达式_____。
6. 要查询出学号的最后一位数是 1~5 之间的记录，在查询设计视图的学号字段所对应的条件行中应输入_____。
7. 在查询设计视图中的"总计"行中，当_____时选择"Where"（条件）项。
8. 在查询设计视图中的"总计"行中，当_____时选择"Expression"（表达式）项。

9. 查询设计视图如图 3-46 所示，如果切换到数据表视图，能够显示的字段有_____。

10. 查询设计视图如图 3-47 所示，要求运行此查询时提示：请输入部门名称，在"部门"字段的条件行应输入_____。

图 3-46　查询设计视图（一） 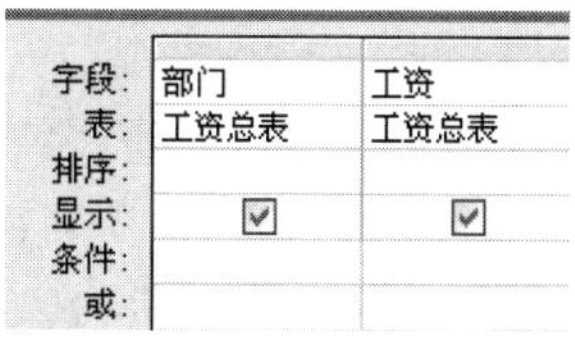　　　　　图 3-47　查询设计视图（二）

11. 动作查询（也叫操作查询）分为 4 类：_____、_____、_____和_____。
12. SQL-Select 语句中要对某个字段值排序，用_____子句。
13. SQL-Select 语句中的"Distinct"的作用是_____。
14. SQL-Select 语句，_____时候可能会用到 Having 子句。
15. 要查找"借书日期"在最近 10 天之内的，在 SQL-Select 语句的 where 子句中，条件表达式为_____。

三、改错题

下面的 SQL-Select 语句都有错误，在不改变原意的前提下，重新写出正确的语句。

1. select 成绩表.学号,学生信息表.姓名
   from 学生信息表,成绩表
   where 80<=成绩表.期末成绩 <90;

2. select 学号,avg(期末成绩) as 平均分
   from 成绩表
   where 期末成绩>=60
   group by 学号
   order by 平均分 desc;

3. select 姓名,性别,出生日期
   from 学生信息表
   where 出生日期>=#1999 年#;

4. 统计"1002"号课程的不及格人数：
   select 课程号,sum(学号) as 不及格人数
   from 成绩表
   where 期中成绩<60 and　课程号="1002";

5. select 姓名
   from 学生信息表
   where 姓名 like 李*;

6. select 姓名,性别,出生日期
   from 学生信息表
   where "性别"="男",year(出生日期)=#1999-1-1#;

7. select 学生信息表.学号,学生信息表.姓名,avg(期中成绩)　as 平均分
   from 学生信息表,成绩表

```
where 学生信息表.学号=成绩表.学号
group by 学生信息表.学号
```

3.6.2 实验一

以下实验题在"学籍管理系统"数据库中完成。

1. 建立名为"班级性别交叉查询"的交叉表查询，以"学生信息表"为数据源，以"班级"为行字段，"性别"为列字段，统计出人数。

提示：用"查询向导"中的交叉表查询向导完成。

2. 建立一个名为"男生查询"的查询，要求显示出"学生信息表"中1999年（含1999年）以后出生的男生的全部字段。

3. 建立一个名为"成绩查询"的查询，查询显示出期末成绩在80~89（含80与89）之间的学号、课程号及期末成绩。

4. 建立一个名为"成绩查询A"的查询，查询显示出期中成绩不及格以及90分（含90分）以上的学号、课程号及期中成绩。

5. 建立一个名为"姓名查询"的查询，查询显示出"学生信息表"中姓名包含了"小"字的记录，显示所有字段。

提示：在姓名字段的"条件"行输入： like "*小*"。

6. 建立一个名为"姓名查询A"的查询，要求查询显示出不姓"王"的学生姓名。

提示：在姓名字段的"条件"行输入：not like "王*"。

7. 建立一个名为"优秀成绩查询"的查询，查询显示出"期末成绩"在85（含85）以上的学生的"学号""姓名""课程名称"及"期末成绩"字段。

8. 建立名为"班级参数查询"的参数查询，要求运行此查询时提示：请输入班级名称，根据输入的班级显示出该班的"姓名""学号""班级"及"性别"字段。

提示：在班级字段的"条件"行中输入: [请输入班级名称]。

9. 建立一个名为"时间参数查询"的参数查询，显示出生日期在某段时间的学生姓名、性别及出生日期。

提示：在"出生日期"字段的"条件"行中输入: between [请输入开始日期] and [请输入结束日期]。

10. 建立名为"性别人数查询"的查询，统计出男生、女生的人数，显示"性别"及"人数"字段。

提示："人数"是新字段。

11. 建立名为"班级团员人数查询"的查询，统计出各班级中团员的人数，显示"班级"和"团员人数"字段。

提示："团员人数"是新字段。

12. 建立"各年份出生的人数查询"的查询，统计出各年份出生的人数，显示"年份""人数"字段。

提示："年份""人数"都是新字段，用 year 函数提取年份并分组。

13. 建立"生成不及格表查询"的生成表查询，将总评成绩不及格的学生"学号""姓名""课程名称""课程号""总评成绩"字段生成一个新表"不及格名单表"。

14. 为"团员表"增加一个新字段：团费，长整型。

15. 建立名为"更新团员表"的更新查询，更新"团员表"中的"团费"字段值，每条记录的团费值更新为 2 元。

16. 将"学生信息表"复制一份，名为"少数民族表"。

17. 建立名为"删除查询 A"的删除查询，将"少数民族表"中的汉族记录删除。

18. 用 SQL-Select 语句建立查询：

（1）从"学生信息表"及"成绩表"中查询出期中成绩、期末成绩及平时成绩均在 90 分（含 90）以上的学号、姓名，查询名为"SQL1-1"。

（2）统计出每门课的选修人数，要求显示"课程名称""选修人数"两个字段，并按选修人数降序排列，查询名为"SQL1-2"。

提示："选修人数"是新字段。

（3）查询出 1999 年（含 1999 年）之后出生的男生，显示"姓名""性别""年龄"字段，查询名为"SQL1-3"。

提示："年龄"是新字段，可以由表达式"year(date())-year(出生日期)"得到。

（4）显示出"课程表"中最高学分的"课程名称"及"最高学分"字段，查询名为"SQL1-4"。

提示："最高学分"是新字段。用两个 select 语句嵌套，子句中查询出最高学分值。

（5）查询出与"肖凡"同班的学生的姓名、班级，查询名为"SQL1-5"。

提示：用两个 select 语句嵌套。

3.6.3　实验二

以下实验题在"教师任课系统"数据库中完成。

1. 打开"教师任课系统"数据库，将"学籍管理系统"库中的"平均分查询""成绩更新查询"导入。

2. 将"平均分查询"中所产生的新字段名"期中成绩之平均值"改为"平均分"，"平均分"字段值要求保留 1 位小数。

3. 分别运行"平均分查询""成绩更新查询"。

4. 利用生成表查询生成一个名为"奖学金表"的新表，数据源为"平均分查询"中的"学号""姓名""平均分"字段，查询名为"生成奖学金表查询"。

5. 为"奖学金表"设置主键，增加一个新字段：奖学金，货币型。

6. 将"学生信息表"与"奖学金表"建立关联，并设置实施参照完整性、级联更新相关字段和级联删除相关记录。

7. 建立一个名为"更新奖学金查询"的更新查询，计算出"奖学金表"中"奖学金"字段的值，条件是：平均分在 85 分（含 85）以上，奖学金为 1000 元，80～85（含 80、不含 85）奖学金为 500 元，其余奖学金为 0。

提示：在"奖学金"字段的"更新到"行中用 IIF 函数实现。

8. 在"成绩表"的设计视图中增加一个字段：学分，长整型。

9. 建立一个名为"更新学分查询"的更新查询，用"课程表"中每门课程相应的学分值，填入"成绩表"中总评成绩在 60 分以上的学分，总评成绩不及格的学分用 0 填入。

提示：以"成绩表"和"课程表"为数据源，在"成绩表"的"学分"字段的"更新到"

行中用 IIF 函数实现。

10．查询出有奖学金的学生姓名及奖学金，查询名为"奖学金查询"。

11．建立一个名为"删除无奖学金查询"的删除查询，将"奖学金表"中没有得奖学金的记录删除。

12．将成绩表的结构复制一份，名为"无学分成绩表"。

13．建立一个名为"无学分追加查询"的查询，将"成绩表"中的无学分（即学分为0）的记录追加到"无学分成绩表"中。

14．建立一个名为"工作年限更新查询"的查询，以现年为准，更新"教师信息表"中的"工作年限"字段。

15．建立一个名为"教师信息综合查询"的查询，显示教师编号、教师姓名、性别、出生日期、职称、参加工作时间、工作年限、部门、是否外聘、课程号及课程名称。

16．建立一个名为"教师编号查询"的查询，查询出"教师信息表"中"教师编号"字段的第二位为2的记录，显示"教师编号""教师姓名""性别"及"部门"字段。

17．建立一个名为"教师姓名参数查询"的参数查询，当运行此查询时提示：请输入教师姓名中的任何一个字，根据输入的一个字，就可查询出"教师信息表"中教师姓名包含这个字的记录，显示所有字段。

18．建立一个名为"30年工作年限查询"的查询，查询显示出不是外聘的教师中，工作年限在30年（含30）以上的"教师编号""教师姓名""性别""职称""参加工作时间""部门""课程名称"字段。

提示：可以"教师信息综合查询"为数据源。

19．为"教师信息表"增加新字段：补助，长整型。

20．建立一个名为"补助更新查询"的查询，更新"教师信息表"中的补助，女教师补助 500 元，男教师补助 300 元。

21．建立一个名为"补助汇总查询"的查询，分别统计出外聘和非外聘教师的补助之和，显示"是否外聘"和"补助之和"字段。

22．建立一个名为"补助增加查询"的查询，为非外聘教师每人增加 100 元的补助。

23．建立一个名为"左联接查询"的查询，以"课程表"及"教师任课表"为数据源，用左联接查询出课程号课程名称、教师编号，从中可以看到哪些课程没有教师担任。

24．建立一个名为"右联接查询"的查询，以"课程表"及"教师任课表"为数据源，用右联接查询出课程号、课程名称、教师编号，从中可以看到哪些教师没有担任课程。

25．用 SQL-Select 语句建立查询：

（1）对于"教师信息综合查询"，检索出教师姓名，消除重复行，查询名为"SQL2-1"。

（2）对于"教师信息表"，统计各部门教师人数，显示部门及人数，查询名为"SQL2-2"。

（3）以"课程表""教师信息表"及"教师任课表"为数据源，检索出"教师姓名"及所任"课程名称"，按课程名称升序排列，查询名为"SQL2-3"。

（4）检索出每个学生的总学分（即学分之和），显示"学号"及"总学分"两个字段，按总学分降序排列，查询名为"SQL2-4"。

（5）计算出奖学金总额，查询名为"SQL2-5"。

（6）查询出与"何芳"同班的所有同学的姓名及班级，查询名为"SQL2-6"。

（7）对于"教师任课表"检索出担任两门课（含两门）以上的教师编号及担任课程门

数字段，查询名为"SQL2-7"。

26. 用 SQL 的数据操纵功能建立以下语句查询。

（1）建立名为"SQL26-1"的查询，用 SQL 语句创建一个"基础部教师名单"表，表结构见表 3-10。

表 3-10 "基础部教师名单"表结构

字 段 名 称	数 据 类 型	字 段 大 小
教师编号	文本型	4
教师姓名	文本型	20
部门	文本型	20

（2）建立名为"SQL26-2"的查询，用 SQL 语句为上题建立的"基础部教师名单"表输入记录，记录来自于"教师信息表"中的所有基础部的记录。

（3）建立名为"SQL26-3"的查询，用 SQL 语句为"基础部教师名单"表添加一个字段：奖金，整型。

（4）建立名为"SQL26-4"的查询，用 SQL 语句为"基础部教师名单"表的奖金字段输入值，每人的奖金为 1000 元。

第 4 章 窗 体

窗体是用户与数据库之间的接口,是创建应用程序的最基本的对象。

窗体的主要功能:显示与编辑数据、接收数据输入、控制应用程序流程、显示信息(包括提示信息、警告信息等)、数据打印。

注意:本章中的例题在"学籍管理系统"数据库中完成。

4.1 自动创建窗体

自动创建窗体是指利用功能区"创建"选项卡下"窗体"组中的按钮,一键完成窗体的创建。

从图 4-1 中可以看到,"窗体"组中有"窗体"按钮,"其他窗体"下拉列表中还有"多个项目""数据表"及"分割窗体"等按钮,利用这些按钮即可一键建立不同形式的窗体。

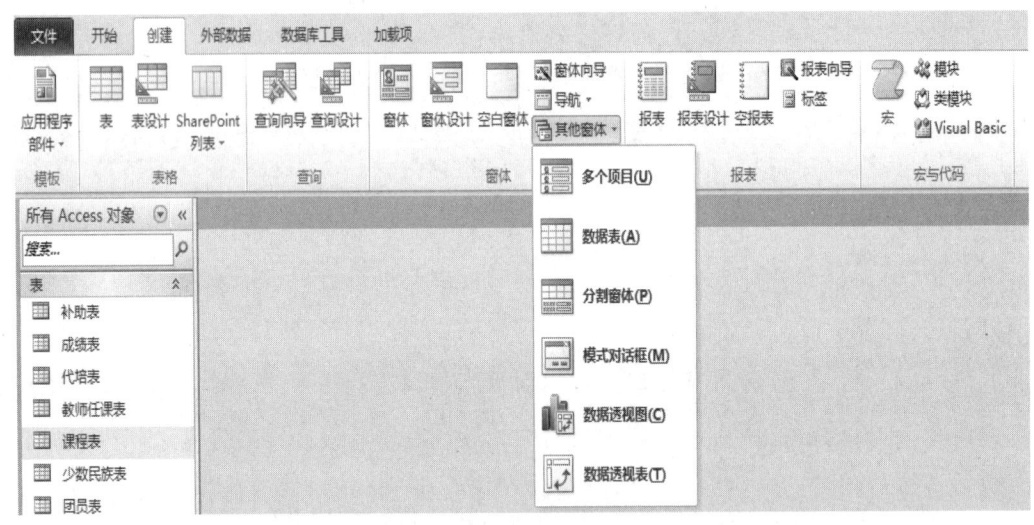

图 4-1 "窗体"组

4.1.1 一键创建窗体

【例 4-1】在"学籍管理系统"数据库中,以"成绩表"为数据源,创建一个名为"成绩表窗"的窗体。

打开"学籍管理系统"数据库,在导航窗格中选择"成绩表"表对象,单击"创建"选项卡"窗体"组中的"窗体"按钮,窗体建立成功。所建的"成绩表窗"如图 4-2 所示。

通过窗体下方的"导航按钮"(如图 4-2 所示),可以方便地将记录翻到"前一条""后一条"等,浏览成绩表的所有记录。

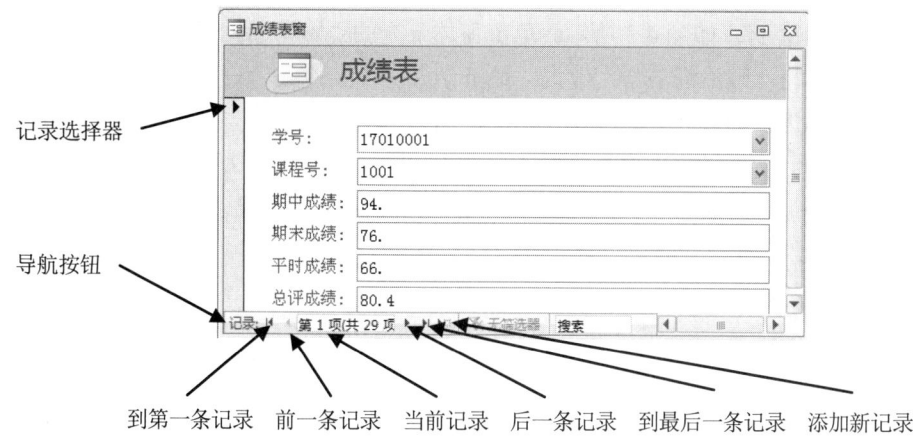

图 4-2　成绩表窗

【例 4-2】以"课程表"为数据源，创建一个名为"课程窗 1"的窗体。

选择"课程表"对象，单击图 4-1 所示"窗体"组中的"窗体"按钮，所建的"课程窗 1"如图 4-3 所示。

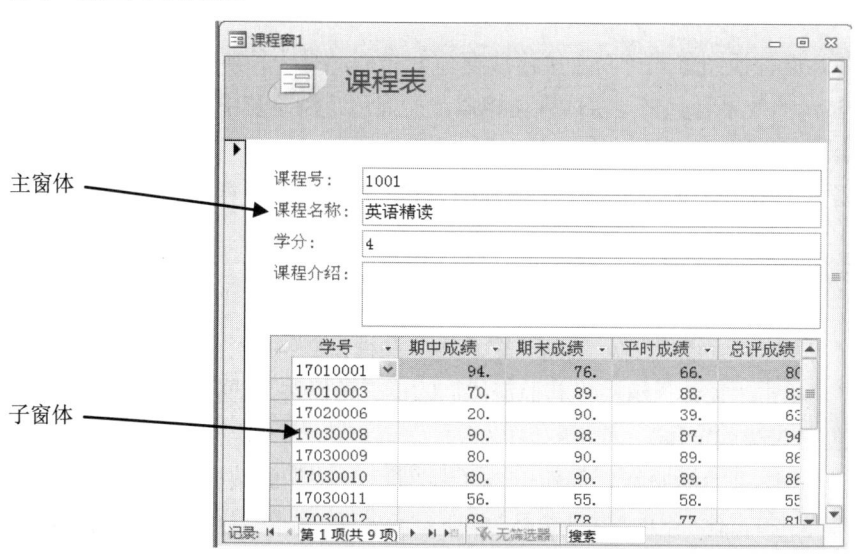

图 4-3　课程窗 1

由于"课程表"是一个主表，自动创建窗体时便成为主窗体，所对应的子表"成绩表"自动建立子窗体并且显示在主窗体的下方，即一个窗体对象中包含了主窗体与子窗体。如图 4-3 所示，课程号为 1001 的课程共有 8 名学生选修，子表中列出了这 8 名学生的学号、期中成绩等 4 次成绩的信息。

通过前面两个实例可以看到，表中的数据（记录）通过窗体的形式显示，这样一种界面显示给用户，比以表的形式直接显示记录更加形象、直观。

在用窗体浏览（显示）表中记录的同时，也可以方便地通过窗体来修改记录、添加记录、删除记录等操作。对于使用数据库的一般用户来说，应该让其通过窗体对表中的数据进行操作，而不是直接操作表对象。

【例 4-3】通过"课程窗 1"，对课程表进行修改并添加数据。

双击打开"课程窗 1",如图 4-3 所示。单击窗体下方的"▶"(后一条记录)导航按钮,将记录翻到第 4 条,将"政治经济学"改为"经济学"。

单击"▶*"(添加新记录)导航按钮,在出现的空白记录中输入一条新记录:课程号为"0000",课程名称为"音乐",学分为"1"。

关闭窗体,打开"课程表",可以看到修改和添加新记录后的结果。

4.1.2 有关窗体的视图方式

1. 窗体的数据源

窗体的数据源可以是表,也可以是查询;可以是单个表,也可以是多个表。

2. 窗体的 3 种主要视图方式

(1)窗体视图。这种视图方式用来显示、操作数据。

(2)设计视图。这种视图方式用来创建或修改窗体的结构。在后面的实例中将学习用设计视图创建窗体。

(3)布局视图。这种视图方式可以直接修改窗体的布局,是一种所见即所得的窗体设计界面。布局视图显示的效果看起来与窗体视图相似,能显示、浏览表中记录,但不能修改或者删除、添加记录,实际上仍然是一种设计界面。

不同视图方式之间的切换与表及查询中不同视图方式间的切换是一样的。

4.1.3 创建其他类型的自动窗体

【例 4-4】以"课程表"为数据源,创建一个名为"课程窗 2"的表格式窗体。

选择"课程表",单击"窗体"组中"其他窗体"的下三角箭头,选择"多个项目"(见图 4-1),所建立的便是表格式窗体。

【例 4-5】以"课程表"为数据源,创建一个名为"课程窗 3"的数据表窗体。

选择"课程表",单击"窗体"组中"其他窗体"的下三角箭头,选择"数据表"(见图 4-1),所建立的便是数据表窗体,这种类型的窗体,类似于表对象的数据表视图方式。

【例 4-6】以"学生信息表"为数据源,创建一个名为"学生信息分割窗"的窗体。

选择"学生信息表",单击"窗体"组中"其他窗体"右侧的下拉箭头,在弹出的下拉列表中单击"分割窗体"按钮(见图 4-1),所建立的窗体具有两种布局方式,上半部是纵栏式的,下半部则是数据表式的,两种布局方式同时显示在屏幕上,为浏览记录带来方便。

4.2 用向导创建窗体

前一节学习了"自动创建窗体"的方法,操作虽然方便,但样式比较单一,对于字段没有选择余地,用向导可以弥补这一点。

4.2.1 用向导创建窗体

【例4-7】以"学生信息表"为数据源,使用窗体向导创建"学生信息窗"。

在图4-1所示"窗体"组中单击"窗体向导"按钮,在打开的"窗体向导"对话框中选择数据源为"学生信息表",选择除了"照片"、"简历"字段以外的所有字段,单击"下一步"按钮,如图4-4所示。在下一个向导对话框中选择"布局"为"表格",然后按向导提示完成。

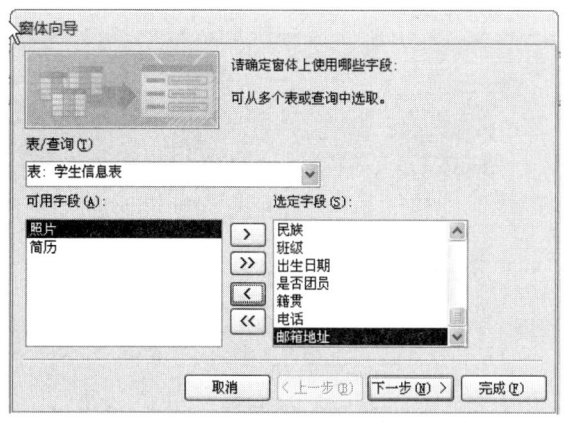

图4-4 "窗体向导"对话框(一)

4.2.2 用向导创建主/子窗体

【例4-8】以"学生信息表"与"成绩表"为数据源建立主/子窗体。

单击"窗体向导"按钮,在弹出的如图4-4所示"窗体向导"对话框中选择"学生信息表",选择除了"照片"及"简历"字段之外的所有字段;再选择"成绩表",选择除了"学号"字段以外的所有字段,单击"下一步"按钮。打开如图4-5所示"窗体向导"对话框,在"请确定查看数据的方式"列表框中,选择"通过学生信息表",选中"带有子窗体的窗体"单选按钮,单击"下一步"按钮。按向导提示完成设定,窗体名称分别为"学生信息主窗体"与"成绩子窗体"。双击"学生信息主窗体",可以同时显示"成绩子窗体"的内容,如图4-6所示。

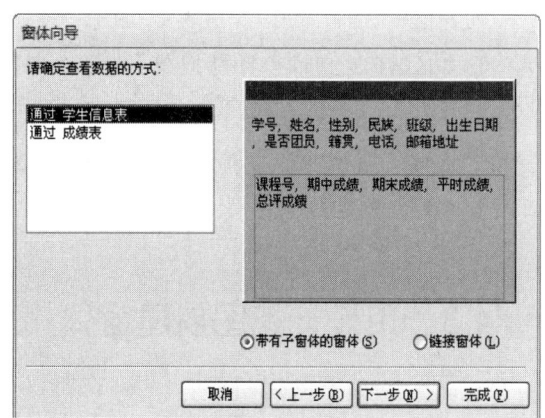

图4-5 "窗体向导"对话框(二)

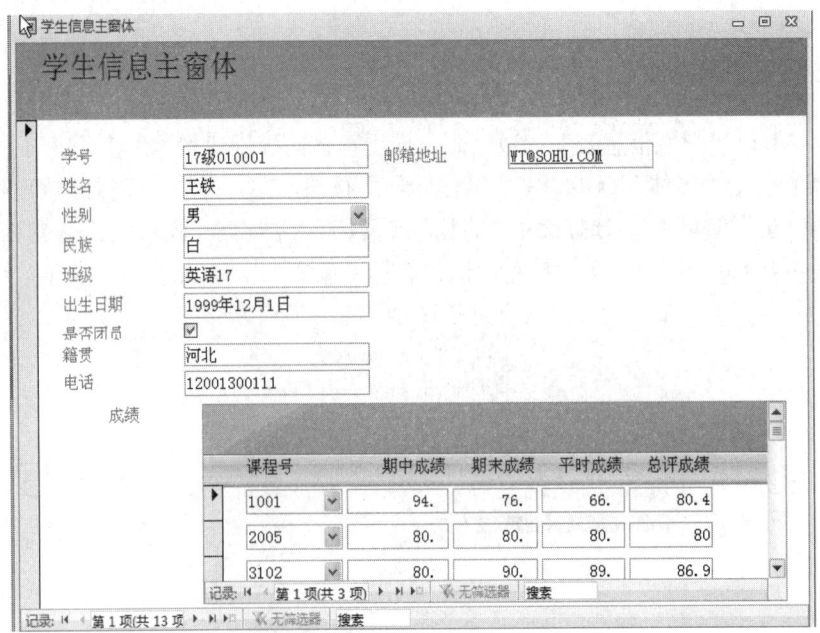

图 4-6 学生信息主窗体与子窗体

本例中窗体的数据源来自于两个表，所建立的主/子窗体显示形式与例 4-2 中主/子窗体类似，但在例 4-2 中只有一个窗体对象，即课程窗 1。在本例中有两个窗体对象，一个是主窗体，另一个是子窗体。一般情况下主表对应于主窗体，子表则对应子窗体，前提是两表必须事先已经建立正确的关联，否则无法建立主/子窗体及链接窗体（链接窗体也是一种主子关系，见例 4-9）。

当双击打开主窗体时，对应的子窗体随之自动打开。但双击打开子窗体，只能打开子窗体，而不能打开相应的主窗体。

4.2.3 用向导创建链接窗体

【例 4-9】以"课程表"及"成绩表"为数据源，创建链接窗体。

在图 4-4 所示"窗体向导"对话框中，选择"课程表"中的所有字段，选择"成绩表"中除了"课程号"以外的所有字段，单击"下一步"按钮。在弹出的"窗体向导"对话框的"请确定查看数据的方式"列表框中选择"通过课程表"，选中"链接窗体"单选按钮，单击"下一步"按钮。按向导提示完成设定，窗体名称分别为"课程主窗体"与"成绩子窗体 2"。当打开"课程主窗体"时，会有一个"成绩子窗体 2"按钮，单击此按钮，弹出子窗体。

说明：上题中如果不能弹出"成绩子窗体 2"，则需按照"2.1.2 Access 的界面简介"中的"4.安全警告"，关闭"安全警告"。

4.3 用设计视图创建窗体

自动创建窗体和用向导创建窗体，操作快捷，但样式和布局受到一定限制，这时往往需要切换到设计视图进行修改,或者直接用设计视图创建个性化的窗体。

4.3.1 用设计视图创建"期末成绩查询窗"

【例4-10】以"综合查询"为数据源,用设计视图创建"期末成绩查询窗"窗体。

(1)选择数据源。单击图4-1所示"窗体"组中的"窗体设计"按钮,打开窗体的设计视图,如图4-7所示。右击窗体选择器(左上角的黑色小方块),在弹出的快捷菜单中选择"属性"命令(或者单击窗体选择器后,单击"工具"组中的"属性表"按钮),弹出窗体的"属性表"窗格,如图4-7所示。在属性表中选择"数据"选项卡,在"记录源"下拉列表框中选择"综合查询"作为窗体的数据源(即记录源)。

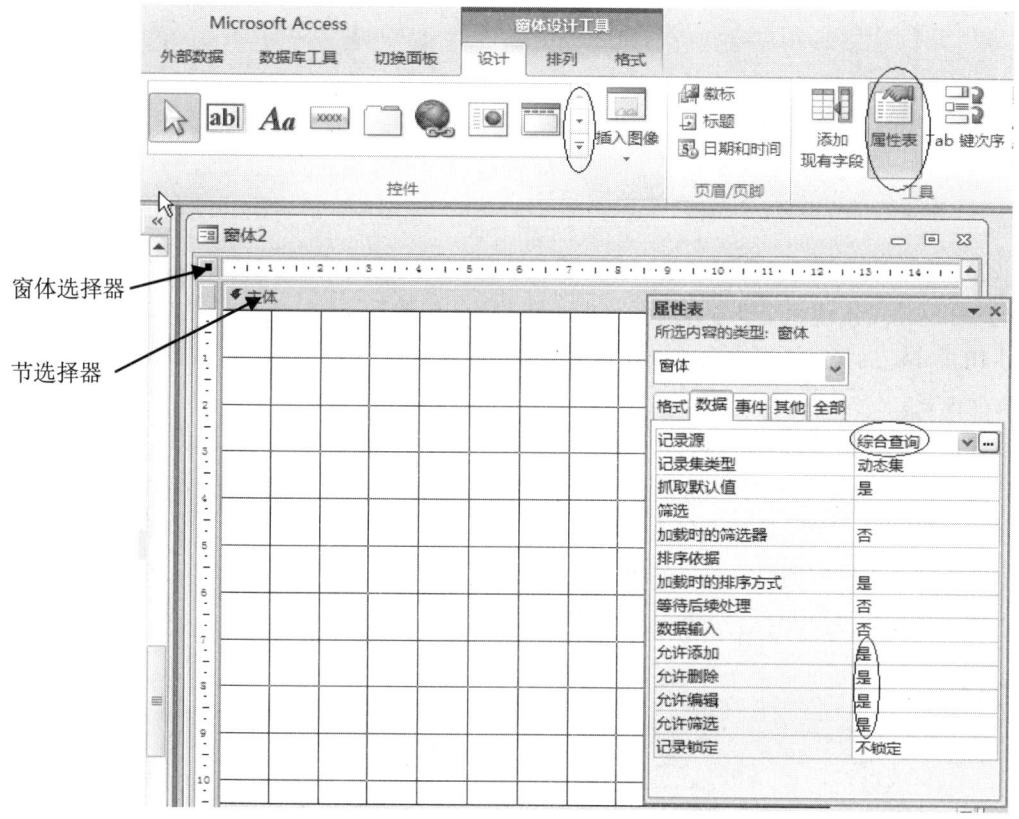

图4-7 窗体的设计视图及属性表

单击"工具"组中的"添加现有字段"按钮,打开"字段列表"窗格,如图4-8所示。此时列出的正是"综合查询"(第3章中例3-2所建立的查询)中的所有字段。

在"字段列表"窗格中有一个链接"显示所有表",如果单击此链接,则"字段列表"窗格中会显示出数据库的所有表对象,如图4-9所示。表中的字段可以折叠,也可以展开。例如,单击图4-9中某个表左侧的"+"标记,字段便会展开。当单击图4-9中的"仅显示当前记录源中的字段"链接时,则返回到图4-8,只显示当前数据源(即"综合查询")中的所有字段。可以看出图4-8对于本例比较合适。

实际上不在图4-7所示窗体属性表中选择任何数据源,单击"添加现有字段"按钮,也可打开图 4-9 中的所有表对象。这虽然给窗体数据选择字段带来方便，但建议最好还是先在窗体的属性表中选择所需的记录源，后使用图 4-8 中的字段列表，这样才能使后面的组合框、列表框控件正常运行。

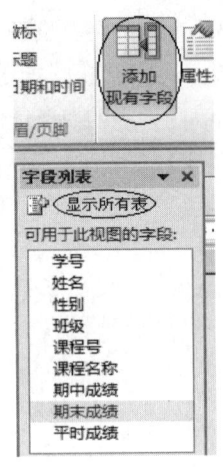

图 4-8　"字段列表"窗格

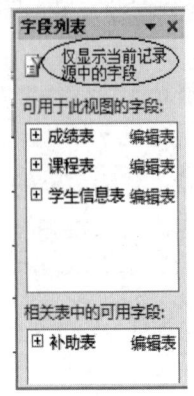

图 4-9　"字段列表"窗格

（2）选择所需字段。将"字段列表"窗格中的"学号"字段拖入窗体设计视图的网格中。此时在网格中出现两个"学号"框，左边是"附加标签"控件，右边是"文本框"控件，如图 4-10 所示。当将字段拖入窗体设计视图的网格时，系统将自动建立与字段相结合的文本框及附加标签。

现在切换到窗体视图，可以看到如图 4-11 所示的结果。左边的"附加标签"控件所显示的内容是字段的名称"学号"，右边与字段相结合的文本框显示的是学号字段的值。图 4-11 中显示的是当前第一条记录的学号值，单击"导航按钮"中的翻页按钮，文本框中的内容将发生变化。该文本框中的内容始终显示当前记录的字段值，即这个文本框是与学号字段相结合的，或者称为相绑定的。

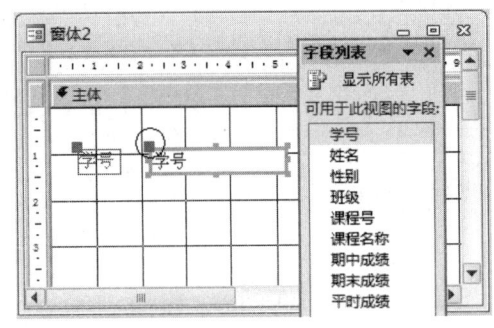

图 4-10　窗体的设计视图

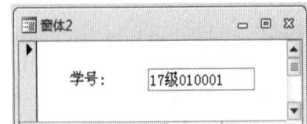

图 4-11　窗体视图

再切换到窗体的设计视图，移动控件的位置。将光标指向文本框或者附加标签，按住鼠标左键拖动时，附加标签和文本框控件会一起移动；如果要单独移动单个控件，可以用光标指向控件左上角的小方块再拖动，如图 4-10 所示。

接下来将"姓名""班级""课程名称"及"期末成绩"字段一一拖入到网格中。将字段的附加标签控件放置在上面，字段文本框控件放在下面，按图 4-12 所示排列。

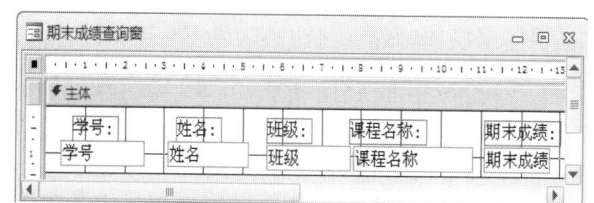

图 4-12 窗体的设计视图

以上将所需字段从"字段列表"窗格中拖入窗体的操作,也可以在窗体的布局视图中进行。或者在窗体的设计视图中完成操作后,再切换到布局视图,对控件位置、大小等的布局进行进一步操作。

(3)设置窗体的属性。考虑到此窗体的用途是查询期末成绩,将其设置成只能查询,不能修改。可以在窗体的设计视图中进行必要的属性设置。

在窗体的属性表(如图 4-7 所示)中,将"允许编辑""允许删除""允许添加"都设置为"否"(默认为"是"),这样在窗体视图中只能显示(查看)期末成绩及有关信息,不能修改已有的数据,也不能删除、添加新的记录。

(4)查看窗体显示的结果。切换到窗体视图,可以看到显示的结果。试修改已有的数据,或者删除、添加记录,观察其效果。

4.3.2 窗体的设计视图

1. 窗体的结构

在图 4-7 所示设计视图中看到窗体只有一个节,即"主体"节。实际上窗体是由 5 个节组成的(即 5 个部分),分别是窗体页眉、页面页眉、主体、页面页脚、窗体页脚。

右击"主体"节选择器(每个节的分界横条称为节选择器),在弹出的快捷菜单中选择"页面页眉/页脚""窗体页眉/页脚",即可添加窗体页眉、页面页眉、页面页脚、窗体页脚 4个节,如图 4-13 所示。

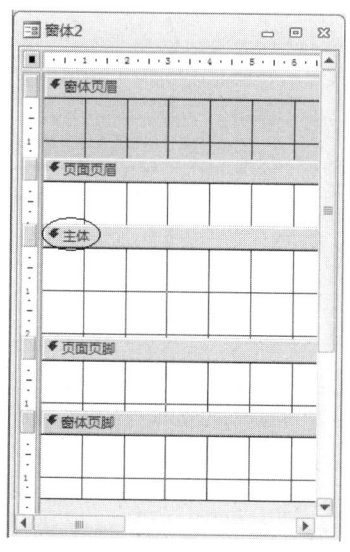

图 4-13 窗体的 5 个节

（1）窗体页眉：主要用来放置标题、按钮等，显示在窗体顶部，打印在第一页的顶部，即如果要打印窗体，只有第一页的顶部能打印出窗体页眉的内容，其他页不打印窗体页眉的内容。

（2）页面页眉：主要用来放置列标题等。

（3）主体节：每个窗体必定有主体节，上述的实例中只用了主体节。主体节是窗体最重要的一个节，是显示、操作数据的主要区域。

（4）页面页脚：放置日期、页码等。

页面页眉与页面页脚有一个共同的特点，这两个节的内容只能打印不能显示。前面提到，窗体的功能也可以打印数据，但实际上窗体的主要用途是显示，后面要学习的报表才是真正用作打印的。因此页面页眉与页面页脚在窗体中用得不太多。

（5）窗体页脚：放置日期、按钮等，显示在窗体的底部，打印在窗体最后一页的底部。

2．"控件"组

打开窗体设计视图时，在"设计"选项卡中有一个"控件"组，其中提供了大量控件（在图 4-7）中可以看到一部分控件，拖动"控件"组右侧的滚动条可以看到所有控件。

"控件"组中的按钮是用来在窗体的设计视图上创建控件的。方法是：单击一个控件按钮，在设计视图的网格中用鼠标拖画出一个控件。

"控件"组中常用控件按钮的功能见表 4-1。

表 4-1 常用控件按钮的功能

图标	名称	功能
	选择	用来选择控件，以对其进行移动、放大缩小和编辑
	使用控件向导	当选中此按钮时，在创建控件的过程中，系统将自动启动控件向导工具，帮助用户快速地设计控件
	文本框（Text）	产生一个文本框控件，用来输入或显示文本信息
	标签（Label）	用来显示一些固定的文本提示信息
	按钮（Command）（命令按钮）	可以通过命令按钮来执行一段 VBA 代码或宏，完成一定的功能
	选项卡控件	用来显示属于同一内容的不同对象的属性
	超链接	在窗体中插入超链接
	Web 浏览器	在窗体中插入浏览器控件
	导航控件	在窗体中插入导航条
	选项组（Frame）	用来包含一组控件，例如同一组内的单选按钮只能选择一个
	插入分页符（PageBreak）	用来定义多页窗体的分页位置
	组合框（Combo）	可以建立含有列表和文本框的组合控件，从列表中选择值或直接在框中输入
	图表（Graph）	在窗体中插入图表对象
	直线（Line）	可以在窗体上画直线

续表

图标	名称	功能
	切换按钮（Toggle）	用来显示两值数据，如"是/否"型数据，按下时值为真，反之为假
	列表框（List）	建立下拉列表，只能从下拉列表中选择值
	矩形（Box）	可以在窗体上画矩形
	复选框（Check）	建立一个复选框，可以从多个值中选择一个或多个，也可以一个不选
	未绑定对象框（OLE Unbound）	用来加载非绑定的 OLE 对象，该对象不是来自表中的数据
	附件（Attachment）	在窗体中插入附件控件
	选项按钮（Option）	建立一个单选按钮，在一组中只能选择一个
	子窗体/子报表（Child）	用来加载另一个子窗体或子报表
	绑定对象框（OLE bound）	用来加载具有 OLE 功能的图像、声音等数据，且该对象与表中的数据关联
	图像（Image）	用来向窗体中加载一幅图形或图像
	ActiveX 控件	打开一个 ActiveX 控件列表，插入 Windows 系统提供的更多控件

3．窗体的属性

窗体及窗体中的 5 个节，包括窗体中的每个控件都有各自的属性。打开"属性表"窗格最简单的方法，是在窗体的设计视图中右击对象，在弹出的快捷菜单中选择"属性"命令。也可以单击某一个对象，再单击"工具"组中的"属性表"按钮。

例如，右击"主体"节选择器，在弹出的快捷菜单中选择"属性"命令，即可打开"主体"节的"属性表框"窗格，如图 4-14 所示。图 4-15 所示是窗体的"属性表"窗格。

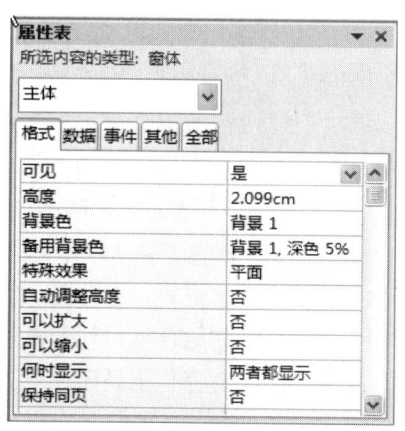

图 4-14 "主体"节的"属性表"窗格

图 4-15 窗体的"属性表"窗格

"属性表"窗格中往往包含多个选项卡，将相关属性分成不同的类别。例如，"格式"选项卡主要用来设置在窗体视图中显示时的有关格式；"全部"选项卡包含了所有的属性。下面介绍有关窗体的常用属性（可参考图 4-7）。

（1）记录源：指出窗体的数据来源，窗体的数据源可以是表，也可以是查询。

（2）标题：标题内容会在窗体视图的标题栏中显示出来。如果不设置窗体的标题，即标题属性为空，则在窗体视图的标题栏中自动显示窗体对象名作为标题。

（3）允许编辑：设置在窗体视图中是否允许对所显示的数据进行修改。

（4）允许删除：设置在窗体视图中是否允许删除数据源的记录。

（5）允许添加：设置在窗体视图中是否允许对数据源添加新记录。

（6）滚动条：设置窗体是否显示水平或垂直滚动条。

（7）记录选择器：设置窗体显示或隐藏"记录选择器"。

（8）导航按钮：设置窗体显示或不显示导航按钮。

（9）最大化/最小化：设置窗体是否有"最大化""最小化"按钮。

（10）关闭按钮：设置窗体的"关闭"按钮是否可用。

（11）图片：设置某个图像文件作为窗体的背景。

4．窗体的修饰

在窗体的设计视图中可以用直线控件、矩形控件适当画出直线或矩形，起到一种对窗体各种数据的分类、修饰作用。

利用窗体的"图片"属性可以将某个图像文件设置为窗体的背景。如图 4-15 所示，单击"图片"右侧的 按钮，在弹出的"插入图片"对话框中选择一个图像文件，这时可以看到所选的图像成为窗体的背景。

窗体每个节的属性都有"背景"及"特殊效果"属性，用来设置每个节的背景颜色。"特殊效果"则可以设置平面、凹、凸等效果。

如果想取消窗体背景的图像，只需要将"图片"属性框中的文件名删除即可。

4.4 常用控件

4.4.1 标签控件与文本框控件

1．标签控件

（1）标签的分类及作用。标签可以分为单独标签与附加标签。从前面的实例可以看到，当将窗体数据源的某个字段拖到窗体设计视图时，会自动产生一个标签（字段名），这就是附加标签。当用"控件"组中的"文本框"工具在窗体中创建一个文本框时，也会自动创建一个附加标签。所谓附加标签，实际上是文本框以及其他一些控件（如组合框、列表框等）自带的，总是与文本框以及其他一些控件成对出现。"控件"组中用"标签"工具在窗体上创建的是单独标签。

附加标签可以被删除。例如，在图 4-10 中可以将附加标签"学号"删除，而只留下文本框控件"学号"。

标签的作用主要是显示一些固定不变的文字信息，常用来作为窗体或者报表的标题，文本框以及组合框、列表框等的标题、说明等。在窗体视图中不能给标签输入信息。

（2）标签的主要属性。

① "名称"属性。每个控件都有"名称"属性，用来标识不同的控件。在图 4-16 中可以看到标签的名称是 Label6，这是系统自动赋予的，也可以改成其他名称。

图 4-16 "标签"的属性

② "标题"属性。标题属性中的内容实际上就是标签上所显示的内容，两者是一致的。

③ "可见"属性。默认为"是"，如果取"否"，在窗体视图中将不能看到标签。

另外，在属性表中还可以设置标签上所显示文字的字体、字号、颜色（前景色即字体的颜色）、是否为斜体等，设置标签的背景样式、颜色、特殊效果及边框样式、颜色等。

2．文本框控件

（1）文本框的分类及作用。文本框控件既可以显示信息，也可以输入信息，是用户与系统进行交互的媒介之一。文本框可以分成 3 种类型。

① 结合型文本框：当将数据源中的字段（文本型、数字型、备注型、日期/时间型、货币型、自动编号型、超链接型字段）拖入到窗体设计视图时，产生的文本框自动与字段相结合，用来显示字段的值。如"期末成绩查询窗"中的"学号"、"姓名"等文本框。

② 非结合型文本框：用来输入信息，如接收用户输入的用户名、密码等数据。

③ 计算型文本框：其实也是一种非结合型文本框，在窗体的设计视图中为文本框输入表达式，在窗体视图中就能显示（计算）出表达式的值。

（2）文本框的主要属性。

① "名称"属性。由"控件"组中的"文本框"工具所创建的文本框的名称往往自动取 Text0、Text2 等，如图 4-17 所示。结合型文本框的名称往往就是字段的名称，如图 4-18 中文本框的名称与字段的名称相同，都是"姓名"。也可以修改文本框的名称。

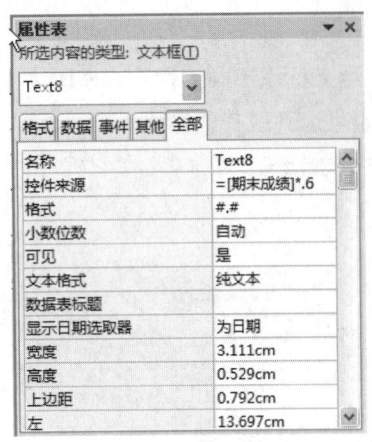 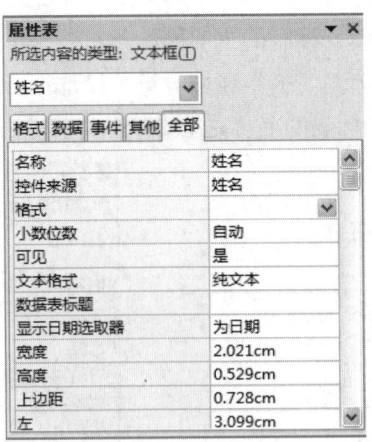

图 4-17 "文本框"的属性　　　　图 4-18 "文本框"的属性

② "控件来源"属性。在图 4-18 中，文本框与"姓名"字段结合，所以控件来源也是"姓名"。图 4-17 中的文本框是计算型文本框，控件来源是一个以等号开头的表达式。

③ "是否锁定"属性（默认为"否"）。当窗体中的"允许编辑"属性被设置为"否"时，窗体视图中所有数据都不能被修改，包括窗体中所有的文本框。如果窗体的"允许编辑"属性为"是"，可以将文本框的"是否锁定"属性设置为"是"，在窗体视图中该文本框将不能被编辑。

④ "格式"、"输入掩码"、"有效性规则"及"有效性文本"等属性，其用法和含义同表对象。如图 4-17 中的"格式"属性为"#.#"，表示此文本框中的数字以 1 位小数的格式显示。

【例 4-11】为"期末成绩查询窗"添加标题及计算框。

（1）添加标题。以设计视图打开"期末成绩查询窗"，单击"排列"选项卡中的"窗体页眉/页脚"按钮，为窗体添加窗体页眉与窗体页脚。在"控件"组中选择"标签"工具，在"窗体页眉"的网格中拖动画出一个矩形，并输入文字"期末成绩一览表"，如图 4-19 所示。

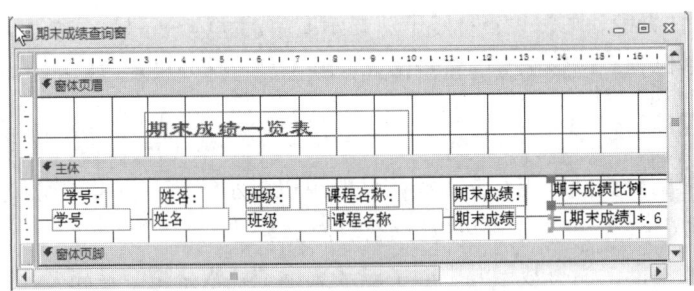

图 4-19 "期末成绩查询窗"的设计视图

右击"标签"控件，在弹出的快捷菜单中选择"属性"命令，在标签的属性表中设置字体颜色（前景色）为深蓝色，字体为隶书，字号为 18。

（2）创建计算框。"控件"组中选择"文本框"工具，在主体节的空白处拖动，将会出现两个矩形，左边的是附加标签控件，右边是文本框控件。现将附加标签的内容改为"期末成绩比例"，在文本框中输入"=期末成绩*0.6"，并按图 4-19 所示调整附加标签与文本框的位置。

（3）调整布局。将每个节中多余的空间尽量缩小。例如，窗体页眉中只有一个标签控件，应将"主体"节的分界横条往上拖动，直到紧挨着标签控件，不留多余空间（网格）。窗体页脚因为没有任何内容，可以将其网格往上拖动，不留任何空间（即没有网格存在），如图 4-19 所示。

要选中窗体中多个控件，可以在按住 Shift 键的同时用鼠标单击。对于选中的多个控件，可以用"排列"选项卡中的"控件对齐方式"组、"大小"组及"位置"组中的按钮统一调整大小及对齐方式。

（4）查看显示结果。切换到窗体视图，可以看到新添加的文本框显示的内容是期末成绩乘以 60%的值。

4.4.2 命令按钮控件

命令按钮是窗体中很常用的一种控件。建立命令按钮的方法有多种，本章先学习用向导建立命令按钮。

【例 4-12】以"学生信息表"为数据源，建立如图 4-20 所示的"学生信息卡"窗体。

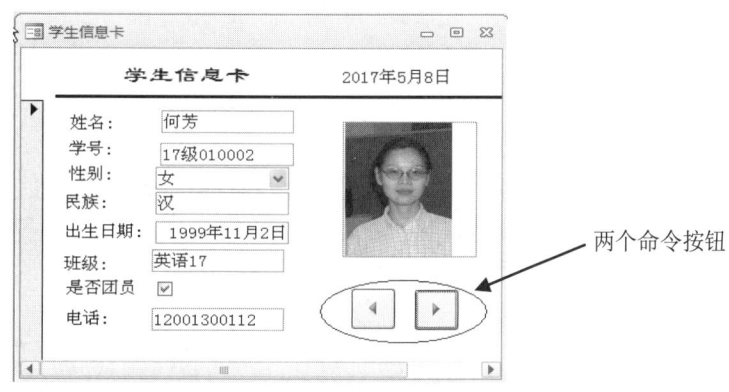

图 4-20 "学生信息卡"窗体

（1）在"创建"选项卡的"窗体"组中单击"窗体设计"按钮，打开窗体的设计视图。右击窗体选择器（左上角的黑色小方块）打开窗体的属性表，在"记录源"列表框中选择"学生信息表"，单击"添加现有字段"按钮打开字段列表（参考图 4-7 和图 4-8）。按图 4-20 中所示的布局，将字段拖放到窗体设计视图的主体节，排列整齐。

（2）右击"主体"节的节选择器，在快捷菜单中选择"窗体页眉/页脚"，添加"窗体页眉/页脚"。在窗体页眉中建立"标签"控件，标签上显示"学生信息卡"，字体为隶书，字号为 16。

（3）选择"控件"组的"日期和时间"命令，在窗体页眉中插入日期。

（4）用"直线"工具在标签控件下方画一条直线，并在直线的属性表中设置直线的"边框宽度"为 2。

（5）将窗体"属性表"中的"导航按钮"属性设为"否"。

（6）如果"学生信息卡"窗体只作为查询输出，不允许修改，应该将窗体的"允许编辑""允许删除"及"允许添加"的属性都设为"否"。

（7）因取消了"导航按钮"，应在设计视图中增加两个命令按钮，以实现记录翻页。方法如下：使"控件"组中的"使用控件向导"按钮被按下，单击"控件"组中的"按钮（即命令按钮）"控件，打开"命令按钮向导"对话框，如图 4-21 所示。在"类别"列表框中选择"记录导航",在"操作"列表框中选择"转至前一项记录",单击"下一步"按钮。在出现的第二个向导对话框中,可以选择命令按钮是以文本显示还是以图片显示,如图 4-22 所示。单击"下一步"按钮,继续操作直至完成。以同样的方法建立另一个命令按钮。

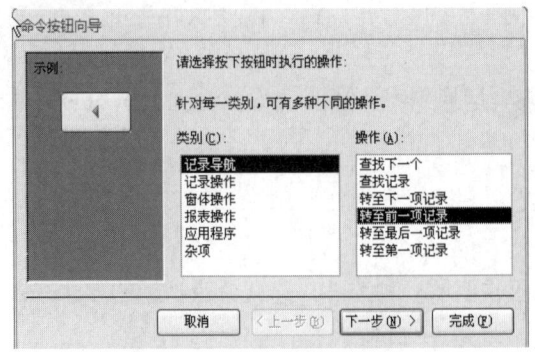

图 4-21 命令按钮向导(一)

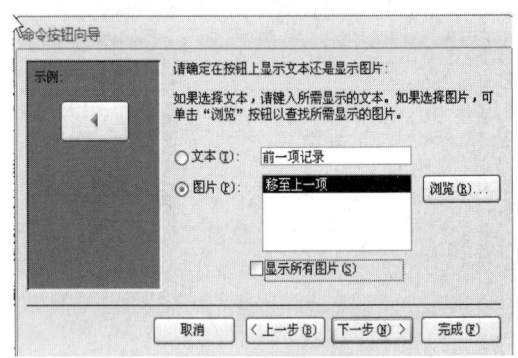

图 4-22 命令按钮向导(二)

如图 4-20 所示,在照片的下方已经建立了两个用来翻页记录的命令按钮。

【例 4-13】建立如图 4-23 所示的"姓名查询框"窗体,当在文本框中输入学生姓名时(如输入"王铁"),再单击"确定"按钮,可在"学生信息窗"窗体中查找到该学生的记录并显示。单击"取消"按钮时,关闭此窗体。

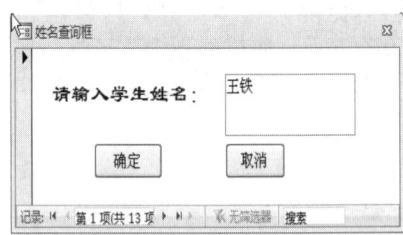

图 4-23 "姓名查询框"窗体

本窗体没有数据来源,需要创建一个文本框、两个命令按钮。

(1)在窗体的设计视图中,选择"控件"组中的"文本框"控件,在设计视图的网格中拖出"文本框",在"附加标签"中输入"请输入学生姓名",如图 4-24 所示,并在"附加标签"属性表中将"字体"设置成相应的字体与字号。将"文本框"的名称属性设置为"姓名框",如图 4-25 所示。

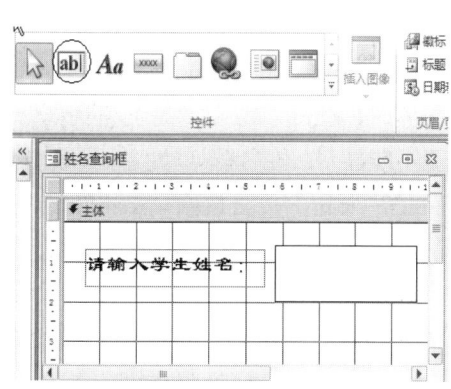

图 4-24 窗体的设计视图

图 4-25 姓名框

（2）将窗体的"最大化最小化按钮"属性设置为"无"。

（3）使"控件"组中的"使用控件向导"按钮被按下，选择"按钮"控件创建命令按钮。在"命令按钮向导"对话框中设置"类别"为"窗体操作"，"操作"为"打开窗体"，单击"下一步"按钮，如图 4-26 所示。在出现的第二个向导对话框中，选择窗体为"学生信息窗"，单击"下一步"按钮。在下一个向导对话框中选择显示数据的方式为"打开窗体并查找要显示的特定数据"，单击"下一步"按钮。在下一个向导对话框中选择"姓名框"，选择"姓名"字段，再单击"<->"按钮，单击"下一步"按钮，如图 4-27 所示。在下一个向导对话框中将按钮上的"文本"设为"确定"，并单击"完成"按钮。

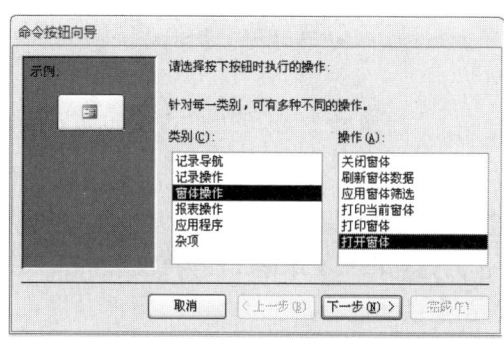

图 4-26 命令按钮向导（一）

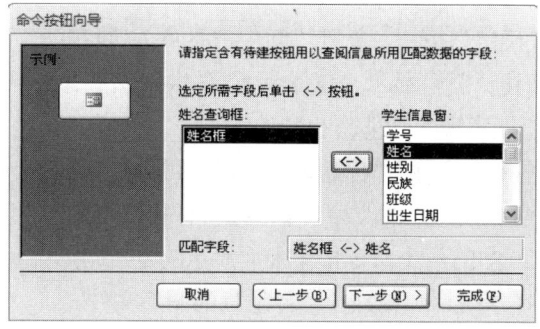

图 4-27 命令按钮向导（二）

（4）建立“取消”按钮时，只需在图 4-26 所示的“操作”列表框中选择“关闭窗体”即可。

上述两个实例中学习了用“控件”组的“使用控件向导”创建命令按钮。如果不用控件向导，也可以创建命令按钮，不过此时在窗体视图中单击创建的命令按钮时，命令按钮不会起作用。这样的命令按钮需要用宏或者 VBA 程序来链接，在后面的章节中将会学习。

例如上述例子中，使用控件向导建立“确定”按钮时，在图 4-27 的“姓名查询框”下方的列表框中不显示“姓名框”，“匹配字段”框中也就不能显示：姓名框<->姓名，即无法完成“姓名框”文本框与“姓名”字段相匹配，最后建立的“确定”按钮也就无法正确运用。这就需要用宏或者 VBA 程序对“确定”按钮编程。

对于例 4-13 的姓名查询功能，也可以用例 4-14 来实现。

【例 4-14】建立如图 4-23 所示的“姓名查询框”窗体，当在文本框中输入学生姓名时（例输入“王铁”），再单击“确定”按钮，可在“学生信息窗 A”窗体中查找到该学生的记录并显示。单击“取消”按钮时关闭此窗体。

（1）按照例 4-13 的（1）、（2）、（4）步建立“姓名查询框”窗体，并建立“取消”按钮。“确定”按钮先不建立。

（2）以“学生信息表”为数据源，建立一个名为“学生信息查询 A”的查询，选择除了“照片”“简历”以外的所有字段，在“姓名”字段的条件行输入“[forms]![姓名查询框]![姓名框]”，如图 4-28 所示。

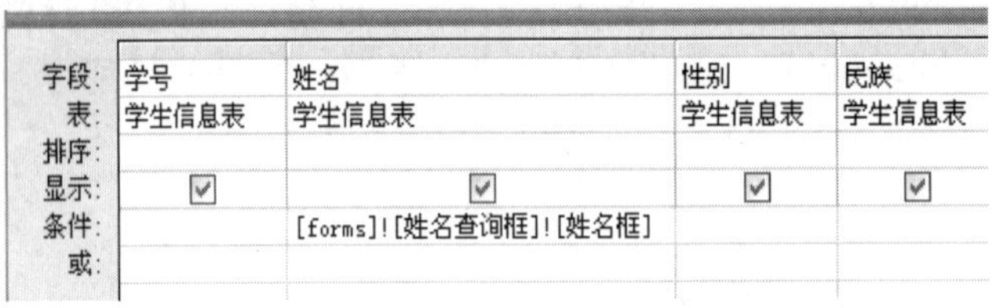

字段:	学号	姓名	性别	民族
表:	学生信息表	学生信息表	学生信息表	学生信息表
排序:				
显示:	☑	☑	☑	☑
条件:		[forms]![姓名查询框]![姓名框]		
或:				

图 4-28　查询的设计视图

这实际上是一个参数查询。“Forms”代表窗体集，“姓名查询框”是图 4-23 所建立的窗体对象名，“姓名框”是窗体中的文本框控件的名称，“!”表示所属关系，即窗体集的一个名为“姓名查询框”窗体中的“姓名框”文本框，作为参数的接受框。运行此查询，输入“王铁”，就可以显示（查询）出王铁的信息。

（3）以“学生信息查询 A”为数据源，用窗体向导创建一个“学生信息窗 A”的窗体。

（4）用向导建立“确定”按钮，打开“学生信息窗 A”。在图 4-23 的文本框中输入“王铁”，再单击“确定”按钮，就可显示（仅显示）“学生信息窗 A”中的王铁的记录。

例 4-13 与例 4-14 所能实现的功能是相同的。

命令按钮的主要属性有“名称”“标题”“图片”“可见”“是否有效”等，如图 4-29 所示。其中“标题”属性就是命令按钮上的文字，如图 4-23 中的“确定”。如果希望命令按钮能以图形形式显示，如图 4-20 中的两个命令按钮上面显示的是三角形箭头，可以将“标题”属性的内容（文字）删除，在“图片”属性中选择适当的图形文件。

在命令按钮的向导中，除了上述实例中的记录导航、窗体操作，还可以在类别中选择记录操作、报表操作、应用程序及杂项等。

图 4-29 "命令按钮"的属性表

如图 4-30 所示，如果选择"杂项"中的"运行查询"，单击命令按钮时就可以运行某个查询对象。

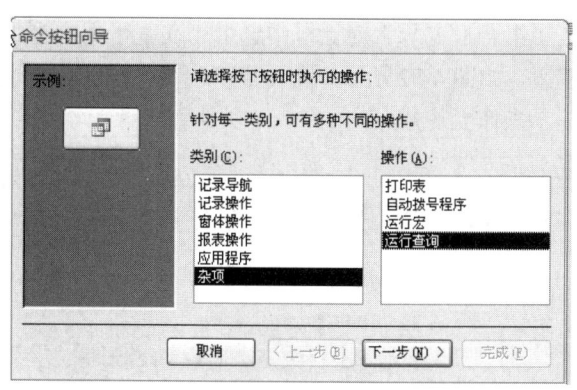

图 4-30 命令按钮向导

说明：前面的实例中用向导建立命令按钮的方法，实际上是使用"嵌入宏"来实现命令按钮的单击事件的（后面会学习如何创建宏）。"嵌入宏"是 Access 2007 以上版本的特点，而早期版本中是没有"嵌入宏"的。早期版本中建立的 mdb 格式的数据库，用向导建立命令按钮时，是使用"VBA 代码"来实现单击事件的，因此在 Access 2007 以上版本中用向导建立的命令按钮在早期版本可能不能用。如果需要在不同的版本中能够保持兼容，最好不用向导建立命令按钮，而用后面学习的宏或者 VBA 代码来实现命令按钮的单击事件。

4.4.3 组合框控件及列表框控件

1. 组合框控件

其实当将查阅向导型字段拖入窗体设计视图的网格中时，就会自动创建组合框控件。如前面例 4-7 所建的"学生信息窗"中的"性别"字段,就是一个组合框控件。打开"性别"组合框,就可以直接选择(或输入)男或女。

在下面的实例中,将用控件向导建立组合框。这样就可以通过在组合框中选择(或输入)内容,使窗体显示与之相对应的信息(记录)。

【例 4-15】建立"课程查询窗",在"请选择课程名称"组合框中选择某一课程名称(如选择"计算机基础")时,就能显示出对应的课程号与学分,如图 4-31 所示。

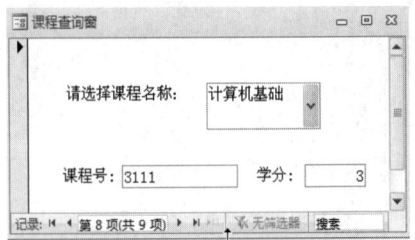

图 4-31 "课程查询窗"窗体

(1)在窗体的设计视图中选择"课程表"作为数据源,将"课程号"与"学分"两个字段拖入窗体的主体节网格中。

(2)使"控件"组中的"使用控件向导"按钮被按下,用向导创建"课程名称"字段的"组合框"控件。在"组合框向导"对话框中选中"在基于组合框中选定的值而创建的窗体上查找记录"单选按钮,如图 4-32 所示,单击"下一步"按钮。在下一个向导对话框中选择课程名称,按向导提示操作至完成。

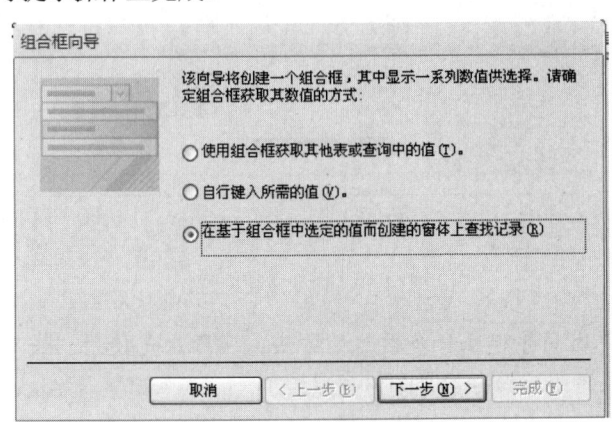

图 4-32 组合框向导

(3)组合框也有附加标签,将附加标签的标题改为"请选择课程名称:"。

(4)因为是课程查询窗体,为了防止在窗体中查询信息时删除已有信息,可将窗体的"允许删除""允许添加"属性设为"否"。但当窗体中有组合框或者列表框控件时,窗体的"允许编辑"属性不能设为"否",不然组合框或者列表框的选择功能无法实现。因此为了只能在窗体中查询而不能随意修改,将"课程号"与"学分"文本框的"是否锁定"属性设为"是"。

2. 列表框控件

列表框与组合框的创建方法相同。

【例4-16】将"学生信息卡"窗体的"姓名"字段改为列表框。

在"学生信息卡"窗体的设计视图中,将姓名文本框及附加标签删除,用"控件"组中的"列表框"控件建立姓名列表框。建立列表框控件的过程与组合框控件建立的过程完全相同,这里不再赘述。

由于在上面的实例中已经将"学生信息卡"窗体的"允许编辑"属性设为了"否",这将使窗体中的姓名列表框的选择功能不起作用,所以要将窗体的"允许编辑"属性再设为"是"。最后将窗体中所有与字段相结合的文本框,包括与"性别"字段相结合的组合框、与"是否团员"字段相结合的复选框的"是否锁定"属性都分别设置成"是"。

在图4-33所示的窗体视图中,列表框中列出了若干个姓名,通过滚动按钮可以查看、选择没有显示出来的姓名。当选择某个姓名时(如"何芳"),窗体所显示的是与该姓名相对应的信息。

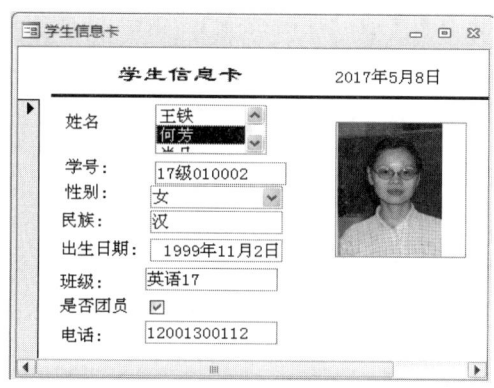

图4-33 "学生信息卡"窗体中的列表框

由于用列表框来查找记录,可以考虑删除两个用来翻页的命令按钮。

3. 组合框与列表框的区别

上面的实例中学习了用控件向导创建组合框与列表框,当从组合框或者列表框中选择某项数据时,窗体将显示与所选数据相对应的信息。组合框与列表框创建的方法是一样的,用途也基本相同。它们的主要区别是:

(1)组合框占据空间小,只显示一行;列表框占据空间多,多行数据同时显示在列表框中。

(2)在组合框中既可以选择数据,也可以输入数据,即同时具有文本框与列表框的功能,当组合框的选项很多时,直接输入数据在众多的选项中查询所需的记录更为快捷。而列表框只能从中选择数据,不能输入。

4.4.4 选项卡控件

【例4-17】建立一个名为"学生信息分页窗体"的窗体,如图4-34与图4-35所示。窗体中有两个选项卡,"基本情况"选项卡中放置的是学号、姓名、性别等基本信息,"照片及简历"选项卡中放置的是照片和简历信息。

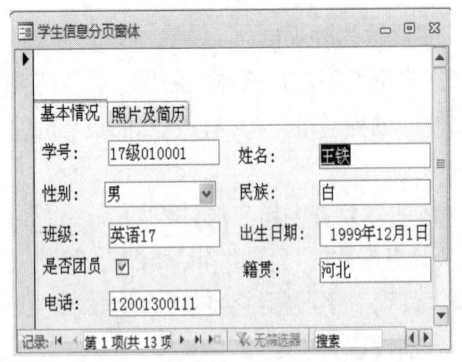
图 4-34 "学生信息分页窗体"(一)
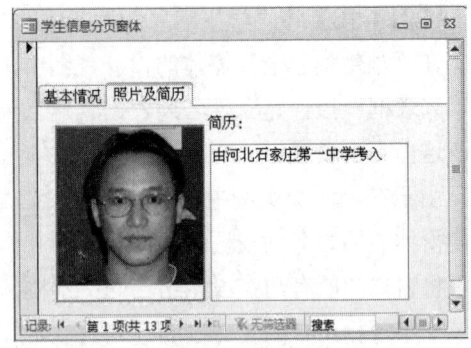
图 4-35 "学生信息分页窗体"(二)

在窗体的设计视图中,用"控件"组中的"选项卡"控件在主体节中创建,如图 4-36 所示。将选项卡控件"页 1"的"标题"设置为"基本情况","页 2"的"标题"设置为"照片及简历"。将数据源中的字段分别拖到两个页中,并按图 4-34 与图 4-35 所示位置排列控件。

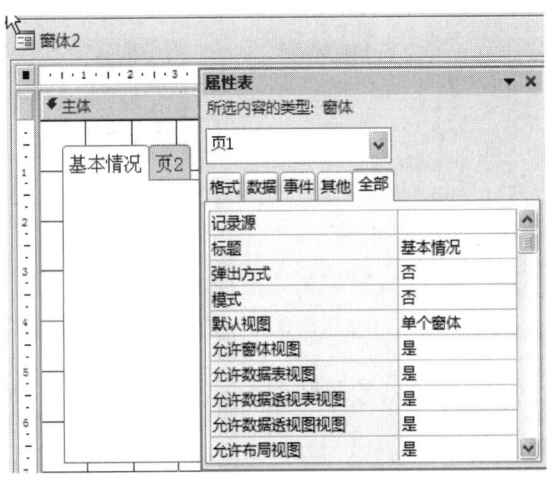
图 4-36 创建"选项卡"控件

4.4.5 其他控件

1. "图表"控件

利用图表控件可以快速、方便地建立图表窗体。

【例 4-18】以"学生信息表"为数据源,建立如图 4-37 所示的"各民族人数图表窗"窗体。

在窗体的设计视图中,用"控件"组中的"图表"控件,在主体节中创建图表。打开"图表向导"对话框,选择数据源为"学生信息表",单击"下一步"按钮。在下一个向导对话框中,选择"姓名"与"民族"字段,单击"下一步"按钮。在下一个向导对话框中,选择"柱形图",单击"下一步"按钮。在下一个向导对话框中,将"姓名"字段拖放到"数据"区"计数",将"民族"字段拖放到"横轴"区,单击"下一步"按钮,如图 4-38 所示。最后单击"完成"按钮,结果如图 4-37 所示。

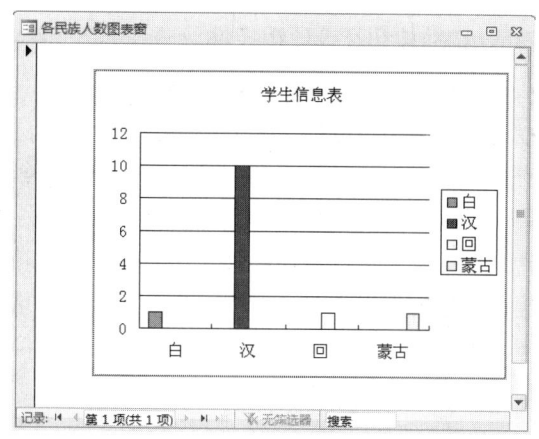

图 4-37 "各民族人数图表窗"窗体

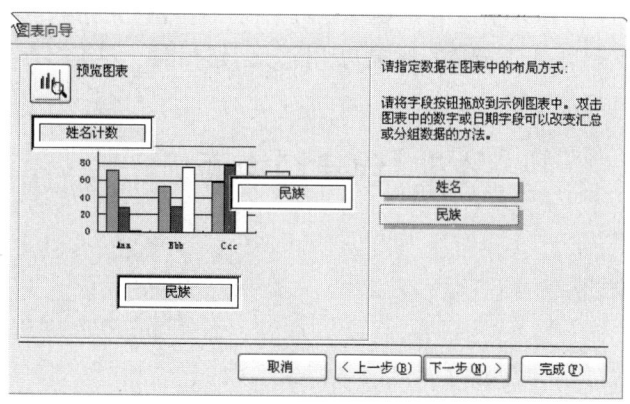

图 4-38 图表向导

2. "绑定对象框"控件

"绑定对象框"控件是用来加载具有 OLE 功能的图像、声音等数据的,且该对象与表中的数据关联。上面实例的窗体中有"照片"字段,由于"照片"字段是 OLE 对象型,所以将"照片"字段拖入窗体时,就自动创建了"绑定对象框"控件。

"绑定对象框"控件中有一个"缩放模式"属性,如图 4-39 所示。此属性有 3 种选择:剪裁、拉伸、缩放。当"绑定对象框"的大小与照片的尺寸不相适应时,选择"剪裁"模式会使图片超出方框部分被剪掉,选择"拉伸"与"缩放"可以使图片自动适应框的大小。

图 4-39 "绑定对象框"属性

3．复选框、选项按钮、切换按钮及选项组控件

复选框用于多选操作。当在窗体的设计视图将数据源中的是/否型字段拖入时，自动创建复选框控件。如"学生信息窗"中的"是否团员"字段。

切换按钮与复选框功能相同，只是切换按钮以按钮的形式表示。

选项按钮用于单选操作，在一组选项按钮中只能选定其中一个。为了能在一个窗体中建立几组相互独立的选项按钮，就需要用选项组控件将每一组选项按钮框起来。这样在一个选项组内的选项按钮为一组，对它们的操作不会影响本选项组之外的选项按钮。

复选框、选项按钮可以用控件向导建立，但是还需要用宏或者 VBA 来完成这些控件的作用，在后面的章节中再通过具体实例学习。

4．"子窗体/子报表"控件

在例 4-8 中学习了用向导创建主/子窗体，对于一个已经建立的单表窗体，也可通过"子窗体/子报表"控件为其添加子窗体，结果与用向导创建相同，创建的方法也类似。

4.5 创建切换面板

4.5.1 切换面板概述

1．切换面板的作用

前面所创建的窗体都是一个个独立的窗体。在例 4-13 中，通过一个"确定"命令按钮，将"姓名查询框"窗体与"学生信息窗"连接在了一起。利用命令按钮可以将多个窗体及报表等对象连接在一起，但用切换面板可以更方便、快捷地连接多个窗体以及报表等其他对象。

2．切换面板的名称

切换面板是一个特殊的窗体，窗体的名称为"切换面板"或者"Switchboard"，建立切换面板时会自动生成一个表对象，名为"Switchboard Items"，记录着切换面板的信息。

3．切换面板的删除

一般情况下，在一个数据库中只建立一个切换面板。重新建立切换面板时，应该将已有的切换面板删除。在删除"切换面板"窗体或者"Switchboard"窗体时，必须同时删除"Switchboard Items"表对象，否则无法重新建立切换面板。同样，如果删除了"Switchboard Items"表，"切换面板"窗体或者"Switchboard"窗体将不能被打开。

4．添加切换面板管理器

建立切换面板的方法与窗体不同，需要用"切换面板管理器"来建立。

在 Access 2010 版中，默认状态下"切换面板管理器"可能不出现在功能区，需要用户自己添加到功能区。

操作步骤如下：

（1）在"文件"选项卡中单击"选项"按钮（参考第 2 章中的图 2-4），打开"Access

选项"对话框,如图 4-40 所示。

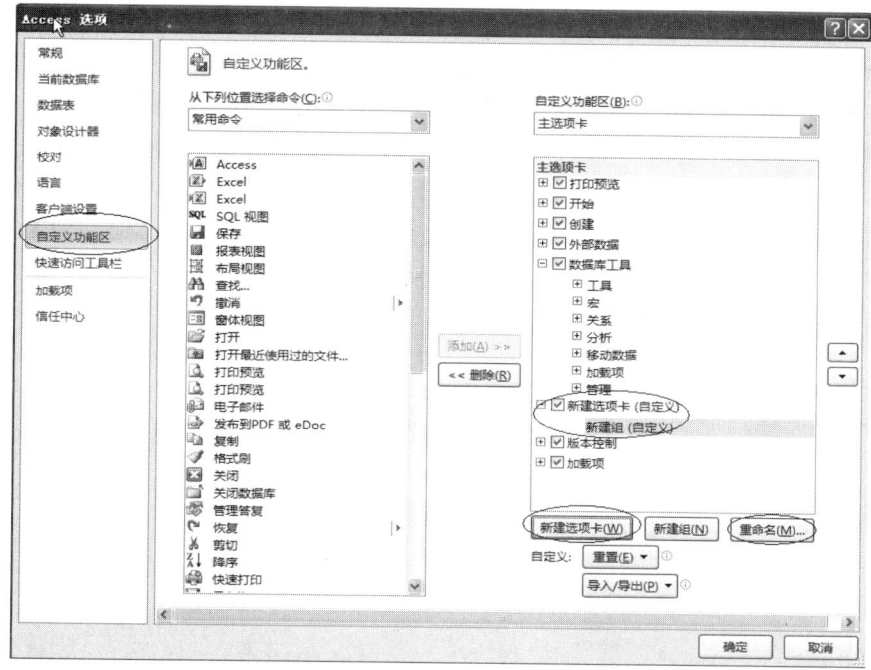

图 4-40　在 "Access 选项" 对话框中新建选项卡和新建组

(2) 在图 4-40 中选择 "自定义功能区",单击 "新建选项卡" 按钮,即可在 "主选项卡" 列表中添加 "新建选项卡(自定义)" 项,如图 4-40 所示。

(3) 单击图 4-40 中的 "重命名" 按钮,将 "新建选项卡" 重命名为 "切换面板";将 "新建组" 重命名为 "工具",并选择一个合适的图标,如图 4-41 所示。

图 4-41　在 "Access 选项" 对话框中添加切换面板管理器

（4）在"从下列位置选择命令"下拉列表框中选择"所有命令"，在下方的列表中选中"切换面板管理器"，单击"添加"按钮，"切换面板管理器"即被添加到"切换面板"选项卡的"工具"组中，如图 4-42 所示。

图 4-42　完成添加"切换面板管理器"

（5）在图 4-42 中单击"确定"按钮，即可看到功能区中新增了"切换面板"选项卡，如图 4-43 所示。

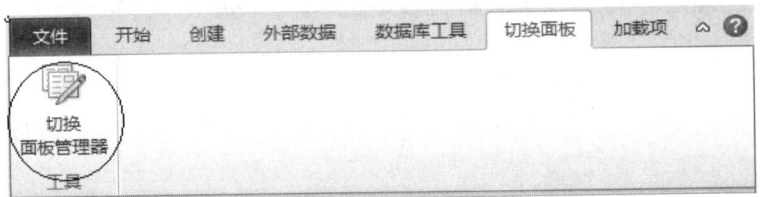

图 4-43　功能区新增的"切换面板"选项卡

4.5.2　创建一级切换面板

【例 4-19】建立一个如图 4-44 所示的一级切换面板。其中 3 个按钮的功能如下：
- 单击"课程查询"按钮，打开"课程窗 2"窗体。
- 单击"学生信息查询"按钮，打开"学生信息分页窗体"。
- 单击"成绩查询"按钮，打开"期末成绩查询窗"。

（1）用"切换面板管理器"创建切换面板。单击图 4-43 中的"切换面板管理器"按钮，这时会弹出一个消息框，如图 4-45 所示。单击"是"按钮，打开"切换面板管理器"对话框，如图 4-46 所示。单击"编辑"按钮，打开"编辑切换面板页"对话框，如图 4-47 所示。单击"新建"按钮,打开"编辑切换面板项目"对话框,按图4-48所示输入文本,选择命令和窗体名称,单击"确定"按钮,回到图4-47所示的对话框。

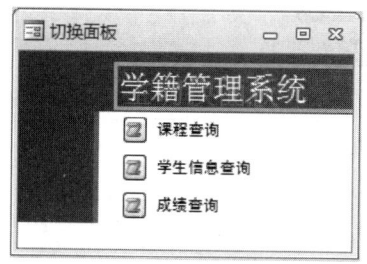

图4-44 一级切换面板

图4-45 "切换面板管理器"消息框

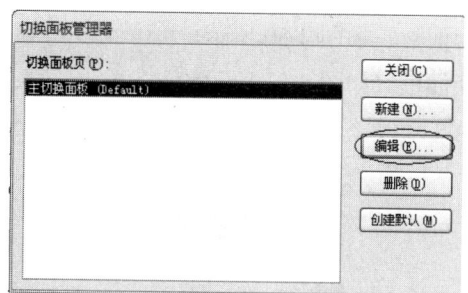

图4-46 "切换面板管理器"对话框

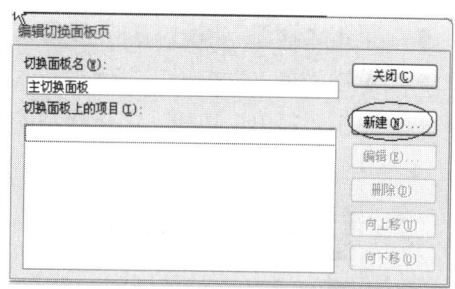

图4-47 "编辑切换面板页"对话框

图4-48 "编辑切换面板项目"对话框

用同样的方法建立"学生信息查询"与"成绩查询"两个项目。最后关闭"切换面板管理器"对话框。

(2)运行切换面板。双击导航窗格中的"切换面板"(或者 Switchboard),打开切换面板窗体,分别单击3个项目,可以看到运行结果。

要对切换面板中的项目进行修改、删除、添加等,需要再次应用"切换面板管理器"命令,打开"切换面板管理器"对话框进行操作。

要改变切换面板中的标题,如图4-44中的标题是"学籍管理系统",可以在图4-47中直接将"主切换面板"改成"学籍管理系统"。

4.5.3 创建二级切换面板

建立二级切换面板可以分为3个步骤:
第一步,建立主切换面板的项目名称。
第二步,对主切换面板(或者 Main Switchboard)进行编辑。
第三步,编辑主切换面板中的每一个项目,即建立子切换面板。

在建立二级切换面板之前,需要将上面实例中建立的切换面板(Switchboard)删除,同时别忘记将表对象中的 Switchboard Items 也删除。

【例4-20】建立一个二级切换面板,主切换面板(即第一级切换面板)如图4-49所示。

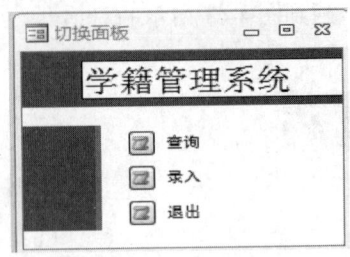

图4-49　主切换面板

主切换面板的功能如下:
- 单击"查询"按钮,打开"查询"子切换面板,如图4-50所示。
- 单击"录入"按钮,打开"录入"子切换面板,如图4-51所示。
- 单击"退出"按钮,关闭数据库并退出Access系统。

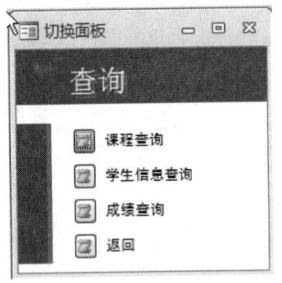 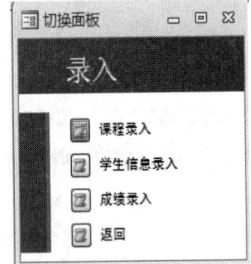

图4-50　"查询"子切换面板　　　　　图4-51　"录入"子切换面板

"查询"子切换面板的功能同上面的实例(即图4-44),只是多了一个"返回"项目。一般在子切换面板中都应该建立一个"返回"或者"返回到上一级"的项目,使其能够返回到上一级项目。

"录入"子切换面板的功能如下:
- 单击"课程录入"按钮,以添加模式打开"课程窗2"窗体。
- 单击"学生信息录入"按钮,以添加模式打开"学生信息窗"。
- 单击"成绩录入"按钮,以添加模式打开"成绩表窗"。
- 单击"返回"按钮,回到上一级主切换面板。

(1)建立一级切换面板的项目名称。打开"切换面板管理器"对话框,如图4-46所示。单击"新建"按钮,打开"新建"对话框,如图4-52所示。在其中输入"查询",单击"确定"按钮,回到"切换面板管理器"对话框。用同样的方法新建"录入"与"退出"项目。

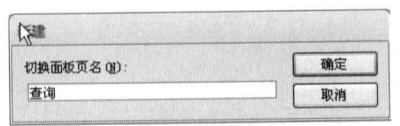

图4-52　"新建"对话框

(2)对主切换面板(或者Main Switchboard)进行编辑。在图4-46所示"切换面板管理器"对话框中选择"主切换面板(或者Main Switchboard)"项,单击"编辑"按钮,打开

"编辑切换面板页"对话框。单击"新建"按钮,打开"编辑切换面板项目"对话框,按图 4-53 所示输入和选择参数。用同样的方法新建"录入"项目。"退出"项目的参数选择有所不同,如图 4-54 所示。

 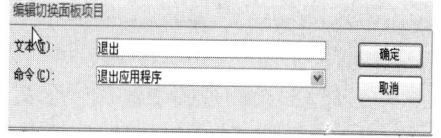

图 4-53　"编辑切换面板项目"的查询对话框　　　图 4-54　"编辑切换面板项目"的退出对话框

(3) 编辑主切换面板中的每一个项目。回到"切换面板管理器"对话框,选择"查询",单击"编辑"按钮,打开"编辑切换面板页"对话框。单击"新建"按钮,打开"编辑切换面板项目"对话框,按图 4-48 所示输入和选择参数,单击"确定"按钮。"学生信息查询"与"成绩查询"两个项目的建立方法与此类似。"返回"项目的建立方法有所不同,如图 4-55 所示。

图 4-55　"编辑切换面板项目"的返回对话框

用同样的方法建立"录入"项目的子项目。注意在图 4-48 所示的"编辑切换面板项目"对话框中,对"课程录入""学生信息录入""成绩录入"3 个子项目编辑时,"命令"应该选择"在添加模式下打开窗体"。

最后,可以在设计视图中对切换面板的按钮添加图形。

4.6　习题与实验

4.6.1　习题

一、选择题

1. 有关窗体,下列说法中(　　)是不正确的。
   A. 窗体是数据库对象之一　　B. 窗体是用户和 Access 之间的主要界面
   C. 窗体中可以包含子窗体　　D. 窗体只能用于显示信息
2. 要修改数据表中的数据(记录),可在(　　)进行。
   A. 表的设计视图中　　　　　B. 报表中
   C. 窗体视图中　　　　　　　D. 窗体的设计视图中
3. 在以下关于窗体数据源设置的叙述中,正确的是(　　)。
   A. 只能是表对象　　　　　　B. 可以是任意对象
   C. 只能是查询对象　　　　　D. 可以是表对象或查询对象

4. 窗体页面页眉的内容（　　）。
   A．能在屏幕上显示　　　　　　B．只能打印输出，不能在屏幕上显示
   C．不能打印输出　　　　　　　D．能打印输出，也能在屏幕上显示
5. 在窗体页眉中创建一个标题，可使用（　　）控件。
   A．文本框　　B．标签　　　C．组合框　　　D．列表框
6. 在窗体的设计视图中添加一个文本框控件时，（　　）是正确的。
   A．会自动添加一个附加标签　　B．文本框的附加标签不能被删除
   C．不会添加附加标签　　　　　D．都不对
7. 文本框可以作为计算控件，控件的来源属性中的计算表达式一般要以（　　）开头。
   A．双引号　　B．括号　　　C．字母　　　　D．等号（=）
8. 没有数据来源的文本框控件是（　　）的。
   A．计算型　　B．非结合型　C．结合型　　　D．都不对
9. 要求在文本框中输入密码时以"*"号显示，则应设置的属性是（　　）。
   A．"格式"属性　　　　　　　　B．"有效性规则"属性
   C．"默认值"属性　　　　　　　D．"输入掩码"属性
10. 下面关于组合框与列表框的叙述，（　　）是正确的。
    A．列表框和组合框都不可以输入数据
    B．可以在组合框中输入数据，而列表框不能
    C．可以在列表中输入数据，而组合框不能
    D．在列表框和组合框中都可以输入数据
11. 在窗体的设计视图中添加一个列表框控件时，会自动添加一个附加标签，（　　）是正确的。
    A．这个附加标签不能被删除
    B．这个附加标签不能修改其标题内容
    C．这个附加标签可以被删除，也可以修改其标题内容
    D．都不对
12. 关于窗体标题栏中的标题，（　　）是错误的。
    A．窗体标题栏中的标题可以和窗体的名称相同
    B．窗体标题栏中的标题可以和窗体的名称不相同
    C．窗体标题栏中的标题就是窗体的名称，是同一件事
    D．窗体标题栏中的标题与窗体的名称不是同一件事
13. "切换面板"是一种特殊的窗体，此窗体名是（　　）。
    A．Windows　　　　　　　　　B．Form
    C．切换面板（或Switchboard）　D．Switchboard Items
14. 在建立"切换面板"这种特殊窗体的同时，自动生成一个名为（　　）的表。
    A．Windows　　　　　　　　　B．切换面板（或Switchboard）
    C．Form　　　　　　　　　　　D．Switchboard Items
15. "切换面板"创建的方法与一般窗体不同，（　　）是正确的。
    A．因此不能使用窗体设计视图对"切换面板"中的控件进行修改

B. 但也可以在窗体设计视图中对其中的标签控件进行修改
C. 对于一个已建立的切换面板，要再增加一个项目，可以在设计视图中进行
D. 都不对

二、填空题

1. 窗体的结构由五个部分（即五个节）组成，分别是_____、_____、_____、_____和_____，其中_____与_____两个部分只能打印不能显示。
2. 图片的缩放模式有_____、拉伸和_____ 3种属性。

三、思考题

1. 文本框控件与标签控件有何区别？
2. 在窗体的设计视图中，如何设置数据源？
3. 在窗体的设计视图中设置了数据源，如何使其显示字段列表？
4. 组合框与列表框有何主要区别？
5. 建立"切换面板"与建立一般窗体的方法有何不同？

4.6.2 实验一

以下习题在"学籍管理系统"数据库中完成。

1. 以"学生信息表"为数据源，用"自动创建窗体"创建一个"数据表"式的窗体，命名为"学生信息自动窗"。
2. 创建如图4-56所示的"班级查询窗"，当输入班级名称，单击"确定"按钮时可打开"学生信息窗"，显示该班级的信息。单击"取消"按钮，关闭窗体。

提示：仿照例4-13或者例4-14。

3. 使用向导创建一个名为"成绩窗A"的窗体，如图4-57所示。

提示：窗体中的字段来自3个表，是多表窗体，在用向导创建的过程中，"查看数据方式"选择"通过成绩表"。

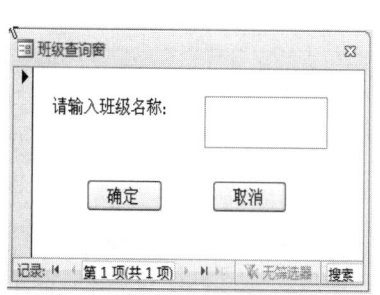

图4-56 班级查询窗

图4-57 成绩窗A

4. 以"课程表"为数据源建立"课程信息分页窗体"，如图4-58与图4-59所示。

提示：用选项卡控件。

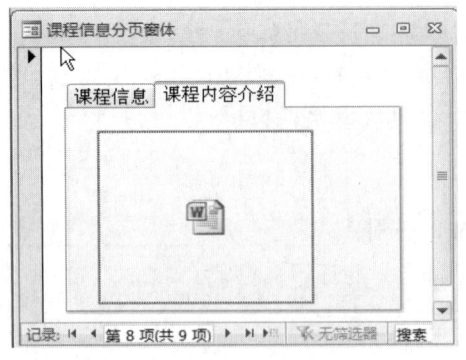
图 4-58　课程信息分页窗体（一）

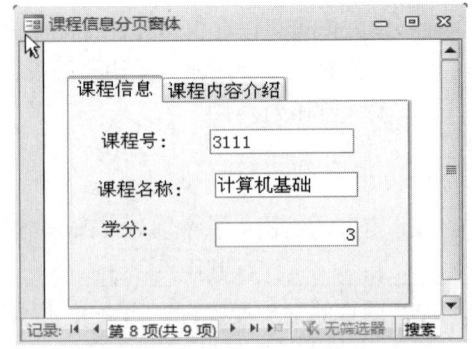
图 4-59　课程信息分页窗体（二）

4.6.3　实验二

以下习题在"教师任课系统"数据库中完成。

1．以"教师信息表"为数据源，选择所有字段，建立"教师信息录入"窗体，如图 4-60 所示。

2．以"课程表"为数据源，选择所有字段，建立"课程录入"窗体。

3．以"成绩表"为数据源，选择所有字段，建立"成绩录入"窗体。

4．以"学生信息表"为数据源，选择所有字段，建立"学生信息录入"窗体。

5．建立"选择窗体"，如图 4-61 所示。4 个命令按钮分别用来打开上面 4 个题所建立的 4 个"录入"窗体。4 个命令按钮用矩形框框起来。窗体的"记录选择器"及"导航按钮"属性设置为"否"，"滚动条"属性设置为"两者均无"。在"图片"属性中选择一幅图片文件作为窗体背景。

运行"选择窗体"，通过 4 个按钮分别打开 4 个"录入"窗，输入 1～2 条新记录（内容自编），再分别打开对应的 4 个表，观察表中记录的变化。

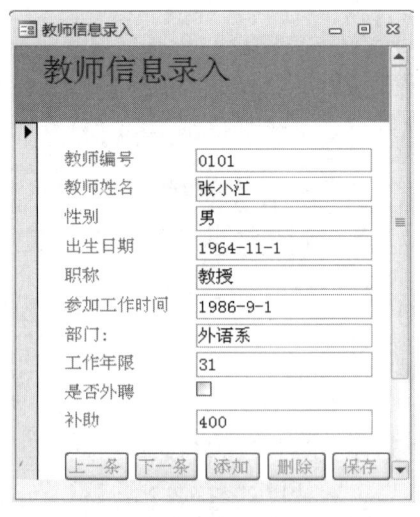
图 4-60　"教师信息录入"窗体

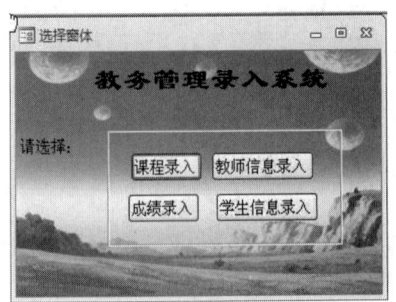
图 4-61　选择窗体

6．导入窗体。导入"学籍管理系统"库中的"课程窗 2""学生信息分页窗体"及"成绩表窗"。

7. 建立带有组合框查询功能的窗体。

（1）建立如图 4-62 所示的"选择部门窗体"，当在组合框中选择某个部门时，再单击"确定"按钮，便可打开下面第（3）步所创建的"教师任课窗"，显示所选部门的教师任课信息，如图 4-65 所示。

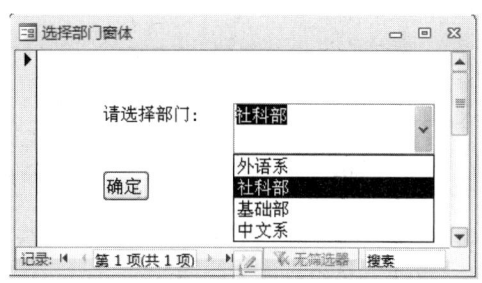

图 4-62　选择部门窗体

提示：用向导建立"组合框"控件，选择"自行键入所需的值"，分别输入"教师任课表"中"所在部门"字段的值（参考图 4-63）。

先不建立"确定"按钮，待做完下面第（3）步后，再用向导创建"确定"按钮。

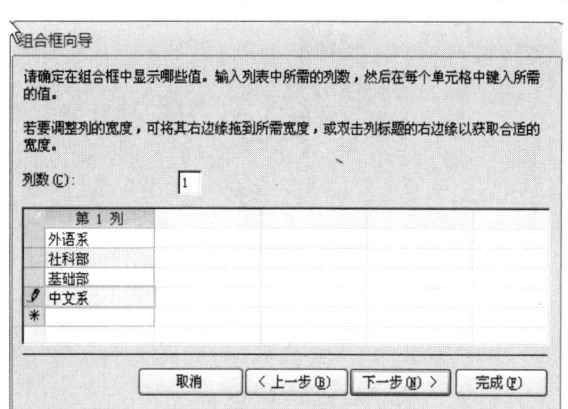

图 4-63　组合框向导

（2）以"教师信息综合查询"为数据源，建立一个名为"选择部门查询"的查询，如图 4-64 所示。此查询为图 4-65 所示"教师任课窗"提供数据源。

提示：Combo0 是图 4-62 所示"选择部门窗体"中的组合框控件名称。

字段	部门	教师姓名	课程名称
表	教师信息综合查询	教师信息综合查询	教师信息综合查询
排序			
显示	✓	✓	✓
条件	[forms]![选择部门窗体]![combo0]		
或			

图 4-64　选择部门查询

（3）以上面第（2）步所建立的"选择部门查询"为数据源，用"多个项目"按钮一键创建"教师任课窗"，如图 4-65 所示。

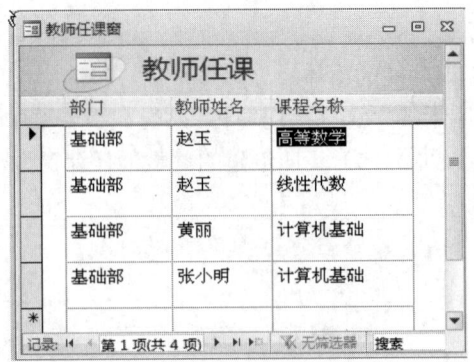

图 4-65 教师任课窗

（4）建立"确定"按钮，用向导完成。单击该按钮，将打开"教师任课窗"。

8．建立"课程表"与"教师信息表"的主/子窗体，当主窗体浏览到某门课程信息时，可以看到担任该门课的教师信息，如图 4-66 所示。

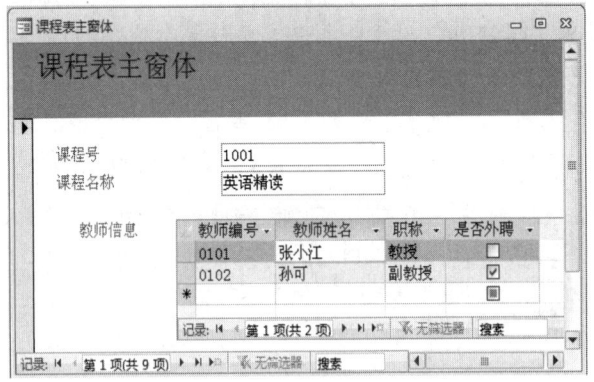

图 4-66 课程表主窗体与子窗体

第5章 报　　表

"报表"是数据库数据输出的对象，建立报表的目的是为了以纸张的形式保存或输出信息。

建立报表与建立窗体的过程、方法类似，只是窗体的主要目的是在屏幕上显示，报表的主要用途是打印在纸上。窗体可以与用户进行信息交互，报表没有交互功能，即窗体有输入、输出的功能，而报表只有输出功能。

注意：本章中的例题在"学籍管理系统"数据库中完成。

5.1　自动创建及向导创建报表

5.1.1　自动创建报表

【例 5-1】以"课程表"为数据源，用"自动创建报表"创建一个"表格式"的报表，命名为"课程报表1"。

打开"学籍管理系统"数据库，在导航窗格中选择"课程表"表对象，单击"创建"选项卡"报表"组中的"报表"按钮，报表建立成功。所建的"课程报表1"如图5-1所示。

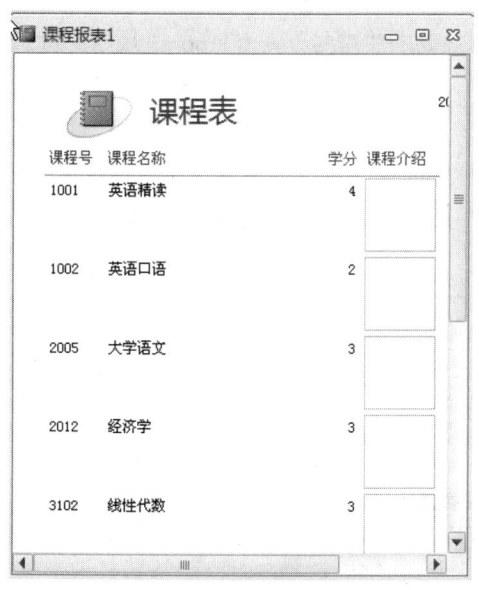

图 5-1　课程报表 1

5.1.2　创建"标签"报表

如果需要制作学生信息卡片、成绩小条、职工的工资小条、职工的名片、员工的通讯录等，都可以利用现有表中的信息，通过标签报表将其打印出来。从中可以看出，标签报表有其特殊的用途。

【例 5-2】以"学生信息表"为数据源，用"标签向导"建立如图 5-2 所示的"标签报表"。

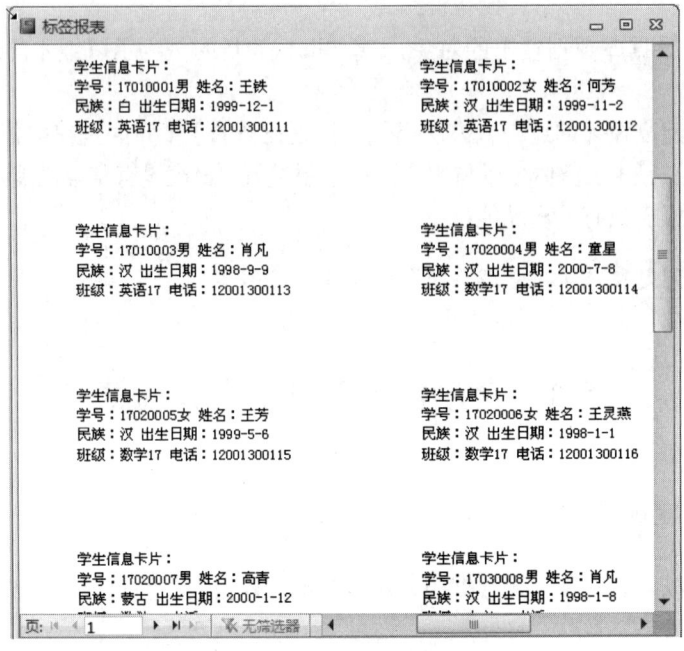

图 5-2　标签报表

在导航窗格中选择"学生信息表"表对象，单击"报表"组中的 "标签"按钮，打开"标签向导"对话框。在其中选择"型号"为 C2166，"尺寸"为 52mm×70mm，"横标签号"为 2 ，"按厂商筛选"为 Avery，单击"下一步"按钮。选择适当的字体、字号，单击"下一步"按钮。

在如图 5-3 所示的"标签向导"对话框中选择所需字段及布局。其中"原型标签"列表框中{}中的内容是字段名，直接单击">"按钮从"可用字段"列表框中选择，没有用{}括起来的文字由键盘直接输入。

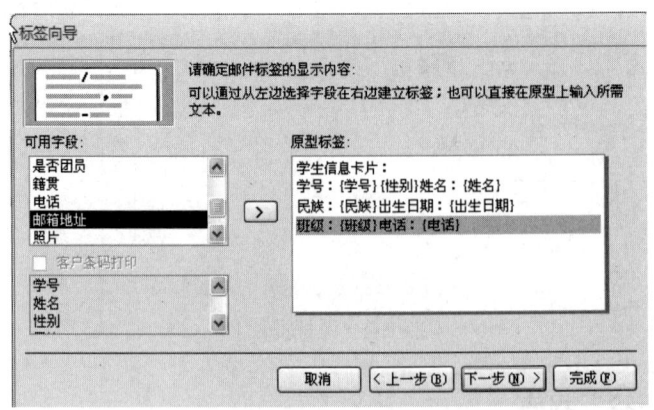

图 5-3　"标签向导"对话框

在下一步的向导中可以选择某个字段作为排序字段，如选择“学号”字段，最后确定标签报表对象名为“标签报表”。

5.1.3 用向导创建报表

1．用向导创建报表

【例 5-3】以“成绩表”为数据源，用向导创建“成绩报表”。

单击“报表”组中的“报表向导”按钮，打开报表向导。选择“成绩表”为数据源，选择所有字段，选择“学号”作为分组级别，选择“课程号”为排序字段，按向导提示完成操作。建立的“成绩报表”如图 5-4 所示。

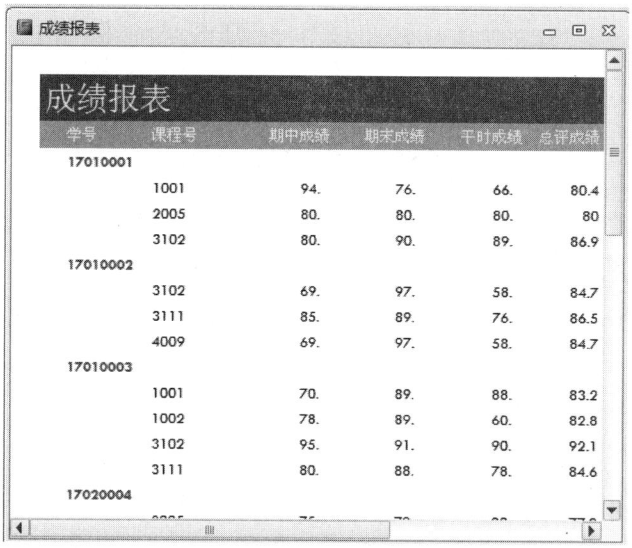
成绩报表

成绩报表

学号	课程号	期中成绩	期末成绩	平时成绩	总评成绩
17010001					
	1001	94.	76.	66.	80.4
	2005	80.	80.	80.	80
	3102	80.	90.	89.	86.9
17010002					
	3102	69.	97.	58.	84.7
	3111	85.	89.	76.	86.5
	4009	69.	97.	58.	84.7
17010003					
	1001	70.	89.	88.	83.2
	1002	78.	89.	60.	82.8
	3102	95.	91.	90.	92.1
	3111	80.	88.	78.	84.6
17020004					

图 5-4　成绩报表

和窗体一样，报表的数据源可以是表也可以是查询。当用向导建立报表时，如果数据源来自多个表，创建的结果与窗体不同，并没有形成主报表与子报表，依然是单个报表。

【例 5-4】以“学生信息表”“课程表”“成绩表”为数据源，使用向导创建“学生成绩综合报表”。

单击“报表”组中的“报表向导”按钮，打开报表向导。选择“学生信息表”中的“学号”“姓名”“班级”字段；选择“课程表”中的“课程名称”字段；选择“成绩表”中的“总评成绩”字段。按向导提示完成，每一步都取默认值，建立名为“学生成绩综合报表”的报表，如图 5-5 所示。

2．报表的 4 种视图方式

报表有 4 种视图方式。

（1）设计视图：用来创建与修改报表。

（2）打印预览：在打印之前可以用打印预览方式观看实际打印的效果。

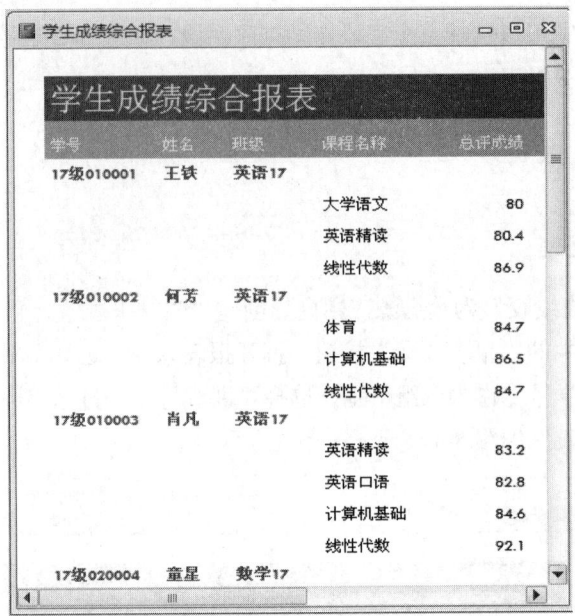

图 5-5　学生成绩综合报表

（3）报表视图：是报表的显示视图，在显示的同时可以执行各种数据的筛选和查找，也可以设置报表的格式。

（4）布局视图：与报表视图相似，所不同的是在布局视图下可以用"报表设计工具"的"设计""格式"和"排列"选项卡中的命令，对控件进行移动、调整或删除等操作。

不同视图方式之间的切换与窗体及查询中不同视图方式间的切换相同。

5.2　用设计视图创建报表

5.2.1　报表的结构

报表由七个节组成，比窗体多了两个节，即组页眉与组页脚。

（1）报表页眉：仅输出在报表第一页的顶部，一般用来放置报表的标题。

（2）页面页眉：输出在报表每一页的顶部，主要用来放置列标题，如字段名等。

（3）组页眉：输出分组信息，位于页面页眉与主体节之间。

（4）主体节：每个报表必定有主体节，是输出数据的主要区域，用来放置字段文本框等。

（5）组页脚：作用同组页眉，只是位置在主体节下方。

（6）页面页脚：输出在报表每一页的底部，放置日期、页码等。

（7）报表页脚：作用同报表页眉，位于报表最后一页的底部。

当单击"报表"组中的"报表设计"按钮时，打开的报表设计视图中往往只有页面页眉、主体节及页面页脚 3 个节。

添加报表页眉与报表页脚的方法与窗体中添加窗体页眉与窗体页脚的方法类似。右击"主体"或者"页面页眉/页脚"的节选择器，在弹出的快捷菜单中选择"报表页眉/页脚"，即可添加报表页眉与报表页脚。

添加组页眉与组页脚的方法比较特别，将在下面的实例中再学习。

如图 5-6 所示是一个空报表的设计视图，可以看出与窗体的设计视图非常相似。图 5-6 只显示出 5 个节。在后面的实例中将学习如何添加组页眉与组页脚。

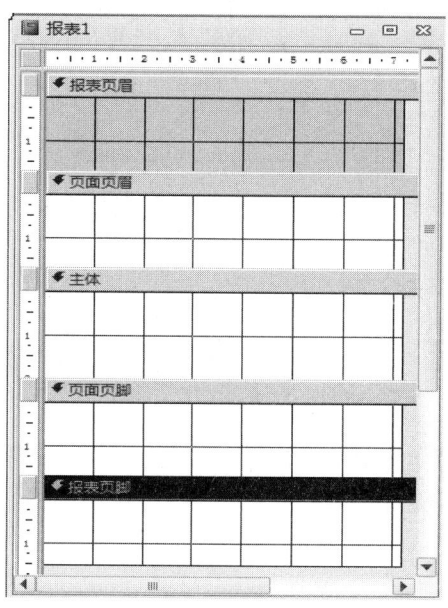

图 5-6　报表的结构

5.2.2　用设计视图创建报表

【例 5-5】以"学生信息表"为数据源，创建"学生信息报表"，如图 5-7 所示。

（1）单击"报表"组中的"报表设计"按钮，在报表的"属性表"窗格中选择"学生信息表"作为记录源。将"字段列表"窗格中的"学号""姓名""性别""民族""班级""是否团员""出生日期"及"电话"字段拖入到主体节，如图5-8所示。

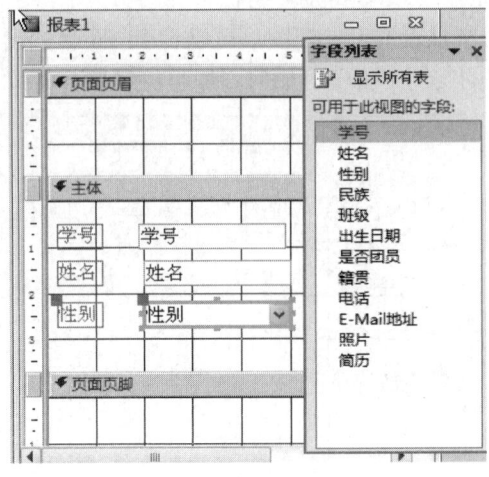

图5-8　报表的设计视图

（2）图5-9所示是"学生信息报表"完成之后的设计视图，从中可以看出，图5-8中字段放置的位置与图5-9是不一样的，在图5-9中需要将字段的所有附加标签放到页面页眉中。

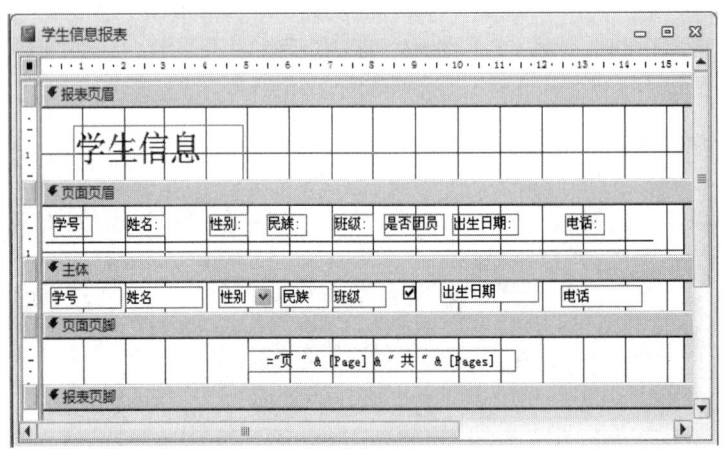

图5-9　学生信息报表的设计视图

选中所有的附加标签控件，单击"剪切"按钮，再将其"粘贴"到页面页眉中。按图5-9所示排列所有控件。

（3）右击"主体"或者"页面页眉/页脚"的节选择器，在弹出的快捷菜单中选择"报表页眉/页脚"，添加报表页眉与报表页脚。

在报表页眉中添加一个标签控件，将标签的标题设置为"学生信息"，并设置一定的字体及字号。

（4）用"控件"组中的"直线"控件，在页面页眉的字段名下方画出一条直线。

（5）用"控件"组中的"页码"控件，以一定的格式在页面页脚中插入页码。
（6）切换到打印预览方式，即可看到报表的结果。

5.2.3 添加组页眉/组页脚

【例5-6】以"综合查询"为数据源，建立如图 5-10 所示的"学生成绩卡报表"。

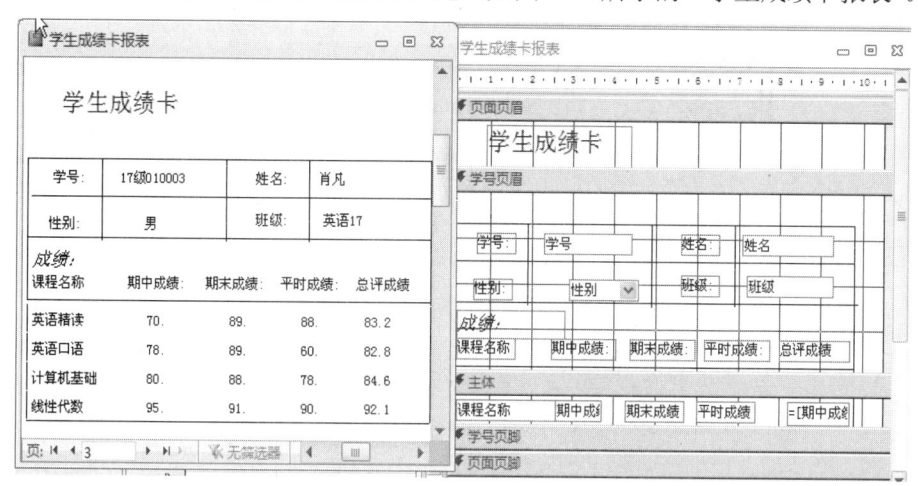

图 5-10　学生成绩卡报表

（1）单击"报表"组中的"报表设计"按钮，在报表的"属性表"窗格中选择"综合查询"作为记录源。

（2）在页面页眉中添加一个标签控件，其标题属性为"学生成绩卡"（见图 5-10 右侧的设计视图）。

（3）由于每个学生所选的课往往不止一门，从图 5-10 所示的报表中可以看出，肖凡（学号为 17 级 010003）共选了 4 门课，所以应该一个学生分成一个组，以组为单位显示出该学生的信息及所有课程的成绩。可以按学号分组，也可按姓名分组，效果是一样的。

在设计视图"设计"选项卡的"分组和汇总"组中，单击"分组和排序"按钮，下方会出现"添加组""添加排序"两个按钮，如图 5-11 所示。单击"添加组"按钮，弹出字段列表，选择"学号"字段（如图 5-12 所示），即可自动建立"学号页眉"（以学号分组的组页眉）。最后选择"有页脚节"选项，建立"学号页脚"（组页脚），如图 5-13 所示。

（4）将"学号""姓名""性别"及"班级"字段直接拖入到"学号页眉"。将"课程名称""期中成绩""期末成绩"及"平时成绩"字段拖入到主体节，再将其对应的附加标签剪切并粘贴到学号页眉。添加一个标题属性为"成绩"的标签到学号页眉，参考图 5-10 右侧的报表设计视图。

（5）由于数据源"综合查询"中没有"总评成绩"字段，因此在主体节中创建一个文本框作为计算框，将其附加标签的标题设为"总评成绩"，并剪切、粘贴到学号页眉。在文本框的属性框中，将"控件来源"属性设置为：=期中成绩*0.3+期末成绩*0.6+平时成绩*0.1（或者直接在设计视图的文本框中输入），如图 5-10 右侧的设计视图所示。

（6）用"直线"控件画上适当的横竖线。

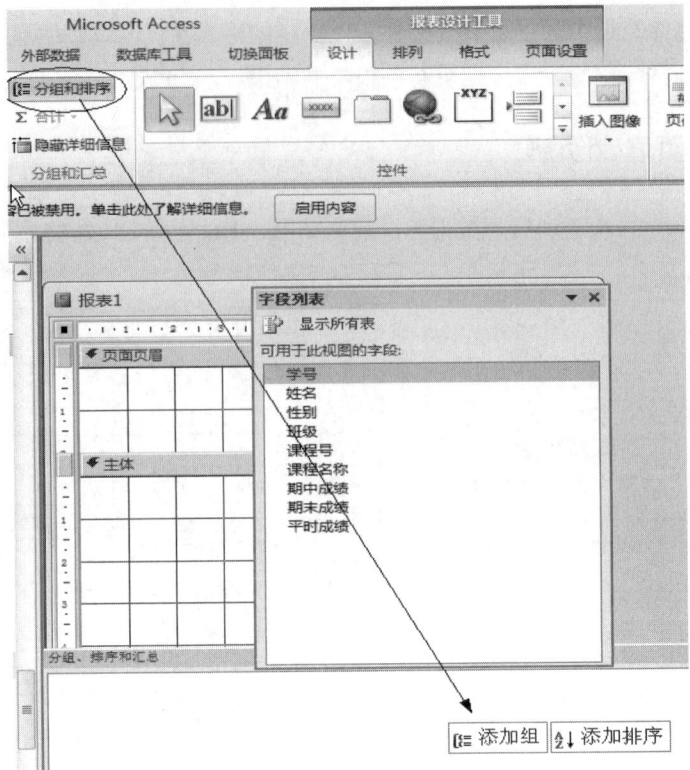

图 5-11　报表分组和排序

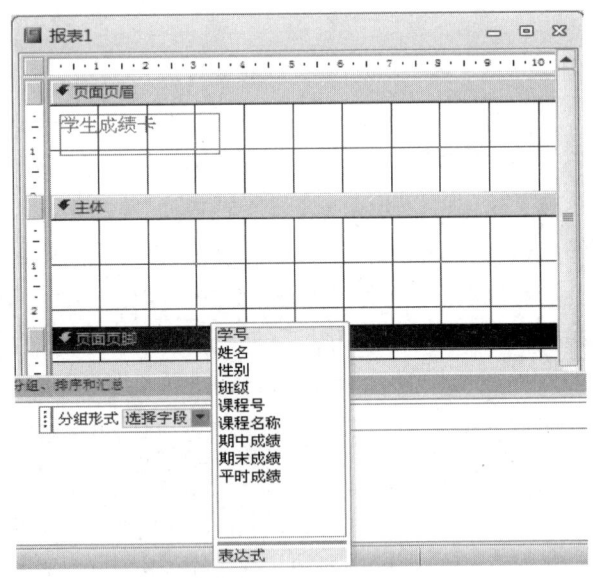

图 5-12　选择分组字段

图 5-13　选择"有页脚节"

（7）为了使一个学生的信息显示之后，另一个学生的信息显示时能另起一页，可以右击图 5-10 右边的设计视图的"学号页脚"，调出属性表，将"学号页脚"的"强制分页"属性设为"节后"，如图 5-14 所示。

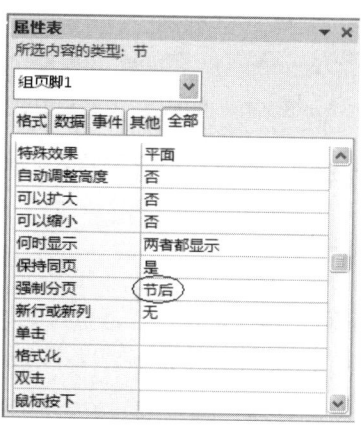

图 5-14 "学号页脚"属性框

在图 5-11 中，还可以用"添加排序"按钮对所需字段进行升序或者降序排列。

【例 5-7】以"综合查询"为数据源，建立如图 5-15 所示的"按分数段分组报表"。

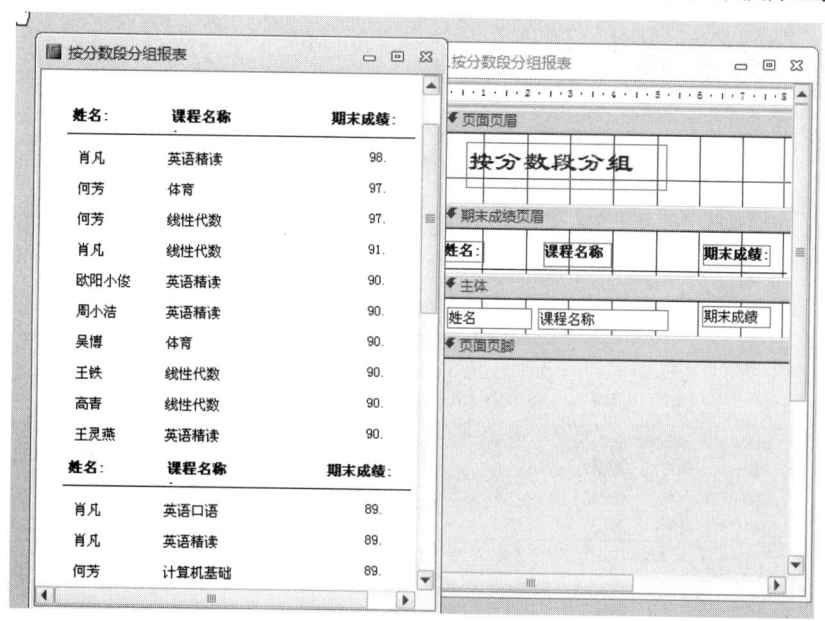

图 5-15 按分数段分组报表

（1）单击"报表"组中的"报表设计"按钮，在报表的"属性表"窗格中选择"综合查询"作为记录源。

（2）单击"分组和排序"按钮，再单击下方出现的"添加组"按钮，在弹出的字段列表中选择"期末成绩"字段作为分组字段，建立"期末成绩页眉"。在"分组、排序和汇总"对话框中选择"降序"，选中"按 10 条"单选按钮（如图 5-16 所示），使分组字段"期末成绩"值按 10 分间隔分组，并降序排列。

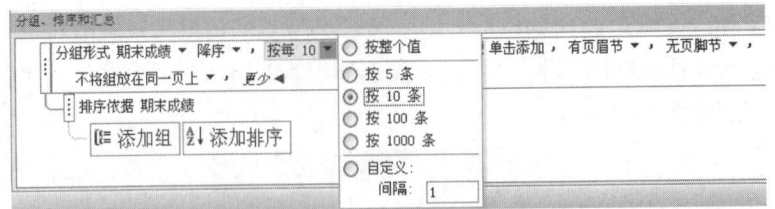

图 5-16 在"分组、排序和汇总"对话框中选择分组的值

（3）按图 5-15 右侧的设计视图排列字段位置，并添加直线控件和标签控件。

5.2.4 报表设计视图中的数据源

和窗体一样，报表的数据源可以是表，也可以是查询。与用向导创建报表不同，用设计视图创建报表时，数据源一般应该来自于单个表或者单个查询。如果数据源必须来自于多个表，在设计视图中选择数据源时，有两种办法：一是将多个表中的字段集中在一个查询中，再将单个查询作为报表的数据源，如前面的例 5-6 和例 5-7，数据源是综合查询；另一种方法是直接在设计视图中用 Select 语句查询生成器得到来自多表中的数据，即不事先建立查询。

【例 5-8】 参考图 5-17 建立"总评成绩单"报表。

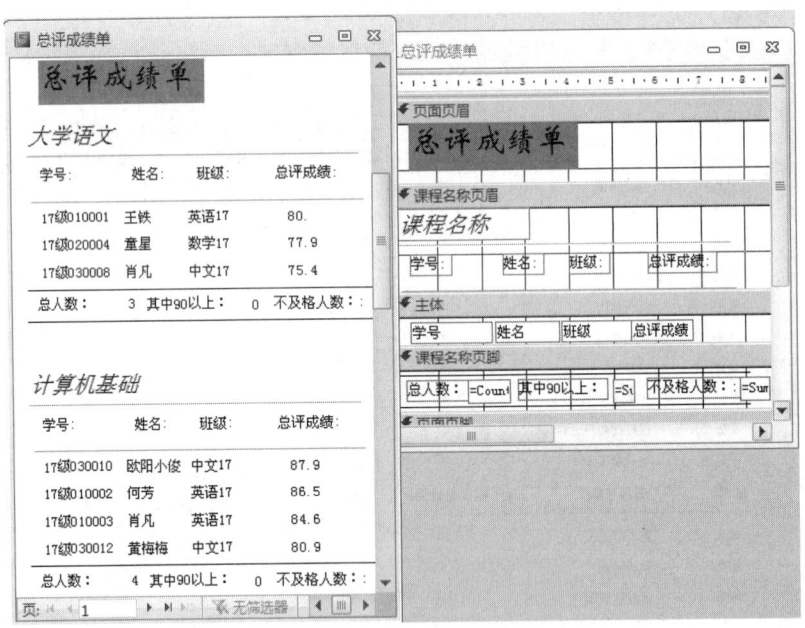

图 5-17 "总评成绩单"报表

（1）选择数据源。从图 5-17 中可以看出，本例中要建立的报表所需字段来自 3 个表。在报表的设计视图中，打开报表的属性表，如图 5-18 所示。单击"记录源"右侧的按钮，打开"查询生成器"，如图 5-19 所示。将"显示表"对话框中的"学生信息表""成绩表"及"课程表" 3 个表添加到 SQL 语句的"查询生成器"中，单击"显示表"对话框中的"关闭"按钮。实际上这就是查询的设计视图。

将所需字段（姓名、学号、班级、总评成绩及课程名称）拖入到设计视图的网格中，如图 5-19 所示。关闭 SQL 语句"查询生成器"。现在报表的记录源已经设置完毕。

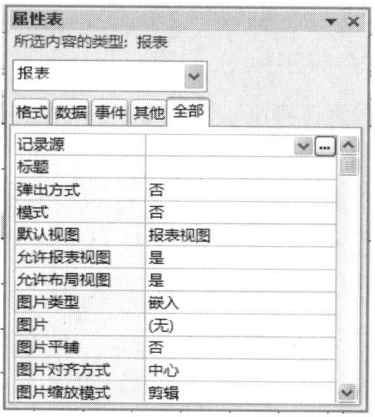

图 5-18 报表的属性表

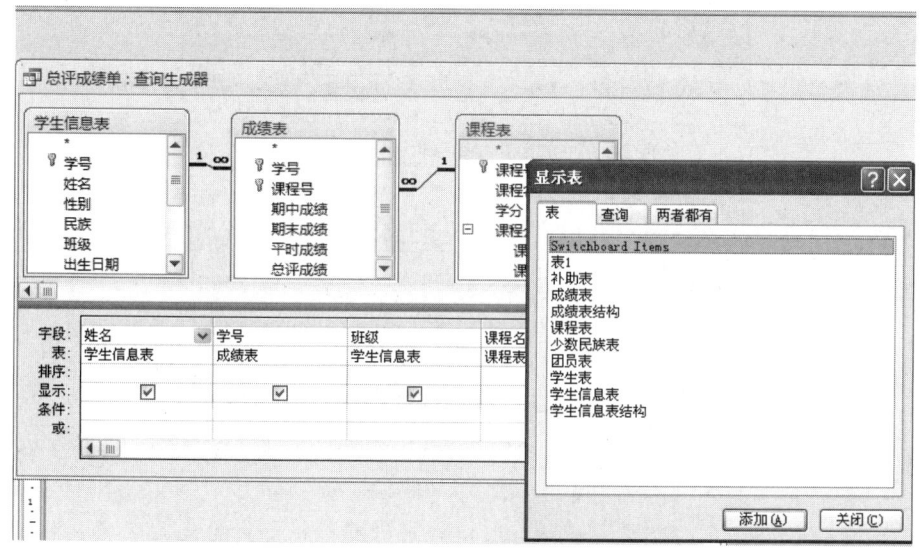

图 5-19 查询生成器

（2）以课程名称分组建立组页眉与组页脚（仿照上例）。参考图 5-17 右侧的设计视图，将字段放在合适的位置，并按图 5-17 所示添加直线、标签及文本框控件。

（3）在"课程名称页脚"中用 3 个文本框作为计算框，"总人数"文本框中输入：=count(*)，"90 分以上"文本框中输入：=sum(iif(总评成绩>=90,1,0))，"不及格人数"文本框中输入：=sum(iif(总评成绩<60,1,0))。

5.2.5 添加子报表

【例 5-9】先建立一个"学生信息主报表"，再用"子窗体/子报表"控件添加子报表。

以"学生信息表"为数据源，用向导建立"学生信息主报表"（只选择"学号""姓名""班级"3 个字段）。

以设计视图打开"学生信息主报表"，使"控件"组中的"使用控件向导"按钮被按下，用"子窗体/子报表"控件在主体节中创建一个子报表。在"子报表向导"对话框中选中"使用现有的表和查询"单选按钮，如图 5-20 所示。在下一个"子报表向导"对话框中选择

"成绩表",选择"成绩表"中的"课程号"及"期末成绩"字段。因为"学生信息表"与"成绩表"已经建立了关联,所以在下一个"子报表向导"对话框中选中"从列表中选择"单选按钮,以确定"学号"字段为链接字段,如图5-21所示。最后将子报表命名为"成绩子报表"。

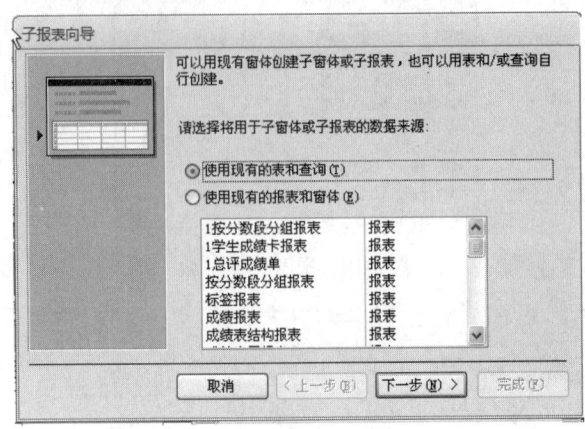

图 5-20 "子报表向导"对话框(一)

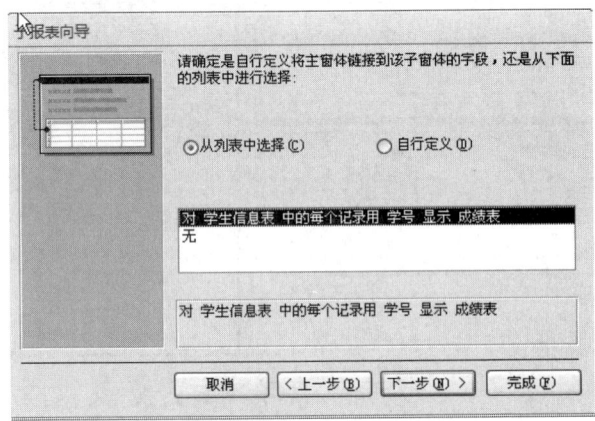

图 5-21 "子报表向导"对话框(二)

打印预览的结果如图 5-22 所示。

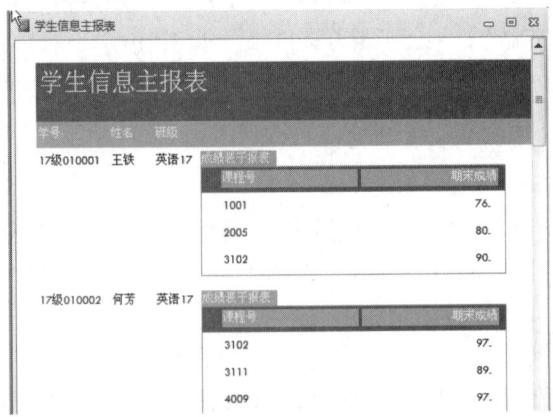

图 5-22 主/子报表

5.3 习题与实验

5.3.1 习题

一、选择题

1. 报表的数据源（　　）。
   A．只能是表对象　　　　　　B．只能是查询对象
   C．可以是表对象或查询对象　　D．都不对

2. 下列（　　）不是报表的视图。
   A．设计视图　　　　　　　　B．页面视图
   C．打印预览视图　　　　　　D．布局视图

3. 以下叙述（　　）是正确的。
   A．报表只能输出数据　　　　B．报表只能输入数据
   C．报表可以输入和输出数据　D．报表不能输入和输出数据

4. 要在报表每一页的顶部都能输出信息，应设置（　　）。
   A．报表页眉　　　　　　　　B．页面页眉
   C．页面页脚　　　　　　　　D．报表页脚

5. 报表页脚的内容只能在报表的（　　）打印输出。
   A．每页底部　　　　　　　　B．第一页顶部
   C．最后一页的底部　　　　　D．都不对

6. 要实现报表的分组统计，操作的区域应该在（　　）。
   A．报表页眉或报表页脚区域　B．页面页眉或页面页脚区域
   C．组页眉或组页脚区域　　　D．主体节

7. 要在报表的每页底部显示格式为"第 2 页，共 20 页"的页码，计算控件的控件来源应设置为（　　）。
   A．"第"&[Page]& "页,共"&[Pages]& "页"
   B．=第[Page]页,共[Pages]页
   C．=第&[Page]&页,共&[Pages]&页
   D．="第"&[Page]& "页,共"&[Pages]& "页"

   提示：可以参考图 5-9 的页面页脚的内容。

8. 要在报表中对各门课程的成绩，按班级分别计算合计、均值、最大值、最小值等，则需要设置（　　）。
   A．汇总选项　　　　　　　　B．分组级别
   C．分组间隔　　　　　　　　D．排序字段

9. 报表的某个"文本框"控件来源属性为"=5*10+2"，在"打印预览"视图中，该文

本框显示的信息是（　　）。

　　　　A．=5*10+2　　　B．5*10+2　　　C．52　　　　D．出错

二、填空题

1．报表由_____、_____、_____、_____、_____、_____和_____ 7个部分（节）组成。

2．报表主要的视图方式有_____、_____、_____和_____。

3．报表页眉的内容只能在报表_____的位置打印输出。

三、思考题

1．如何为报表指定数据源？

2．报表与窗体有何主要区别？

3．如何为报表插入页码、日期和时间？

4．如何为报表添加组页眉、组页脚？

5.3.2　实验一

以下习题在"学籍管理系统"数据库中完成。

1．以"学生信息表"为数据源，用"报表"组中的"报表"按钮创建"表格式"报表，命名为"学生信息表格报表"。

2．以"团员表"为数据源，用报表向导创建名为"团员报表"的报表。

3．用"标签报表"创建如图 5-23 所示的"成绩小条"报表。

4．在报表设计视图的"控件"组中，单击"插入图表"控件，以"学生信息表"为数据源，用饼图表示各民族人数，报表名为"各民族人数报表"，如图 5-24 所示。

图 5-23　"成绩小条"报表

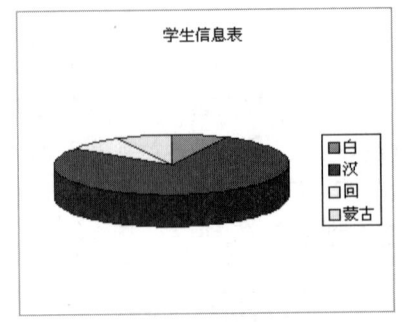

图 5-24　图表报表

5. 用设计视图创建如图 5-25 所示的"分班分课成绩报表"。

提示：按"班级"及"课程名称"两个字段建立组页眉/组页脚，按图 5-26 所示"分组、排序和汇总"对话框的内容进行设置。

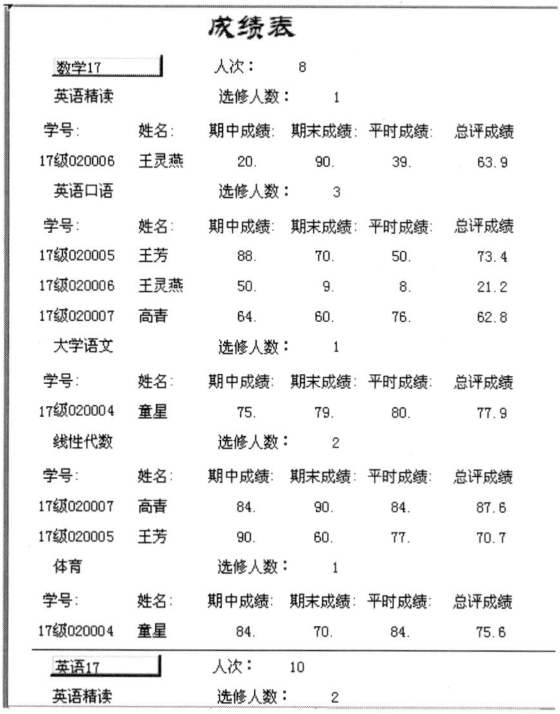

图 5-25　分班分课成绩报表 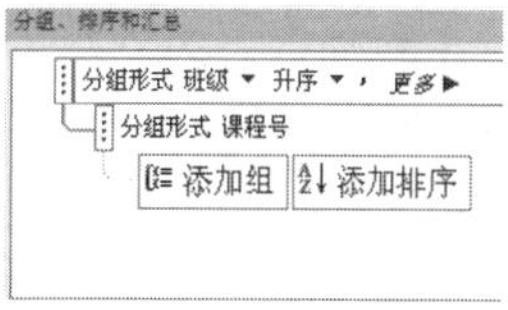　　　　　图 5-26　"分组、排序和汇总"对话框

6. 以"分数段统计"查询为数据源，建立如图 5-27 所示的"分数段统计报表"。

图 5-27　分数段统计报表

5.3.3　实验二

以下实验在"教师任课系统"数据库中完成。

1. 以"奖学金表"为数据源，建立"奖学金报表"，如图 5-28 所示。

2．建立"教师任课综合报表"，如图5-29所示。

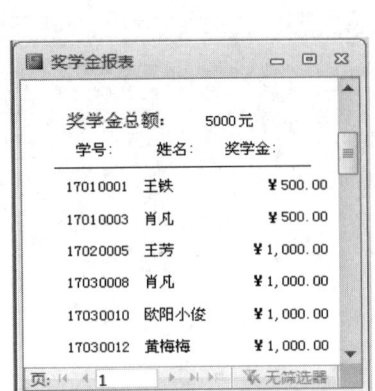

图5-28　奖学金报表

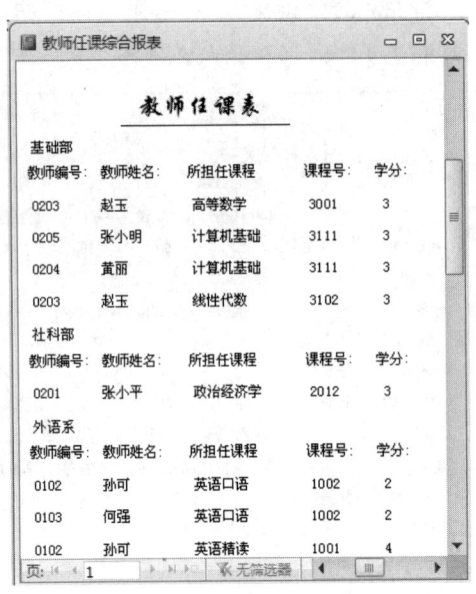

图5-29　教师任课综合报表

3．以"教师信息表"为数据源，选择表中的所有字段，建立标签报表，格式自定。报表名为"教师信息标签报表"。

4．建立"成绩册报表"，如图5-30所示。

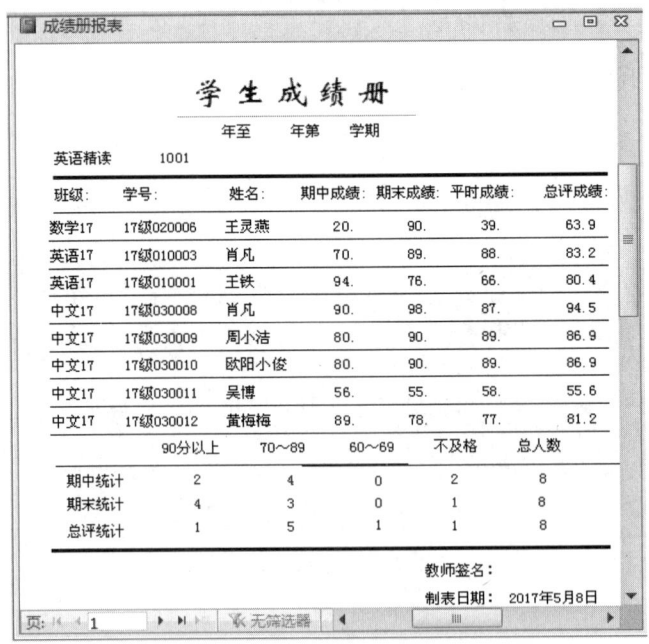

图5-30　成绩册报表

5．建立"本校与外聘教师上课报表"，如图5-31所示。要求按外聘与非外聘分页打印教师基本信息与上课信息，每页下端要有"第*页，共*页"的页码标识。

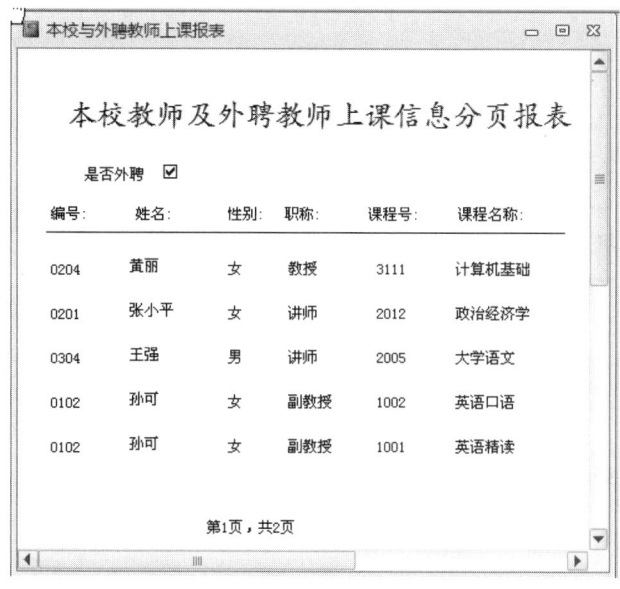

图 5-31 本校与外聘教师上课报表

6．修改"切换面板"。

导入"学籍管理系统"数据库中的"切换面板"窗体、"期末成绩查询窗""学生信息窗""综合查询""分数段统计报表"及 Switchboard Items 表。

如图 5-32 所示，在主切换面板中添加一个项目"报表输出"。报表输出的子项目如图 5-33 所示。

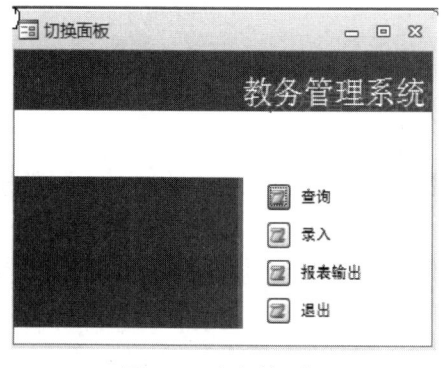

图 5-32　主切换面板

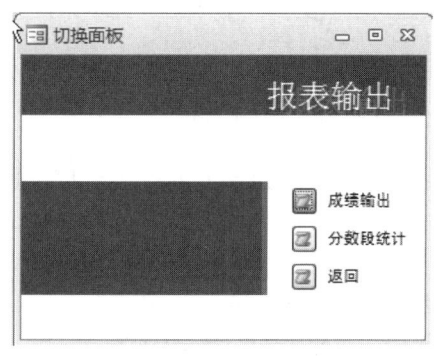

图 5-33　子切换面板

在图 5-33 中，单击"成绩输出"按钮时，打开如图 5-30 所示的"成绩册报表"；单击"分数段统计"按钮时，打开如图 5-27 所示的"分数段统计报表"。

第6章 宏

Access 提供了功能强大且容易使用的宏,通过宏可以轻松完成许多在其他软件中必须编写大量程序代码才能做到的事情。

宏是指一个或多个操作命令的集合,其中每个操作实现一项特定的功能,实际上也是编程序,不过这种程序是用动作列表来编辑的,非常简单、直观,且不需要记忆命令及语法。

注意:本章中的例题在"学籍管理系统"数据库中完成。

6.1 简 单 宏

简单宏也叫单个宏、序列宏、操作宏。

6.1.1 引例

首先以下面的例子作为引例,来认识什么是宏。

说明:关于宏的界面,Access 2010 版与 Access 2007 版存在较大的不同,但是创建的方法和用途相同。下面的实例中将适当列出两个版本的界面,以供参考。

【例 6-1】创建一个名为"宏 1"的单个宏,通过执行宏 1 运行第 3 章中建立的"综合查询"。

(1)打开"学籍管理系统"数据库,单击"创建"选项卡"宏与代码"组中的"宏"按钮,打开宏窗口。

(2)按照表 6-1 所示内容设置宏 1 中的各项命令(操作)及参数。

表 6-1 "宏 1"中的宏操作

操 作	操 作 参 数
MessageBox(或者 MsgBox)	消息:打开了综合查询! 发嘟嘟声:是 类型:警告! 标题:打开查询
OpenQuery	查询名称:综合查询 视图:数据表 视图模式:编辑

(3)Access 2010 与 Access 2007 两个版本有着不同形式的宏窗口,其对比如图 6-1~

图 6-4 所示。

对于 Access 2010 版，在"添加新操作"组合框中选择 MessageBox（或者 MsgBox），按照表 6-1 所示内容设置宏 1 中的各项命令及参数，共添加两条命令，如图 6-2 所示。

图 6-1　Access 2010 版的"宏 1"窗口 1

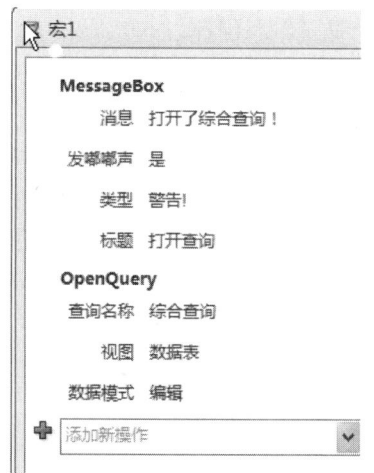

图 6-2　Access 2010 版的"宏 1"窗口 2

对于 Access 2007 版，在"操作"列表中选择 MsgBox，在下面的"消息"框中输入"打开了综合查询！"，在"发嘟嘟声"框中选择"是"，在"类型"框中选择"警告！"，在"标题"框中输入"打开查询"，如图 6-3 所示。其中"参数"下方（"参数"列）的文字无须输入，系统会自动添加。接下来，按照表 6-1 所示对第二条命令进行设置，如图 6-4 所示。

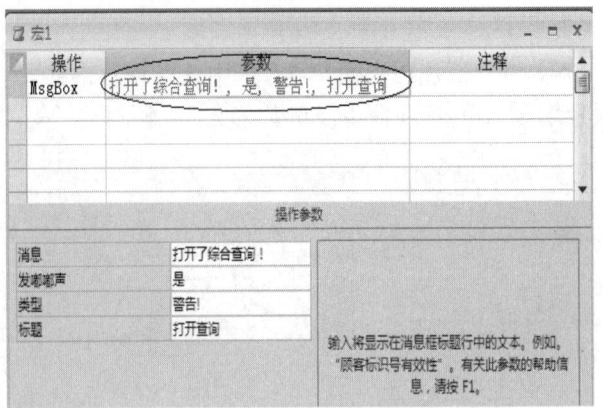

图 6-3　Access 2007 版的"宏 1"窗口 1

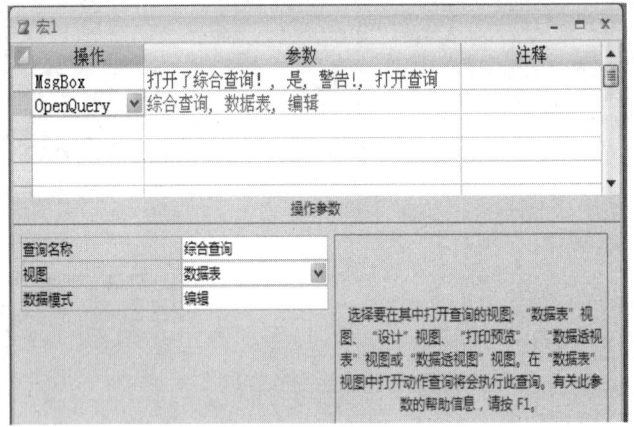

图 6-4　Access 2007 版的"宏 1"窗口 2

最后关闭宏对象，命名为"宏 1"并保存。

（4）运行宏。双击"宏 1"运行宏，或者单击功能区中的红色"！"按钮（"运行"按钮）运行宏，可以看到以下结果。

首先弹出一个消息对话框（如图 6-5 所示），同时伴有"嘟"声。该对话框的标题"打开查询"就是图 6-2（或者图 6-3）中输入的标题内容，"打开了综合查询！"是图 6-2（或者图 6-3）中输入的消息内容。该对话框中有一个带感叹号的黄色三角形标记，那是因为在"类型"参数中选择了"警告！"。单击图 6-5 中的"确定"按钮，立即可以看到以数据表视图方式打开的"综合查询"，即执行了"宏 1"中的第二条命令。

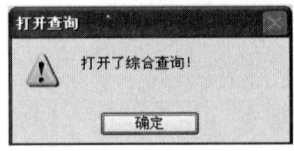

图 6-5　消息对话框

6.1.2　关于宏

通过前面引例可以初步认识宏以及创建宏的方法，下面进一步学习宏的作用、界面、命令及分类等知识。

1. 宏的作用

宏是 Access 的一个重要对象，其并不直接处理数据库中的数据，它是组织 Access 数据库对象的工具。在 Access 数据库中，表、查询、窗体和报表 4 个对象各自具有强大的数据处理功能，能独立完成数据库中的特定任务，如何使其相互协调，宏就可以把这些对象有机地整合在一起。

2. 宏的界面

从图 6-1 可以看出宏界面分为 3 个部分：左侧是导航窗格；中间是宏设计器，用来创建宏对象；右侧是"操作目录"窗格。操作目录由 3 部分组成，具体如下。

（1）程序流程。上部为程序流程部分，包括注释（Comment）、组（Group）、条件（If）和子宏（Submacro）。

（2）操作。中间是"操作"部分，把宏操作（命令）按性质分成 8 个组，分别为"窗口管理""宏命令""筛选/查询/搜索""数据导入/导出""数据库对象""数据输入操作""系统命令"和"用户界面命令"，共 66 个操作（命令）。

（3）在此数据库中。在这部分列出了当前数据库中的所有宏。

3. 常用宏命令（操作）

表 6-2 列出了常用的宏命令及功能。

表 6-2　常用的宏命令及功能

宏 操 作	功 能 说 明
AddMenu	创建窗体或报表的自定义菜单栏、快捷菜单栏、全局菜单和快捷菜单
ApplyFilter	对表、窗体或报表应用筛选、查询或 SQL Where 子句可限制或排序来自表中的记录，或者来自窗体、报表的基础表或查询中的记录。
Beep	使计算机的扬声器发出"嘟嘟"声
CancelEvent	取消一个事件
Close Windows（或者 Close）	关闭指定的 Microsoft Access 窗口，如果没有指定窗口，则关闭活动窗口
Copy Database（或者 Copy DatabaseFile）	复制当前数据库的数据库文件
CopyObject	将指定的数据库对象复制到不同的 Microsoft Office Access 数据库，或复制到具有新名称的相同数据库
DeleteObject	删除指定的数据库对象
Echo	指定是否打开回响
FindNext	查找符合最近的 FindRecord 操作或"查找"对话框所指定的条件的下一条记录。使用此操作可移动到符合同一条件的记录
FindRecord	查找符合指定条件的第一条或下一条记录。可以在活动的数据表、查询、窗体中查找记录
GoToControl	把焦点移到打开的表、查询、窗体中当前记录的特定字段或控件上

续表

宏 操 作	功 能 说 明
GoToRecord	使打开的表、窗体或查询结果集中的指定记录变成当前记录
Maximize Windows（或者 Maximize）	使活动窗口最大化
Minimize Windows（或者 Minimize）	使活动窗口最小化为任务栏上的一个图标
MessageBox（或者 MsgBox）	弹出一个消息框，显示警告、告知性消息等
OpenForm	可以不同的视图方式、数据模式、窗口模式及记录筛选条件打开窗体
OpenReport	可以不同的视图方式及记录筛选条件打开报表
OpenQuery	可以不同的视图方式及数据模式运行查询
OpenTable	可以不同的视图方式及数据模式打开表
PrintOut	打印数据表对象
QuitAccess（或者 Quit）	退出 Microsoft Access。还可以从几个有关退出 Access 之前保存数据库对象的选项中指定一个
RepaintObject	完成指定数据库对象挂起的屏幕更新。如果没有指定数据库对象，则对活动数据库对象进行屏幕更新。这种更新包括对象控件所有挂起的重新计算
Restore Windows（或者 Restore）	将已最大化或最小化的窗口恢复为原来的大小
RunMacro	执行另一个宏
SetValue	设置 Microsoft Access 窗口、窗体数据表或报表上的字段、控件或属性的值
StopMacro	终止当前正在运行的宏
StopAllMacros	终止所有正在运行的宏
SetWarnings	打开/关闭系统的警告信息

说明：有些宏操作可能不在列表中出现，此时可以在宏窗口（宏设计器）中，选择"设计"选项卡的"显示/隐藏"组中的"显示所有操作"按钮，使所有的宏操作出现在列表中。

4．在宏设计器中添加命令的方法

有 3 种方法可以添加新操作：

（1）直接在"添加新操作"组合框中输入操作符。

（2）在"添加新操作"组合框中选择操作。

（3）从"操作目录"窗格中把所需要的操作拖入到"添加新操作"框中。

当在宏设计器中添加一个操作（命令）时，下方就会自动显示需要设置的"操作参数"。有些参数可以用其默认值，有些参数则是必须设置而不能省略的。比如图 6-2 中第二行操作（命令）是 OpenQuery（打开一个查询），这时对"查询名称"参数必须设置一个具体的查询对象名，否则宏不能正确运行。对于宏命令及参数的含义，系统会在右下方自动显示。

5．宏的修改

要对已有的宏进行修改，可以右击宏对象，在弹出的快捷菜单中选择"设计视图"，在打开的宏设计器中修改。

6．宏的运行

宏的运行主要有以下 3 种方法：

（1）在宏的设计窗口中（见图 6-1），单击"运行"按钮（红色"！"）运行当前打开着的宏。

（2）在数据库窗口中，双击导航窗格中的宏对象。

（3）将宏对象直接拖入到窗体的设计视图中，自动形成一个命令按钮，在窗体视图中单击此命令按钮即可运行宏。在"4.4.2 命令按钮控件"中曾讲过，如果在窗体中不用"控件"组中的"控件向导"来创建命令按钮，就需要用宏或者 VBA 程序来链接命令按钮，因此将宏对象直接拖入到窗体的设计视图中，实际上是创建命令按钮的另一种方法。

当运行一个比较复杂的宏时，很可能会出现错误。这时可以用"工具"组中的"单步"按钮（如图 6-1 所示），使宏单步运行，即每执行一条命令就会停下来。此时可以观察宏中哪条命令设计有错误，以便修改。

7．宏的分类

宏有两种类型，分别是独立宏和嵌入宏。

（1）独立宏。独立宏是独立的对象，即独立于窗体、报表等对象之外，在导航窗格是可见的。例 6-1 所建立的宏 1 就是一个独立宏。

（2）嵌入宏。嵌入宏是宏代码存储在窗体、报表或控件的事件属性中，在导航窗格中不可见，即不作为独立的宏对象显示与保存，这给窗体、报表的导入与导出带来方便，因为嵌入宏总是随附于窗体或报表。

第 4 章的许多实例中，命令按钮是用控件向导创建的，这些命令按钮的单击事件中，就嵌入了"嵌入宏"。

说明："嵌入宏"是 Access 2007 版以上的新功能，在早期版本中没有此功能，这一点在第 4 章中已提到过。实际上在早期版本中用控件向导创建命令按钮时，命令按钮的单击事件所"嵌入"的是 VBA 的类模块（在下一章将会学习类模块的建立），无论哪种嵌入方式，命令按钮本身最终所实现的单击事件是没有区别的。

无论是独立宏还是嵌入宏，从功能上来分，都可以分为简单宏（或叫单个宏、操作宏、序列宏）、子宏（Access 2007 版及早期版本中称为宏组）、条件宏。在后面的实例中分别学习子宏与条件宏的建立。

6.1.3 自启动宏（Autoexec）

自启动宏是一个很特殊的宏，宏对象名必须是 Autoexec。双击数据库文件名启动时，Access 会首先自动执行名为 Autoexec 的宏，可以在这个自启动宏中设置操作，以打开想要在启动数据库时第一个打开的对象。

【例 6-2】建立一个名为"开始窗体"的窗体，如图 6-6 所示。当双击"学籍管理系统.accdb"文件时，能自动加载"开始窗体"界面。

（1）建立"开始窗体"。按图 6-6 所示建立窗体。为了在密码框中输入密码时以"*"显示，将文本框的"输入掩码"属性设置为"密码"，如图 6-7 所示。

将窗体属性中的"导航按钮"属性设置为"否"。

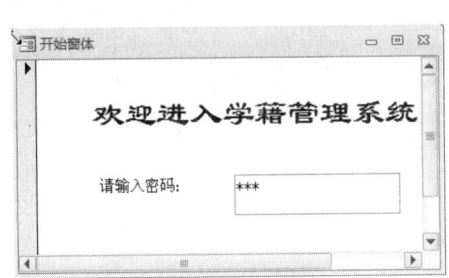
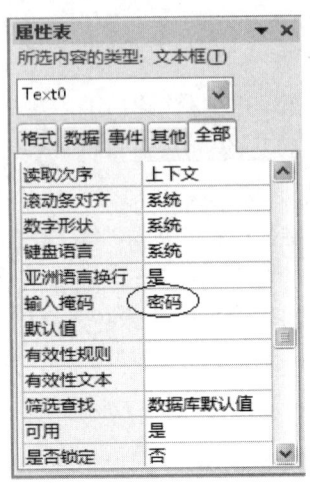

图 6-6　开始窗体　　　　　　　　　图 6-7　文本框的"输入掩码"属性

（2）建立自启动宏。单击"创建"选项卡"宏与代码"组中的"宏"按钮，打开宏设计器，按图 6-8（或者图 6-9）所示选择操作和设置参数，并以 Autoexec 为宏名保存。

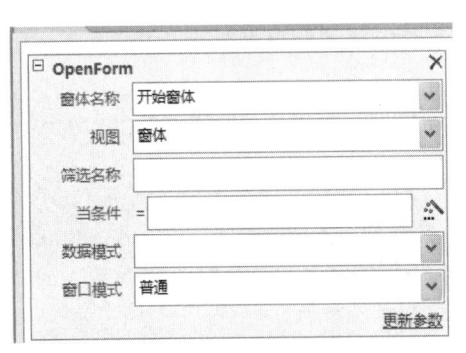
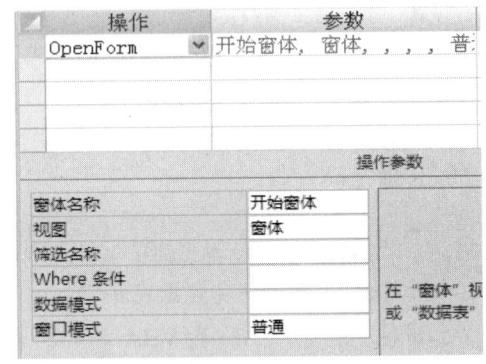

图 6-8　Access 2010 版的自启动宏　　　图 6-9　Access 2007 版的自启动宏

（3）关闭 Access 应用窗口，双击"学籍管理系统.accdb"库文件，可以看到启动效果，即自动打开了"开始窗体"。

如果要取消 Autoexec 自启动宏的自动运行，可以在打开数据库时按住 Shift 键。

6.1.4　用宏创建命令按钮

【例 6-3】用设计视图打开一个空窗体，利用例 6-1 中建立的宏 1，用不同的方法在窗体中建立命令按钮。

（1）将导航窗格中的"宏 1"对象（关闭宏 1）直接拖入到窗体的设计视图中，可以自动创建一个命令按钮，如图 6-10 中最上面的命令按钮。切换到窗体视图，单击此按钮就可运行"宏 1"。

（2）用宏链接命令按钮。在窗体的设计视图中，使"控件"组中的"使用控件向导"按钮不被按下，用"按钮"控件在网格中建立一个命令按钮，如图 6-10 中的命令按钮 Command1。前面曾说过，这样建立的命令按钮切换到窗体视图后单击此命令按钮，是不起作用的，必须用宏（或者 VBA 程序）链接。

在设计视图中打开 Command1 按钮的"属性表"窗格框，选择"事件"选项卡，如图 6-11 所示。在"单击"属性中选择"宏 1"，这个命令按钮的作用与上面直接将"宏 1"拖入窗体视图中所建的命令按钮完全相同。

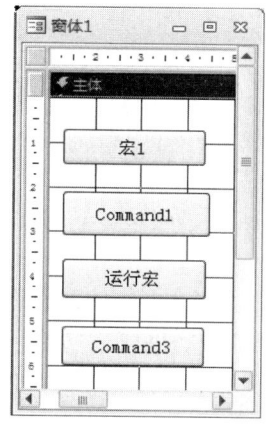

图 6-10　窗体的设计视图

图 6-11　命令按钮的属性表

（3）通过"控件向导"创建命令按钮时直接链接到宏。使"控件"组中的"使用控件向导"按钮被按下，用"按钮"控件在网格中建立一个命令按钮。在"命令按钮向导"对话框中选择"杂项"与"运行宏"，如图 6-12 所示。在下一步向导中选择"宏 1"，完成后如图 6-10 中的第三个命令按钮。

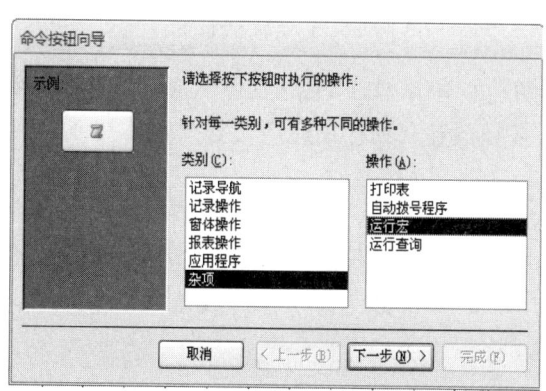

图 6-12　"命令按钮向导"对话框

（4）手动建立"嵌入宏"。使"控件"组中的"使用控件向导"按钮不被按下，用"按钮"控件在网格中建立一个命令按钮（图 6-10 中最下面的命令按钮）。此时命令按钮与宏 1

没有任何联系。

打开命令按钮 Command3 的属性表，选择"事件"选项卡，单击"单击"右侧的按钮，如图 6-13 所示。打开如图 6-14 所示"选择生成器"对话框，选择"宏生成器"，即可打开宏设计器，按表 6-1 所示内容建立宏。这样建立的宏就是命令按钮中的嵌入宏，即不生成独立的宏对象。

图 6-13　命令按钮的属性框

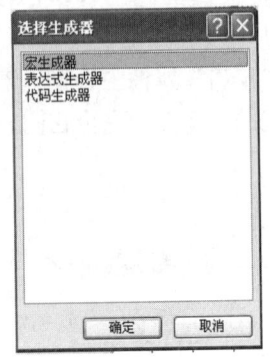

图 6-14　"选择生成器"框

图 6-10 中的 4 个命令按钮的作用相同，只是建立的方法不同。

【例 6-4】 用宏打开窗体命令的条件（Where）功能建立命令按钮。建立如图 6-15 所示的"学号查询窗"窗体，当在列表框中选择一个学号，再单击"查询成绩"按钮时，能打开图 4-57 所示的"成绩窗 A"（"4.6.2　实验一"的 3 小题），显示出该学号的成绩。

图 6-15　学号查询窗

"查询成绩"按钮的功能与例 4-13（图 4-23）中的"确定"按钮是一样的，例 4-13 中是用向导完成"确定"按钮的建立的，在此用宏打开窗体命令中的条件（Where）功能来实现。

(1) 以"学生信息表"为数据源，用"列表框"控件将"学号"字段创建成列表框。
(2) 使"控件"组中的"使用控件向导"处于"无效"状态，创建"查询成绩"按钮。
(3) 用上例中"手动建立嵌入宏"的方法，为"查询成绩"按钮建立嵌入宏，宏中的参数及命令见表 6-3。

表 6-3　"查询成绩"按钮的嵌入宏的操作

操　作	操 作 参 数
OpenForm	以普通模式打开"成绩窗 A"窗体 在"当条件="　（或者"Where 条件"）框中输入：[学号]=[forms]![学号查询窗]![list0]

List0 是"学号查询窗"中列表框控件的名称。一定要先查看列表框控件的名称是否为 List0，如果不是，就必须用现有的控件名称代替表 6-3 中的 list0。

假设窗体运行时在列表框中选择的学号为"17010002"，此时"当条件="（或者"Where 条件"）框中实际为：学号="17010002"，也就是显示"成绩窗 A"中学号为 17010002 的记录。

图 6-16 与图 6-17 所示分别是 Access 2010 版与 Access 2007 版的嵌入宏的设计视图。Access 2007 版中的参数列不需要输入数据，系统会自动生成。

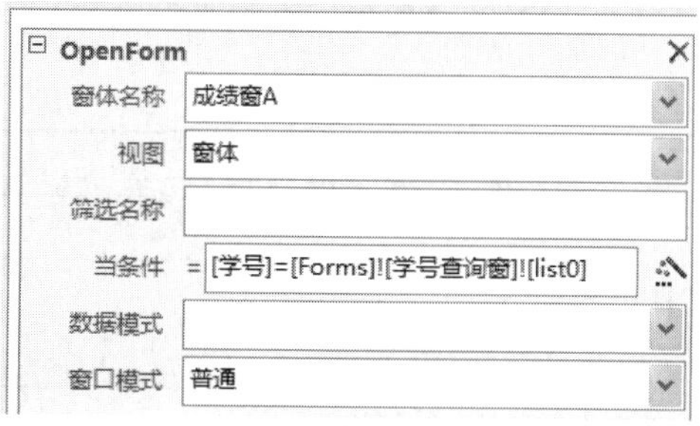

图 6-16　Access 2010 版的宏设计视图 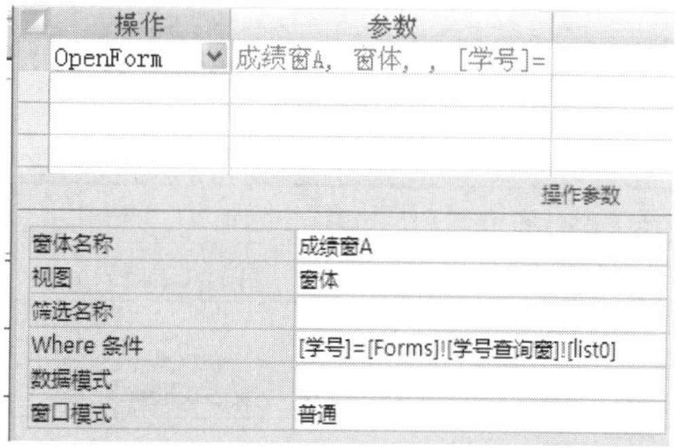　　　　图 6-17　Access 2007 版的宏设计视图

注：其实对于 4.4.2 节例 4-13（图 4-23）中的"确定"按钮，也可以用嵌入宏来完成，操作及参数见表 6-4。

表 6-4　例 4-13（图 4-23）中"确定"按钮的嵌入宏的操作

操　　作	操 作 参 数
OpenForm	以普通模式打开"学生信息窗"窗体 在"当条件="（或者"Where 条件"）框中输入：[姓名]=[forms]![姓名查询框]![姓名框]

6.2　子宏及条件宏

6.2.1　子宏（Submacro）

例 6-1 中建立的宏是一个单个宏（简单宏），即一个宏对象中只有一个宏。所谓子宏，就是在一个宏对象中可以包含多个子宏，每个子宏都必须有自己的宏名，以便分别调用。创建含有子宏的宏的方法与创建宏的方法基本相同，不同的是在创建过程中需要对子宏命名。

【例 6-5】建立"按钮选择窗体"，用子宏实现 4 个命令按钮的单击事件，如图 6-18 所示。

（1）在窗体的设计视图中，使"控件"组中的"使用控件向导"处于"无效"状态，创建图 6-18 中的 4 个命令按钮。

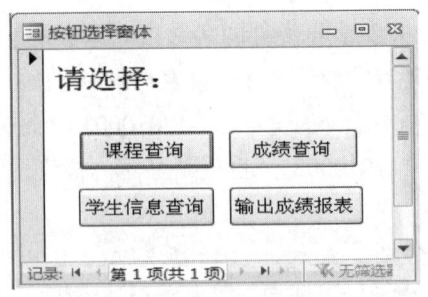

图 6-18 按钮选择窗体

（2）建立名为"选择"的宏对象，包含 5 个子宏，子宏名及命令、参数见表 6-5。

表 6-5 "选择"宏中 5 个子宏的操作及参数

子 宏 名	操 作	操 作 参 数
课程	CloseWindow（或者 Close）	
	OpenForm	以普通模式打开"课程窗 2"窗体
成绩	CloseWindow（或者 Close）	
	OpenForm	以普通模式打开"成绩表窗"窗体
学生信息	CloseWindow（或者 Close）	
	OpenForm	以普通模式打开"学生信息分页窗体"
输出报表	OpenReport	以"打印预览"方式打开"成绩报表"（在没有连接打印机的状态下，最好选择"打印预览"方式）
返回	CloseWindow（或者 Close）	
	OpenForm	以普通模式打开"按钮选择窗体"

对于 Access 2010 版，在宏设计器中，将"操作目录"窗体中的 Submacro 拖入到"添加新操作"组合框中，或者直接在"添加新操作"组合框中输入"Submacro"，出现如图 6-19 所示的"子宏"文本框，将 Sub1 改为"课程"。在"添加新操作"组合框中选择 CloseWindow（如图 6-20 所示），按表 6-5 所示建立 5 个子宏。

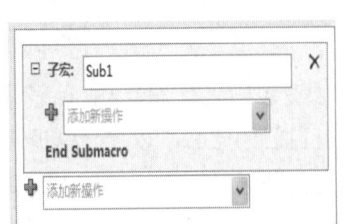

图 6-19 Access 2010 版创建"子宏"1

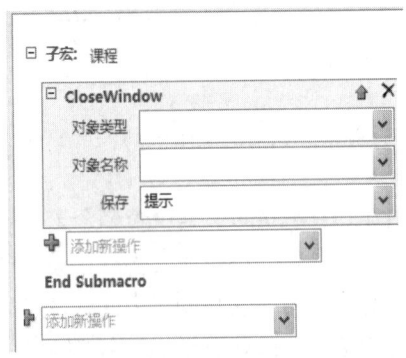

图 6-20 Access 2010 版创建"子宏"2

对于 Access 2007 版，单击"设计"选项卡中的"宏名"按钮，使宏设计窗口左侧增加一列"宏名"，按表 6-5 所示输入各行参数。

图 6-21 及图 6-22 所示分别是 Access 2010 版与 Access 2007 版的"选择"宏中的部分内容。

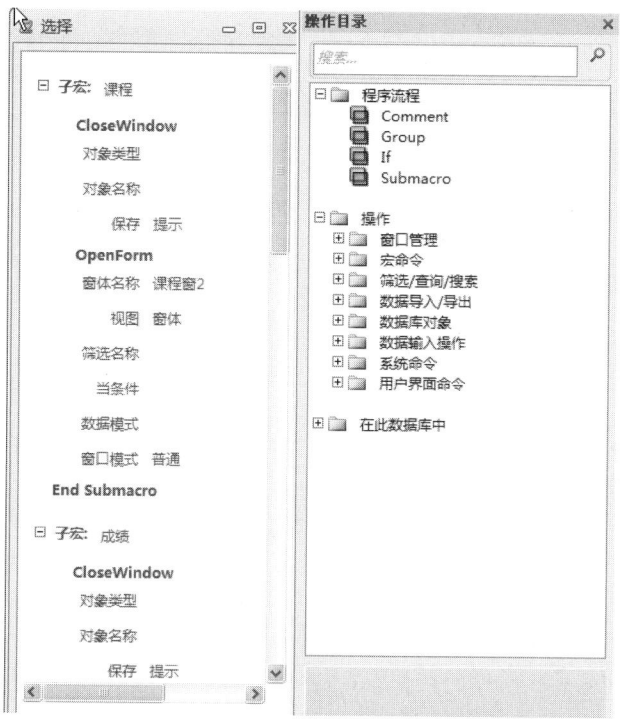

图 6-21　Access 2010 版中的"选择"宏

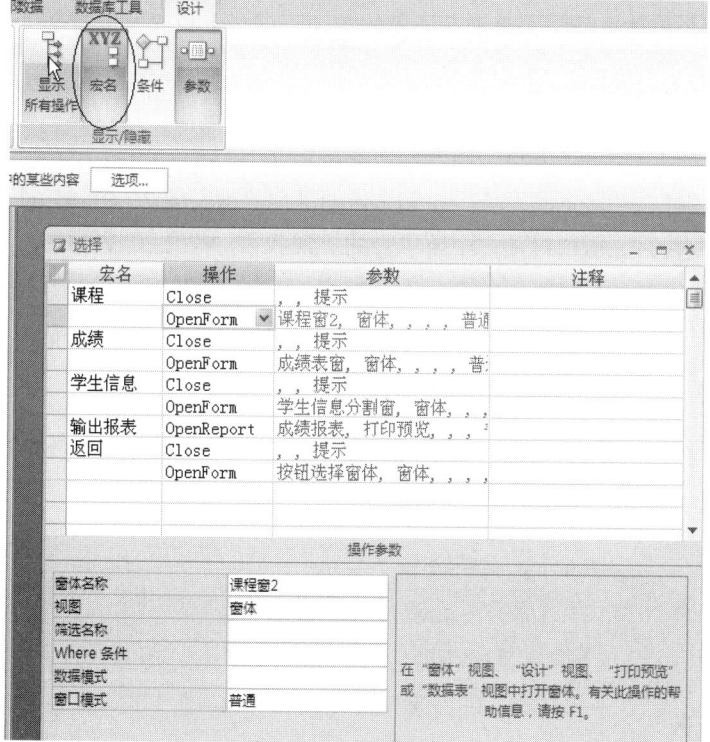

图 6-22　Access 2007 版中的"选择"宏

（3）将命令按钮的"单击"属性链接到子宏。在"按钮选择窗体"的设计视图中，打开"课程查询"按钮的属性表，将"事件"选择卡中的"单击"属性设置为"选择.课程"宏（"课程"宏是"选择"宏中的一个子宏），如图 6-23 所示。其余按钮的操作类似。

图 6-23 "课程查询"命令按钮的属性表

在名为"选择"的宏对象中，一共建立了 5 个子宏，每个子宏的宏名分别叫：课程、成绩、学生信息、输出报表、返回。而每个子宏中又由一系列的操作组成，如"课程"子宏中，有 CloseWindow 和 OpenForm 两行操作。

对于课程、成绩、学生信息 3 个子宏，主要目的（操作）是要打开窗体，在使用 OpenForm 打开窗体时，都先使用了 CloseWindow（没有参数，关闭的是当前窗体）。这样做是为了在打开某个窗体之前，先将现有的窗体关闭，屏幕上只显示要打开的窗体，使得屏幕不凌乱。

（4）在 3 个窗体中添加"返回"命令按钮。当在"按钮选择窗体"中单击某个命令按钮时，比如单击"课程查询"按钮，打开了"课程窗 2"，这时"按钮选择窗体"本身被关闭，如果浏览了"课程窗 2"之后也单击"关闭"按钮关闭"课程窗 2"窗体，这时将返回不到前一个"按钮选择窗体"。所以对于宏中所用到的"课程窗 2""成绩表窗"及"学生信息分页窗体"，分别增加一个"返回"命令按钮，并分别将每个窗体中的"返回"按钮的"单击"事件链接到"选择"宏中的"返回"子宏。如图 6-24 所示是"课程窗 2"的效果。

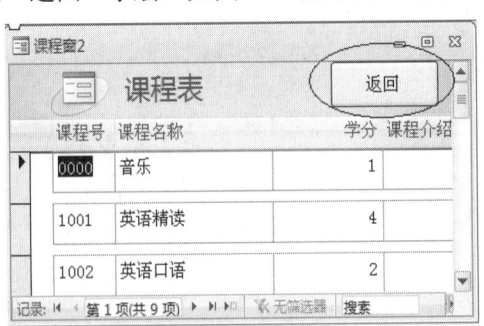

图 6-24 在"课程窗 2"中增加"返回"按钮

可以将 3 个窗体中的"关闭"按钮设置为不可用（见图 6-24），以避免在操作中因单击

"关闭"按钮而无法回到上一级的"按钮选择窗体",限制用户只能用"返回"按钮返回到上一级窗体。

(5)"输出报表"子宏中没有 CloseWindow 操作,那是因为在报表视图中虽然也可以设置按钮,但以打印预览方式打开报表时,按钮是无法使用的,即在打印预览方式下无法用"返回"按钮返回到"按钮选择窗体"。

6.2.2 条件宏

条件宏是指在执行宏操作之前必须满足某些标准或限制,即根据条件表达式的计算结果为真还是假,为真时执行宏操作,为假时不执行操作。

【例 6-6】建立一个名为"进入"的条件宏,当在"开始窗体"中输入密码(如密码设为 123)正确时,执行"进入"宏,通过"进入"宏打开"切换面板(或 Switchboard)"。密码不正确则无法打开"切换面板(或 Switchboard)"。

(1)打开宏设计器,按表 6-6 所示输入宏中的参数及命令。

表 6-6 "进入"宏的操作

条 件	操 作	操 作 参 数
[Forms]![开始窗体]![Text0]="123"	OpenForm	打开"切换面板"(或 Switchboard)

表 6-6 中的 Text0 是图 6-6 所示"开始窗体"中的文本框的名称。

条件表达式"[Forms]![开始窗体]![Text0]="123"",其含义是当在窗体对象集中的"开始窗体"的"Text0"文本框中输入 123 时(即密码是 123),条件表达式的运行结果为真,只有条件为真时才能执行后面的操作:OpenForm,打开相应的窗体"切换面板(或 Switchboard)"。如果在"Text0"文本框中输入的值不是 123,表达式运行的结果为假,就不能执行 OpenForm 操作,不能打开相应的窗体。文本框中输入的值是按文本处理的,所以 123 两边要有英文半角的双引号,表示 123 是文本常量,不是数字常量。

(2)对于 Access 2010 版,创建条件宏,需要在"添加新操作"组合框中选择"If",在"If"右侧输入条件表达式,如图 6-25 所示。

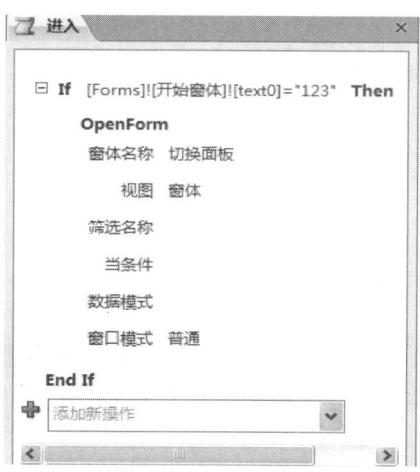

图 6-25 Access 2010 版中的"进入"宏

在条件宏中,If(条件)中的条件表达式成立时,即表达式运行结果为真时,执行 Then 后面的操作,此例中是 OpenForm(打开窗体),否则不执行操作,End if(结束条件判断)。

对于 Access 2007 版,单击"设计"选项卡中的"条件"按钮,使宏设计窗口中增加一列"条件",把条件表达式输入到"条件"列中,如图 6-26 所示。

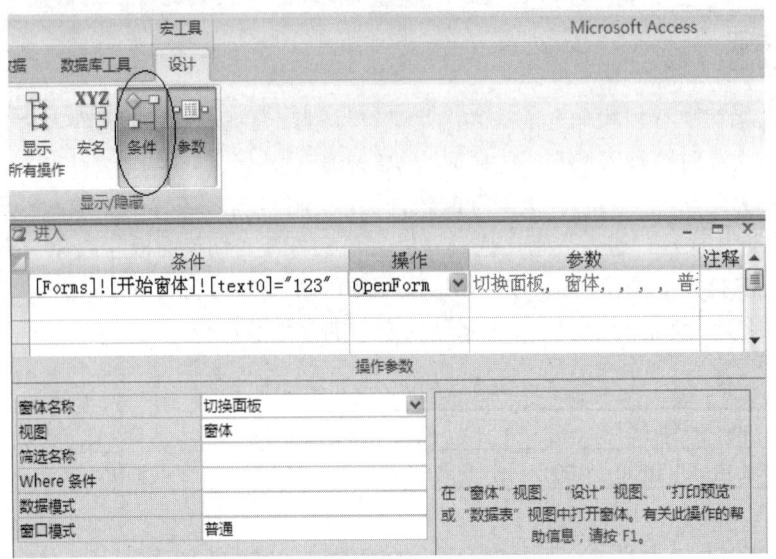

图 6-26　Access 2007 版中的"进入"宏

(3)为 Text0 链接宏。打开"开始窗体"中的文本框 Text0 的属性表,选择"事件"选项卡中的"更新后"属性,选择"进入"宏,如图 6-27 所示。

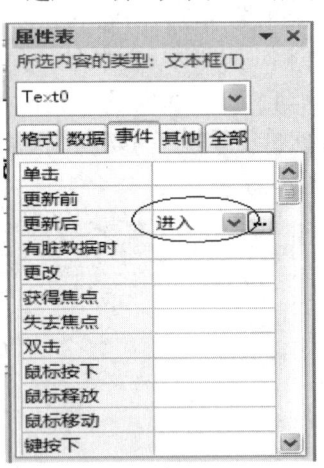

图 6-27　Text0 的属性表

"更新后"属性表示在文本框中的内容被更新并按回车键之后,所发生的事件。在此例中是当文本框中输入了密码(无论输入的密码是 123 或者其他字符),并按回车键时发生"更新后"事件。

(4)输入密码。在"开始窗体"的窗体视图中输入密码"123"。输入密码时不要加双引号，回车即可打开"切换面板"。如果密码输入的不是 123，则不能打开"切换面板"。

上面的实例中，只设置了条件成立时要做的操作，条件不成立时没有任何操作。下面对实例进行修改。

【例 6-7】对例 6-2 中图 6-6 所示的窗体进行修改，添加一个"确定"按钮，如图 6-28 所示。要求输入密码后，单击"确定"按钮时，如果密码正确，则弹出消息框，提示"密码正确!"，此时可打开切换面板（或 Switchboard）；如果密码不正确，则弹出消息框，提示"密码不正确，无法打开!"。无论密码正确与否，最后都将关闭"开始窗体"。

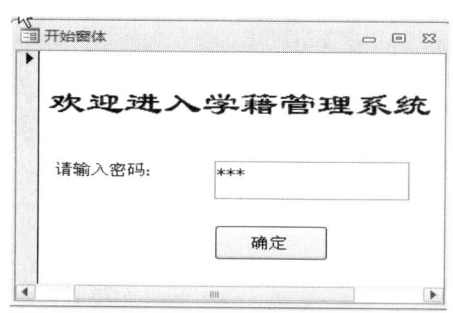

图 6-28 修改后的"开始窗体"

（1）以设计视图方式打开"开始窗体"，增加一个"确定"按钮（不用控件向导），并将文本框属性中的"更新后"属性清除，即不将"进入"宏链接到文本框的"更新后"属性中。

（2）修改"进入"宏。按表 6-7 所示修改"进入"宏。

表 6-7 修改后的"进入"宏操作

条 件	操 作	操 作 参 数
[Forms]![开始窗体]![Text0]="123"	MessageBox（或 MsgBox）	消息：密码正确！
[Forms]![开始窗体]![Text0]="123"	OpenForm	打开"切换面板"（或 Switchboard）
[Forms]![开始窗体]![Text0]<>"123"	MessageBox（或 MsgBox）	消息：密码不正确，无法进入！
	CloseWindow（或 Close）	关闭"开始窗体"

表 6-7 中最后一行中的条件为空，即 Close 命令是无条件的，保证无论密码正确与否，最终都无条件关闭"开始窗体"。注意 Close 操作的关闭对象必须设置，这一点很重要。如果不设置 Close 的具体对象，则表示关闭当前对象，当密码正确时，当前打开的是切换面板，无条件、无参数的 Close 命令会立即关闭切换面板，造成的结果是密码无论正确与否，屏幕上将不显示任何窗体（被关闭）。

修改后的"进入"宏参见图 6-29 或者图 6-30。

（3）打开"确定"按钮的属性表，将其事件的单击属性链接到"进入"宏。

值得注意的是，条件宏与例 6-4"查询成绩"按钮的嵌入宏之间的区别。"查询成绩"按钮的嵌入宏是在"当条件="（或者"Where 条件"）框中输入：[姓名]=[forms]![姓名查询框]![姓名框]。而条件宏中的条件表达式是在 if 后面输入的（2007 版在"条件"列输入条件表达式），条件宏中的条件表达式为假时不执行宏命令，但例 6-4 中的嵌入宏，则必定会执行宏操作打开成绩窗 A，只是根据条件表达式中结果不同得到不同的显示内容。

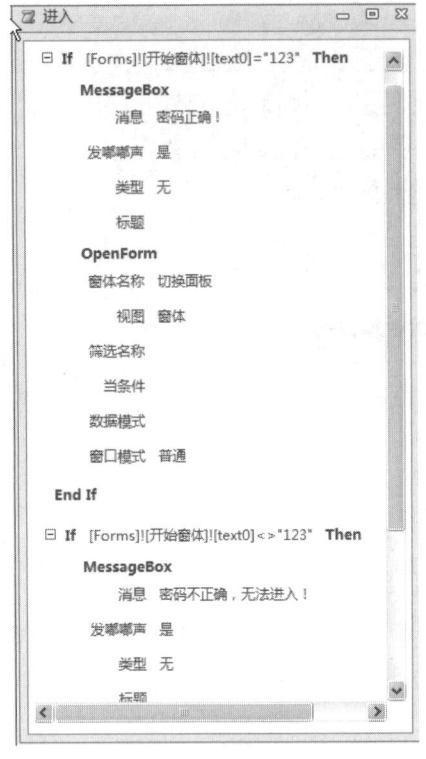

图 6-29 Access 2010 版修改后的"进入"宏

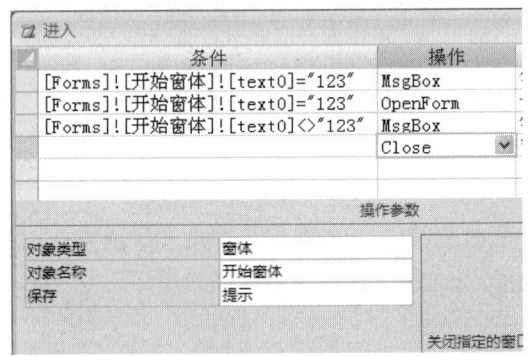

图 6-30 Access 2007 版修改后的"进入"宏

6.2.3 选项按钮的应用

选项按钮用于单选操作，在一组选项按钮中只能选定其中一个。需要用选项组控件将同组选项按钮框起来，功能实现可以用宏，也可以用 VBA。

【例 6-8】建立如图 6-31 所示的 form1 窗体。"选项组"控件中有 4 个"选项按钮"，当选择其中一项后，再单击"确定"按钮时，可分别打开"课程窗 3""期末成绩查询窗""学生信息卡"窗体及"成绩报表"。

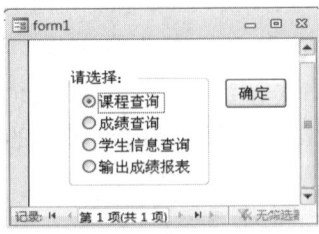

图 6-31 form1 窗体

（1）在窗体的设计视图中，使"控件"组中的"使用控件向导"按钮被按下，选择"选项组"控件，在窗体设计视图中创建"选项组"。打开"选项组向导"对话框，如图 6-32 所示。按图 6-32 所示输入 4 个选项按钮的标签名称，单击"下一步"按钮。在图 6-33 中选择对应标签的值分别为 1、2、3、4，接下来按向导提示完成。

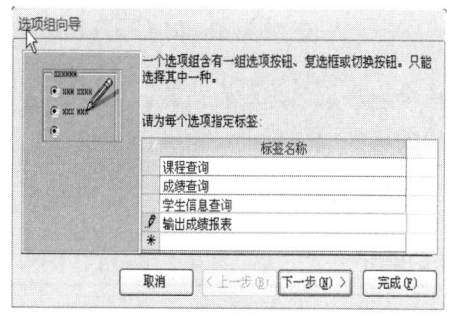
图 6-32 "选项组向导"对话框

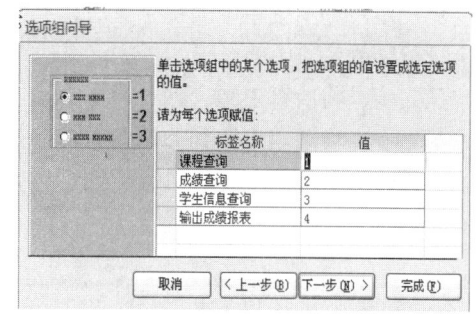
图 6-33 "选项组向导"对话框

在此例中，选项组的名称为 frame0，4 个选项按钮名称分别为 Option1、Option2、Option3、Option4，"选项值"属性分别为 1、2、3、4。

使"控件"组中的"使用控件向导"按钮不起作用，创建一个"确定"命令按钮。

（2）按表 6-8 所示建立名为"form1 宏"的条件宏。

表 6-8 "form1 宏"的操作

条 件	操 作	操 作 参 数
[frame0]=1	OpenForm	打开"课程窗 3"
[frame0]=2	OpenForm	打开"期末成绩查询窗"
[frame0]=3	OpenForm	打开"学生信息卡"窗体
[frame0]=4	OpenReport	以打印预览方式打开"成绩报表"

（3）将"确定"按钮的单击事件属性链接到"form1 宏"。

可以看出，例 6-5 与例 6-8 的两个窗体所能实现的功能是相同的（只是打开的窗体有些变化），但形式不同，例 6-5 中用 4 个命令按钮，而例 6-8 中用 4 个选项按钮。

6.2.4 用宏建立系统菜单

很多程序窗口中都可以使用菜单进行操作，利用宏用户可以自定义系统菜单。

【例 6-9】建立如图 6-34 所示的系统菜单。这是一个比较简单的菜单，只有两个主菜单，即"查询"和"输出"。从图 6-34 中可以看出，"输出"菜单又包含子菜单，分别是"输出学生成绩卡"与"输出总评成绩单"，这两个子菜单的功能见表 6-9。"查询"菜单中的子菜单及其功能也在表 6-9 中一并说明。

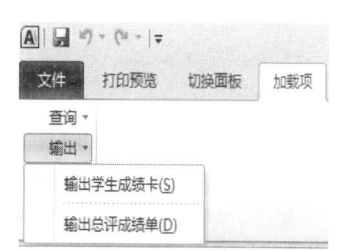
图 6-34 系统菜单

表 6-9 菜单功能

查 询	输 出
成绩查询（打开"期末成绩查询窗"）	输出学生成绩卡（预览"学生成绩卡报表"）
信息查询（打开"学生信息分割窗"）	输出总评成绩单（预览"总评成绩单"报表）

建立系统菜单可分为 3 步：

第一步，为主菜单中的每个菜单建立一个带有子宏的宏，宏名必须同主菜单的名称。每个下拉子菜单是宏中的子宏，子宏名必须与下拉子菜单同名。

第二步，将所有宏组合到一个单个宏中，这个单个宏对象名称没有规定，可以随意取。

第三步，对菜单中用到的所有窗体、报表等对象的属性激活菜单。

（1）为每个下拉菜单创建子宏，宏对象名分别为"查询""输出"（参考表 6-10 及表 6-11）。

表 6-10 "查询"宏的操作

子 宏 名	操 作	操 作 参 数
成绩查询(&C)	CloseWindow（或 Close）	
	OpenForm	窗体名为"期末成绩查询窗"，数据模式选"只读"
-		
信息查询(&X)	CloseWindow（或 Close）	
	OpenForm	窗体名为"学生信息分割窗"，数据模式选"只读"

注："-"是菜单分隔符，必须用英文半角；"&C"是为菜单设置快捷键，也必须用英文半角。

表 6-11 "输出"宏的操作

子 宏 名	操 作	操 作 参 数
输出学生成绩卡(&S)	CloseWindow（或 Close）	
	OpenReport	以"打印预览"方式打开"学生成绩卡报表"
-		
输出总评成绩单(&D)	CloseWindow（或 Close）	
	OpenReport	以"打印预览"方式打开"总评成绩单"报表

图 6-35 及图 6-36 所示分别是 Access 2010 版、Access 2007 版"查询"宏的设计视图的部分内容。

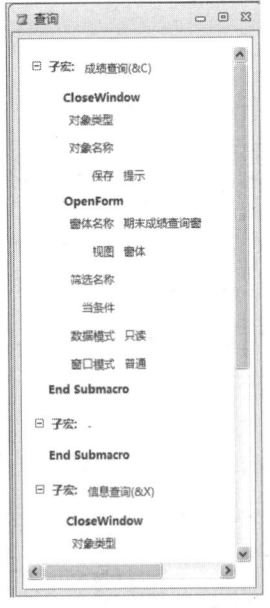

图 6-35 Access 2010 版中的"查询"宏

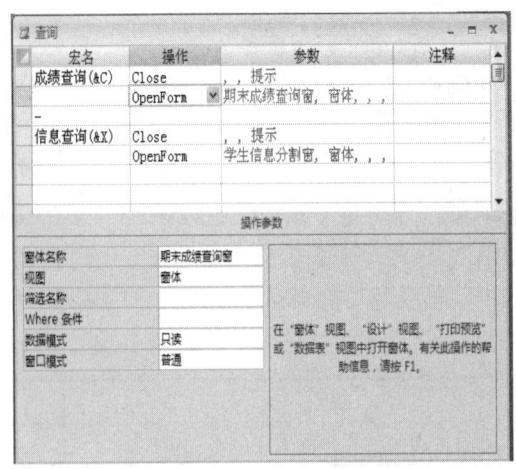

图 6-36 Access 2007 版中的"查询"宏

（2）将所有下拉子菜单组合到主菜单。建立一个单个宏，宏名为"主菜单"（参考表 6-12）。

表 6-12 "主菜单"宏的操作

操　　作	操 作 参 数
AddMenu	菜单名称：输入"查询"。菜单宏名称：选择"查询"
AddMenu	菜单名称：输入"输出"。菜单宏名称：选择"输出"

图 6-37 及图 6-38 分别是 Access 2010 版、2007 版"主菜单"宏的设计视图的部分内容。

图 6-37　Access 2010 版中的"主菜单"宏

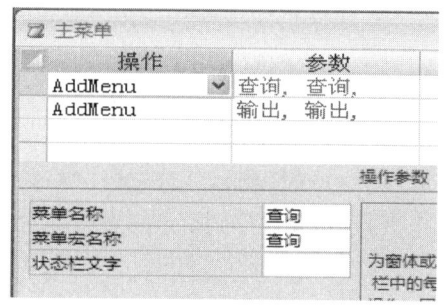

图 6-38　Access 2007 版中的"主菜单"宏

（3）为"期末成绩查询窗""学生信息分割窗"及"学生成绩卡报表""总评成绩单"报表激活菜单。

在"期末成绩查询窗"的设计视图中打开窗体属性表，选择"其他"选项卡，在"菜单栏"中输入宏名"主菜单"，如图 6-39 所示。以同样的方法在"学生信息分割窗""学生成绩卡报表"及"总评成绩单"报表中操作。

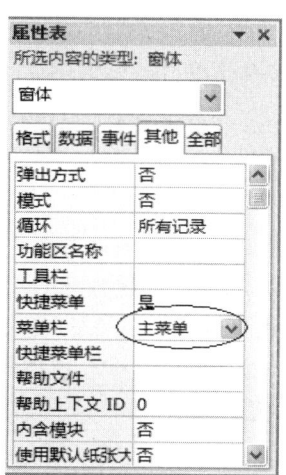

图 6-39　"期末成绩查询窗"属性表

（4）打开其中一个窗体或报表，如打开"期末成绩查询窗"，在"加载项"选项卡中就能出现如图 6-34 所示的菜单。

6.3 习题与实验

6.3.1 习题

一、选择题

1. 宏是一个或多个（　　）的集合。
   A．事件　　　B．操作　　　C．记录　　　D．字段
2. 打开数据表的宏操作（命令）是（　　）。
   A．OpenDatabase　　　　　　B．OpenTable
   C．OpenQuery　　　　　　　D．OpenForm
3. 打开查询的宏操作（命令）是（　　）。
   A．OpenDatabase　　　　　　B．OpenTable
   C．OpenQuery　　　　　　　D．OpenForm
4. 将宏对象名拖到窗体的设计视图中，会添加一个（　　）。
   A．标签　　　B．文本框　　C．命令按钮　　D．列表框
5. 打开一个报表的宏命令是（　　）。
   A．OpenTable　　　　　　　B．OpenQuery
   C．OpenForm　　　　　　　D．OpenReport
6. 关闭所有窗口，退出 Access 的宏命令是（　　）。
   A．Exit　　　B．End　　　C．Stop　　　D．QuitAccess 或 Quit
7. 要引用"成绩"窗体中名为"text2"控件的值，可以用（　　）。
   A．[成绩][text2]　　　　　　B．[Forms]![text2]
   C．[Forms][成绩][text2]　　　D．[Forms]![成绩]![text2]
8. 在宏的表达式中可以引用窗体上控件的值，例如（　　）是正确的。
   A．[Forms]![控件名]　　　　　B．[Forms]![窗体名]
   C．[Forms]![窗体名]![控件名]　D．都不对
9. 如果要取消 Autoexec 自启动宏的自动运行，可以在打开数据库时按住（　　）键。
   A．Ctrl　　　B．Shift　　　C．Esc　　　D．Enter
10. 要限制宏命令的操作范围，可以在创建宏时定义（　　）。
    A．宏操作对象　　B．宏操作目标
    C．宏条件表达式　　　　　　D．窗体或报表控件
11. 条件宏的条件项所返回的值是（　　）。
    A．真或假　　B．真　　　C．假　　　D．不能确定
12. 在一个宏中，如果既包含"条件宏"又包含无条件的宏，当条件为真时执行"条件宏"，但无条件的宏则无论条件为真为假都会（　　）。
    A．难以确定　　B．不执行　　C．出错　　　D．被执行

二、填空题

1. 宏操作（命令）OpenForm 是_____。
2. 在宏中要实现关闭窗口的操作，用_____命令。
3. 为了使 Access 启动时能自动打开某一个窗体，用宏来实现，宏对象名必须是_____。
4. 图 6-40（或者图 6-41）所示的宏设计视图中的 OpenForm 操作，打开了一个名为_____的窗体。

图 6-40　Access 2010 版中的"宏"

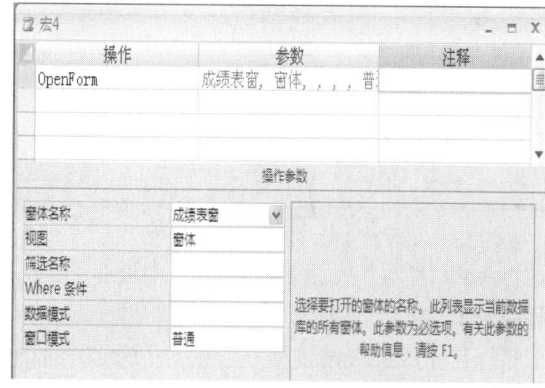

图 6-41　Access 2007 版中的"宏"

5. 宏可分为独立宏与_____两类，而这两类宏从功能上又可分为简单宏、_____和_____三类。
6. 要在宏中运行另一个宏的操作是_____。
7. 要显示一个消息框的宏操作是_____。

三、思考题

1. 宏的主要作用是什么？
2. 宏操作 QuitAccess（或者 Quit）与 CloseWindow（或者 Close）有何区别？
3. 如何用宏建立系统菜单？

6.3.2　实验一

以下习题在"学籍管理系统"数据库中完成。

1. 建立如图 6-42 所示的"学生成绩录入系统窗"，建立一个名为"成绩录入密码宏"的条件宏，当在图 6-42 中输入密码正确时，通过宏打开"成绩表窗"，可以录入学生成绩。
2. 建立如图 6-43 所示的窗体，其中两个命令按钮的功能是以打印预览的方式打开"标签报表"及"总评成绩单"报表。

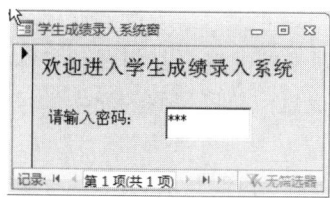

图 6-42　学生成绩录入系统窗

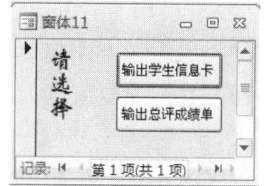

图 6-43　窗体 11

要求：不使用"控件向导"，建立两个命令按钮。
　　　建立一个名为"宏 2"的宏，包含两个子宏，并将命令按钮链接到宏中。
3．用宏判断空报表
（1）先将"成绩表"的结构复制一份在数据库内，名为：成绩表结构。
（2）以"成绩表结构"为数据源，用向导建立一个报表，名为：成绩表结构报表。
（3）建立宏名为"宏 3"的宏，按照表 6-13 所示内容设置宏 3 的命令（操作）及参数。

表 6-13　　"宏 3"中的宏操作

操　　作	操 作 参 数
MessageBox（或者 MsgBox）	消息：目前没有可打印的数据！ 发嘟嘟声：是 类型：无 标题：

（4）因为"成绩表结构"表中没有记录，所以"成绩表结构报表"是一个空报表，利用"宏 3"判断空报表。

打开"成绩表结构报表"的设计视图，打开报表的属性表，在"全部"选项卡的"无数据"属性中，选择"宏 3"，如图 6-44 所示。

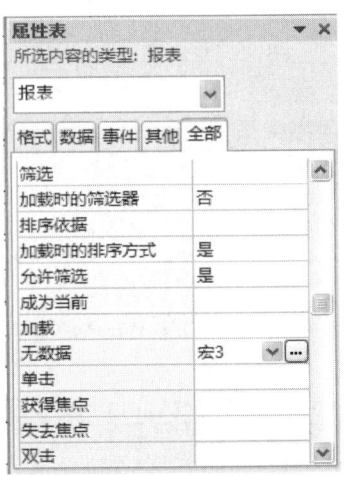

图 6-44　报表的属性表

（5）切换到"成绩表结构报表"的打印预览方式，立即弹出消息框，提示"目前没有可打印的数据！"。

如果为"成绩表结构"表对象输入一条记录，再打开"成绩表结构报表"，因为不再是空报表，则"目前没有可打印的数据！"消息不再提示。

4．建立如图 6-45 所示的"课程名称查询窗"窗体，以"课程表"中的课程名称直接作为列表框的数据来源（不用自行键入所需的值），当在列表框中选择某门课程名称时，单击"确定"按钮可打开课程窗 1，只显示该门课程的相关信息，包括选修的学生学号、成绩等信息。

提示：仿照例 6-4 的方法。但有一点与例 6-4 的"学号查询窗"不同，"学号查询窗"中列表框所显示的是学号的数据，学号在"学生信息表"中是第 1 列（即第 1 个字段），图 6-45

中课程名称在"课程表"中是第 2 列（第 2 个字段），所以需要将课程名称列表框控件属性的"绑定列"属性设置为 2（在列表框控件属性表的"数据"选项卡中，默认的"绑定列"属性值为 1）。

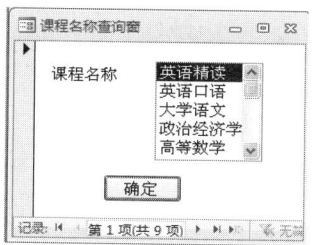

图 6-45　课程名称查询窗

6.3.3　实验二

以下习题在"教师任课系统"数据库中完成。

1. 建立"教师录入成绩起始窗"，如图 6-46 所示。要求：当输入用户名"ABC"及密码"123"正确时，单击"确定"按钮，可以打开"成绩录入"窗，录入学生成绩。当用户名和密码输入不正确，单击"确定"按钮时，弹出消息框警告"非法用户"并关闭本窗体。

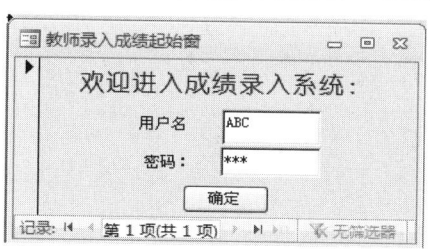

图 6-46　"教师录入成绩起始窗"窗体

提示：设两个文本框的名称分别为 Text1、Text3；建立一个条件宏，参考表 6-14；将"确定"按钮链接到条件宏中。

表 6-14　条件宏中的参数

条　件	操　作	操　作　参　数
[Forms]![教师录入成绩起始窗]![Text1]="ABC" And [Forms]![教师录入成绩起始窗]![Text3]="123"	OpenForm	以普通模式打开"成绩录入"窗
[Forms]![教师录入成绩起始窗]![Text1]<>"ABC" Or [Forms]![教师录入成绩起始窗]![Text3]<>"123"	MessageBox（或 MsgBox）	在消息框中输入"非法用户！"
	CloseWindow（或 Close）	关闭"教师录入成绩起始窗"

2. 建立系统菜单。按表 6-15 所示的功能建立一个系统菜单。其中"信息录入"的 4 个子菜单分别以"编辑模式"打开"教师信息录入""学生信息录入""课程录入"及"成绩录入"4 个窗体；"信息查询"的 3 个子菜单分别以"只读模式"打开"课程窗 2""学生信息分页窗体"及"成绩表窗"3 个窗体；"报表输出"的 4 个子菜单分别以"打印预览"方式打开

"分数段统计报表""奖学金报表""教师任课综合报表"及"成绩册报表"4个报表。

表6-15 菜单功能

信息录入	信息查询	报表输出
教师信息录入	课程查询	分数段统计
学生信息录入	学生信息查询	奖学金名单
课程录入	成绩查询	教师任课综合报表
成绩录入		成绩册

第7章 VBA 模块

VBA 是 Microsoft Office 系列软件的内置编程语言，VBA 的语法与独立运行的 Visual Basic 编程语言互相兼容。它使得在 Microsoft Office 系列程序中快速开发应用程序更加容易，且可以完成特殊的、复杂的操作。

注意：本章中的例题在"学籍管理系统"数据库中完成。

7.1 建立标准模块

7.1.1 VBA 编程语言概述

1. VBA 简介

VBA（Visual Basic Application）是一种面向对象的可视化编程语言，与常见的开发语言 VB（Visual Basic）相似，两者都源自于同一种编程语言 BASIC。对于 VB 所支持对象的属性和方法，VBA 也同样支持。但两者在有些语法和功能上略有不同，或者可以认为 VBA 是 VB 的子集。

VBA 与 VB 之间的主要不同在于：VBA 不能在其他环境中独立运行，也不能用来创建独立的应用程序，也就是说 VBA 需要宿主应用程序支持它的功能特性。宿主应用程序是指 Word、Excel 或 Access 这样的应用程序，这些应用程序能为 VBA 编程提供集成开发环境。

在 Access 中，使用 VBA 编写的程序只能保存在 Access 的数据库文件中，无法脱离 Access 应用程序的环境而独立运行。这是因为 VBA 程序的运行只能由 Office 解释执行，不能编译成可执行文件。VB 则提供了更多、更强大的高级开发工具，可以创建基于 Windows 操作系统的程序，还可以为其他程序创建组件。

2. 引例

【例 7-1】创建一个名为"模块 1"的标准模块，求球的体积。

打开"学籍管理系统"数据库，单击"创建"选项卡"宏与代码"组中的"模块"按钮，打开"模块"窗口，如图 7-1 所示。在该窗口中输入以下程序（单引号"'"右侧的文字为注释内容，在输入程序时可以不录入）：

```
Public Sub Bulk()                          '子过程的名为 Bulk
    Const PI As Double = 3.14159           '建立符号常量 PI 的值为圆周率
    Dim v As Double, r As Double           '定义两个变量 v、r
    r = InputBox("请输入半径")              '用 InputBox 函数为半径 r 赋值
    v = PI * r ^ 3 * 4 / 3                 '计算球的体积并赋给变量 v
```

```
    MsgBox v, , "球的体积是："                    '用 MsgBox 语句输出体积 v 的值
End Sub                                          '子过程结束语句
```

单击工具栏中的"保存"按钮,保存为"模块 1"。选择菜单"运行"→"运行子过程/用户窗体"命令,在弹出的对话框中输入半径,如输入"2",单击"确定"按钮后,在弹出的消息框中就会显示运行结果,即球的体积,如图 7-2 所示。

图 7-1 VBA "模块" 窗口

图 7-2 模块运行结果消息框

说明:在 Access 2007 以上版本中,VBA 运行可能被禁用,此时可以按照"2.1.2 Access 的界面简介"中的"4. 安全警告",关闭"安全警告"。

3. VBA 开发界面

在 Access 中提供的 VBA 开发界面称为 VBE(Visual Basic Editor)窗口,如图 7-3 所示。

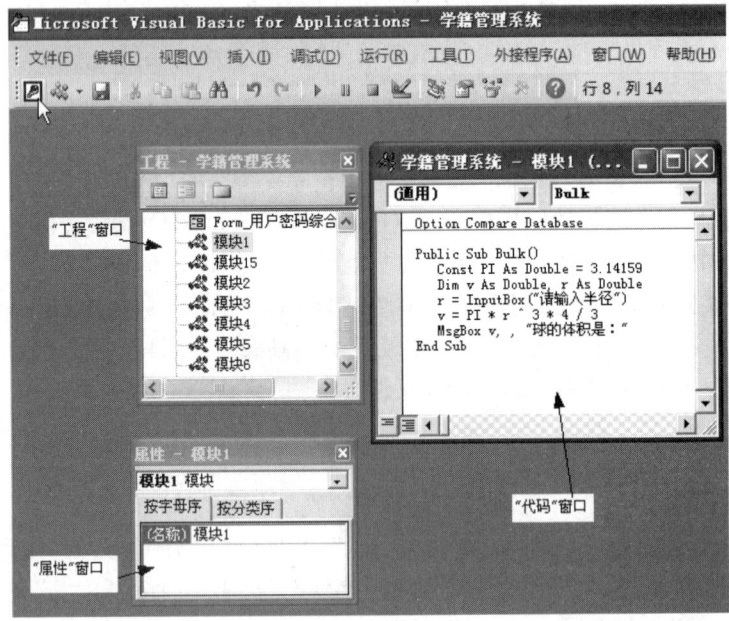

图 7-3 VBE 窗口

与图 7-1 相比,在 VBE 窗口中,除了常规的菜单栏、工具栏、"代码"窗口外,还有"工程"窗口和"属性"窗口(这两个窗口可以从"视图"菜单中调出)。另外,需要时还可以从"视图"菜单中调出"对象浏览器"窗口、"立即"窗口、"本地"窗口及"监视"窗口。

（1）工具栏。工具栏中部分按钮的功能见表7-1。

表7-1 工具栏中的部分按钮

按钮图标	名 称	功 能
	视图	切换Access窗口与VBE窗口
	插入模块	插入新的模块、类模块或过程
	运行	运行模块中的程序
	中断	中断正在运行的程序
	重新设置	结束正在运行的程序
	设计模式	在设计模式和非设计模式之间切换
	工程资源管理器	打开"工程"窗口
	属性窗口	打开"属性"窗口
	对象浏览器	打开"对象浏览器"窗口

（2）"工程"窗口。在"工程"窗口中，以层次列表形式列出了应用程序的窗体文件和模块文件。此窗口中有 3 个按钮，其中"查看代码"按钮可用来显示相应的"代码"窗口，"查看对象"按钮可显示相应的"对象"窗口，"切换文件夹"按钮可隐藏或显示对象文件夹，如图7-3所示。

（3）"属性"窗口。"属性"窗口中列出了所选对象的各种属性，在此编辑这些对象的属性，往往要比在"设计"窗口中编辑对象的属性更为方便、灵活。

（4）"代码"窗口。"代码"窗口用来输入、编辑程序代码。

7.1.2 模块与过程

1. 类与对象

（1）类。类是同类对象集合的抽象。它规定了这些对象的公共属性和方法。

（2）对象。对象是一个实体，如一个人、一辆车、一部电话、一个窗体、一个文本框等，都是一个对象。对象又可包含另一个对象，这时该对象是一个容器。

2. 模块

Access中的模块可以分为两类：标准模块与类模块。标准模块是数据库中独立的对象，上述例题中建立的"模块1"就是标准模块。类模块是与窗体、报表相关联的。

3. 过程

过程实际上就是程序，一个模块可由多个过程（即多个子程序）组成。

过程按其被调用的方法不同可以分为通用过程和事件过程。通用过程独立存在，但需要由事件过程中的语句调用，可以在标准模块中创建通用过程；事件过程是附加在窗体或控件中的，事件发生时做出反应。

过程按是否有返回值又可以分为子过程（sub）和函数过程（function）。子过程没有返回值，函数过程有返回值。子过程与函数过程的命名、格式及调用有所不同。

（1）子过程的格式。

```
Public/Private sub 子程序名()
    <语句序列>
End sub
```

在上述例子的"模块1"中只有一个子过程，子过程的名称是"Bulk"，在子过程名后面必须有一对英文半角的圆括号，子过程必须用"End sub"作为结束语句。

如果一个模块包含多个过程，每个过程都应该由"Public/Private sub 子程序名()"开头、"End sub"结束。

（2）函数过程的格式。

```
Public/Private  function 函数名(自变量 as 类型) as 类型
    <语句序列>
End function
```

圆括号中的"类型"是自变量的数据类型（数据类型将在后面的小节中介绍），第二个"类型"是函数的类型，自变量的类型可以（可能）和函数的类型不一致。函数过程的结束语是：End function。

（3）过程的作用域。

过程可分为模块级和全局级。模块级过程是定义过程时，在 Sub 或 Function 过程前加 Private，它只能被本模块中定义的过程调用；在窗体或标准模块中定义的过程被默认为是全局的，也可加 Public 进行显式说明，它能被应用程序中的所有模块调用。

【例7-2】建立"模块2"，将例7-1中求球的体积改为用函数来实现。

在"模块"窗口中输入下面程序：

```
Public Function v(r As Single) As Single     '函数名为v，自变量为r（半径）
    r = InputBox("请输入半径")
    v = 3.14159 * r ^ 3 * 4 / 3
    Debug.Print v                             '在"立即窗口"显示体积v的值
End Function                                  '函数结束语句
```

将模块保存为"模块2"。选择菜单"视图"→"立即窗口"命令，调出"立即窗口"。在"立即窗口"中输入函数名"V(r)"，按 Enter 键后输入半径"3"，再按 Enter 键，在"立即窗口"中可以看到结果为113.0972，如图7-4所示。

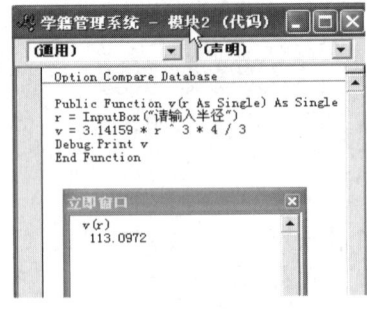

图7-4　VBA 的"立即窗口"

4．过程的调用

上述两个例子都是在"模块"窗口中直接运行或者在"立即窗口"中运行的。实际操作中，过程往往需要在其他过程中调用。子程序（子过程）和函数过程的调用格式是不同的。

（1）子程序的调用格式。

格式1：

  子过程名 [<发送参数>]

例如，要调用"模块1"中的Bulk过程：

Bulk a,b   'a,b 表示调用时要发送的参数（如果有参数的话）

或者：Bulk   '调用时没有参数

格式2：

  call 子过程名(发送参数)

例如：call Bulk (a,b)   '参数要用圆括号括起来

或者：call Bulk   '调用时没有参数

（2）函数过程的调用格式。

  <变量名>=函数过程名(参数)

通过下面的实例学习如何调用子过程与函数过程。

【例 7-3】编写两个数排序的子程序。输入两个数，从小到大排序后输出，命名为"模块3"。

在"模块"窗口中输入以下程序并保存为"模块3"，关闭"模块"窗口。不要运行此程序。

```
Public Sub sort(x As Integer, y As Integer)    '子过程名为sort
    Dim s As Integer                            '声明s变量为整型变量
    If x > y Then s = x: x = y: y = s          '如果x>y，则交换两个变量中的值
End Sub
```

【例7-4】编写一个能够调用模块3的过程，命名为"模块4"。

模块3中子程序名为：sort，需要由下面的程序调用。在"模块"窗口中输入以下程序并保存为"模块4"。

```
Public Sub casort()
    Dim a As Integer, b As Integer
    a = InputBox("请输入第一个数")
    b = InputBox("请输入第二个数")
    sort a, b              '调用子过程sort，并将a、b的值发送给sort子过程中的x、y
    Debug.Print a; b
End Sub
```

选择菜单"视图"→"立即窗口"命令，调出"立即窗口"。选择菜单"运行"→"运行子过程/用户窗体"命令，在弹出的第一个对话框中输入"3"，单击"确定"按钮；在弹出的第二个对话框中输入"2"，单击"确定"按钮，在"立即窗口"中可以看到运行结果为 2 3，如图7-5所示。

代码中的语句 sort a, b，就是调用子过程的语句，a, b是要传递给sort过程中x、y两个变量的参数。

也可用语句 Call sort(a, b)，调用的结果是一样的。

图 7-5 模块 4 的运行

7.2 VBA 程序设计基础

7.2.1 数据类型

表 7-2 列出了 VBA 的数据类型。

表 7-2 VBA 的数据类型

数据类型		类型符号	取值范围	存储空间
字节型（Byte）		无	0～255	1B
逻辑型（布尔型）(Boolean)		无	True 或 False	2B
数值型	整型（Integer）	%	–32 768～32 767	2B
	长整型（Long）	&	–2 147 483 648～2 147 483 647	4B
	单精度型（Single）	!	$-3.4 \times 10^{38} \sim 3.4 \times 10^{38}$	4B
	双精度型（Double）	#	$-1.79734 \times 10^{308} \sim 1.79734 \times 10^{308}$	8B
	货币型（Currency）	@	–922 337 203 685 477.580 8～922 337 203 685 477.580 7	8B
	小数型（Decimal）	无	小数点右边的数字个数为 0～28 位	12B
日期型（Date）		无	100 年 1 月 1 日～9999 年 12 月 31 日	8B
字符型（String）		$	定长：1～65 536，变长：0～20 亿	与字符串有关
对象型（Object）		无	任何对象引用	4B
变体型（Variant）		无	0～20 亿	数字：16 字符：22+字符串长

7.2.2 变量和常量

1．变量

可以在 VBA 代码中声明和使用指定的变量来临时存储值、计算结果或操作数据库中的任意对象。

(1) 变量的命名规则。变量名一般以字母开头，后面可跟字母、数字、下划线，不超过 255 个长度，不能用标点、空格、类型声明字符。

变量名中的字母不区分大小写，但习惯上变量名的首字母大写，其余字母小写。

(2) 变量的声明。变量一般应该先（定义）声明，后使用。

变量声明（定义）的 Dim 语句格式如下：

```
Dim <变量名序列> [As <数据类型>] [,<变量名序列> [As <数据类型>]]...
```

省略 As<数据类型>，类型为 Variant 。

例如：Dim v As Double, r As Double

表示声明了两个变量，变量名分别为 v、r，都是双精度型。

又如：Dim Myname As String

或：Dim Myname$

声明一个变量，名为 Myname，字符型。可以用类型符号代替 As String。

没有明确声明的变量在程序中被默认为变体型 Variant。

2．变量的初值

一个变量在没有赋值之前默认的初值与变量的数据类型有关，数值型变量的初值为 0，字符型（或 Variant）为空串（长度为 0），布尔型为 False。

3．变量的作用域（范围）

变量的作用域取决于声明该变量的位置及方式。根据作用域的大小，可将变量分为 3 种：局部变量、模块级变量、全局变量。

(1) 局部变量（过程级）。在过程内用 Dim 语句定义的变量是局部变量，这种变量只能在本过程中使用，其他过程不能访问。所以在不同过程中使用同名变量是互不妨碍的，这样有利于程序调试。

当过程运行结束时，分配给变量的空间释放，即变量及内容自行消失，不被保留。

例 7-1 所建立的"模块 1"中声明的变量 v、r 就是局部变量。

(2) 模块级变量（私有变量）。模块级变量必须在窗体模块或标准模块的"通用声明"段中用 Dim 或 Private 语句声明，这种变量在本模块中的所有过程都可使用，其他模块的过程不能访问。如下面语句将 Sex 变量定义为模块级变量、布尔型：

```
Option Compare Database
Private Sex As Boolean
```

(3) 全局变量（公有变量）。在"通用声明"段用 Public 语句声明的变量就是全局变量，可以由它所在项目内的所有过程和模块访问。如下面的语句将 Mark 定义为全局变量：

```
Option Compare Database
Public Mark As Integer
```

4．静态变量

静态变量在程序运行过程中一直可保留变量的值，用 Static 语句定义的变量是静态变量。如：

```
Static Ab As Integer
```

5. 符号常量

符号常量是一种特殊的只读变量。可用 Const 语句声明符号常量，格式如下：

[作用范围] Const <常量名> [As<数据类型>]=<表达式>

例如，模块 1 的过程中：

Const PI As Double = 3.14159

就是将圆周率声明为一个符号常量，常量名是 PI（符号常量名习惯上用大写），在程序中凡是要用到圆周率的地方都可以用 PI 来替代，而不用每次写 3.14159。

6. 系统常量

系统常量即系统内置常量，是 VBA 预先定义好的，用户可直接引用。一般来说，Access 内部常量以前缀 "ac" 开头，来自 Visual Basic 库的常量则以 "vb" 开头，如：acForm、vbOK、vbYes 等。系统常量还有 True、False、Null 等。

7. 数组

可以用一个数组来表示一组具有相同数据类型的值。定义数组以后，可以把整个数组当作一个变量来引用，也可以单独引用数组中的单个元素。

数组定义的语句格式如下：

Dim 数组名(下标1[, 下标2, …]) [As 类型]

下标的形式：

[下界 To] 上界

数组下标的下界默认为 0。例如：

Dim a(10) As Integer
a(2)=123

表示数组 a 有 11 元素，分别为 a(0)、a(1)、a(2)…a(10)，其中 a(2)元素被赋值：123。

又如：

Dim b(-2 to 3,3) As Integer

表示数组 b 中有 6 行、4 列共 24 个元素，各个元素名如下：

```
b(-2,0)   b(-2,1)   b(-2,2)   b(-2,3)
b(-1,0)   b(-1,1)   b(-1,2)   b(-1,3)
b(0,0)    b(0,1)    b(0,2)    b(0,3)
b(1,0)    b(1,1)    b(1,2)    b(1,3)
b(2,0)    b(2,1)    b(2,2)    b(2,3)
b(3,0)    b(3,1)    b(3,2)    b(3,3)
```

7.2.3 VBA 程序中的常用语句

在一般情况下，VBA 程序中输入的语句应该一行一句，一句一行。但 VBA 也允许使用复合语句，即把几个语句放在一行中，各语句间用英文半角的冒号 ":" 分隔，一条语句也可分若干行书写，但要在被续行的行尾加入续行符（空格和下划线），例如：

```
a=10:b=20:c=30                              '3 条赋值语句写在同一行
Dim Num As Integer,Name As String*8,Sex  _
```

```
      As Boolean,Bir As Date              '一条语句写在两行,"  _"是续行符
```

1. 赋值语句

赋值语句是任何程序设计语言都具有的最基本的语句。VBA 中的赋值语句格式为：

<变量名>=<表达式>

功能：先计算赋值号（=）右边的表达式，再将表达式的值赋给左边的变量。

例如：

```
Myname="王平"
r=3
r=r+1
```

但不能写成：r+1=r，因为赋值号左边必须是变量，不能是常量或者表达式。赋值号（=）左右两边不能互换，这一点与数学中的等号不同，且赋值号的左右可以不相等。r=r+1 中 r 与 r+1 就是左右不相等的，这表示 r 在原值 3 的基础上加上 1，变成 4 再赋给 r。

2. 注释语句

可以在程序中加入注释语句，解释过程或某些命令。VBA 在运行时会忽略注释语句，也就是说注释语句是不被执行的。

注释语句有两种格式：

（1）Rem   [注释的内容]

（2）'[注释的内容]

例如：

```
Dim s1
s1=10                                            ' 给 s1 赋值
```

3. VBA 的输入/输出语句

（1）输出语句 MsgBox。MsgBox 的功能是弹出一个消息框，显示一些提示性的消息，起到一种输出的作用。

在"模块 1"的代码中，就是用 MsgBox 来显示球的体积的。

MsgBox 既有语句格式，也有函数格式。

语句格式：`MsgBox <消息> [,按钮][,"标题"]`

函数格式：`<变量名>=MsgBox (<消息> [,按钮][,"标题"])`

例如，"模块 1"中的语句：

```
MsgBox v, , "球的体积是"
```

显示的结果如图 7-2 所示，消息框的标题是"球的体积是"，按钮为默认值，消息是变量 v，即显示变量 v 的值 33.5102933333333。

格式中"按钮"可以取 0~5 中的任意一个整数，或者取 16、32、48、64 中的任何一个整数，也可以用 0~5 中的整数与 16、32、48、64 相组合，用来选择消息框中的按钮数量及样式。如 MsgBox v,2+16,"球的体积是"，所显示的消息框如图 7-6 所示，有 3 个按钮、1 个"红色打叉"的图案。

图 7-6 消息框的样式

（2）输入语句 InputBox。InputBox 的功能是弹出一个信息框，等待用户输入数据或按下按钮，使得程序在运行中能接收用户输入的数据并继续运行程序。

在"模块 1"的代码中，是用 InputBox 语句给半径 r 输入值的。

InputBox 也有语句格式与函数格式两种。

语句格式：InputBox <提示信息> [,"标题"][,x 坐标,y 坐标]

函数格式：<变量名>= InputBox(<提示信息> [,"标题"])

4．求值命令"？"

格式：?<表达式>

在"立即窗口"中输入一个"？"命令的语句，按回车键后可立即看到计算结果。例如，在"立即窗口"中输入：?3+4，按回车键后"立即窗口"可以显示出结果：7。

7.3 程序结构控制语句

结构化程序有 3 种基本控制结构：顺序结构、选择结构、循环结构。

7.3.1 顺序结构

顺序结构的程序在运行时按照语句出现的先后顺序依次执行，没有分支，没有循环，程序有一个进口，一个出口。

"模块 1"就是一个顺序结构程序。

7.3.2 选择结构

在解决实际问题时，往往需要按照给定的条件进行分析和判断，然后再根据判断的不同结果执行程序中不同部分的代码，这就是选择结构，也叫分支结构。

"模块 3"代码中的语句：If x > y Then s = x: x = y: y = s，就是分支语句，意思是：当 x 的值大于 y 的值成立时，交换 x 与 y 的值（执行 Then 后面的三个语句），使 x 的值小于 y 的值，这就是两数按从小到大的顺序排序。如果 x 的值大于 y 的值不成立，换句话说，如果 x 的值小于 y 的值，则保持原状，即不执行 Then 后面的三个语句。

说明：两个变量中的数要互相交换，必须有第三个变量作为过渡。上例中的 s 变量就是作为过渡用的，这就好比一瓶油与一瓶水交换，必须有一个空瓶子，先将油倒入空瓶，再将水倒入原来装油的瓶子，最后将油倒入原来装水的瓶子，交换完毕。所以在上例中，先将 x 的值赋给 s，即 s=x，再将 y 的值赋给 x，即 x=y，最后将 s 的值赋给 y，即 y=s，这样 x、y 中的值就互相交换了。

在 VBA 中分支语句的格式有两种：If 与 Case，其中 If 语句的格式比较灵活。

1. If…Then…Else 语句

（1）单行格式。

```
If  <条件表达式> Then <语句>
```

若条件表达式的值为 True（真），则执行 Then 后面的语句。<语句>可以是多个语句，但多个语句必须写在一行中（用冒号分隔各语句），不能换行。例如：

```
If  x > y Then s = x: x = y: y = s
```

（2）带有 Else（否则）的格式。

```
If  <条件表达式> Then
    <语句块 1>
  Else
    <语句块 2>
End If
```

若条件表达式的值为 True（真），则执行 Then 后面的语句块 1；否则执行 Else 后面的语句块 2，语句块可以是多行语句。末尾必须有 End If 语句作为结束语句。

（3）带有多重条件的形式。

```
If  <条件表达式 1> Then
    <语句块 1>
  [ElseIf  <条件表达式 2> Then
    <语句块 2> ]
  …
  [Else
    <语句块 n>]
End If
```

若条件表达式 1 的值为 True（真），则执行语句块 1；否则判断条件表达式 2，若条件表达 2 的值为 True（真），则执行语句块 2；依次判断，当所有的条件表达式都不为 True（真）时，执行语句块 n（如果存在的话）。必须有 End If 语句作为结束语句。

【例 7-5】编写一个过程，当输入一个学生的成绩时，将其显示为 A、B、C 三个等级，即 85（含 85）以上为 A 级，60～84 为 B 级，60 分以下为 C 级。

程序如下：

```
Public Sub score()
    Dim a As Integer, Grade As String
        a = InputBox("请输入学生成绩")      '给变量 a 输入分数
    If a >= 85 Then                          '如果 a>=85 则将"A"赋给 Grade 变量
       Grade = "A"
    ElseIf  a >= 60 Then                     '如果 a>=60 则将"B"赋给 Grade 变量
       Grade = "B"
    Else                                     '以上两个条件都不符合，则将"C"赋给 Grade
       Grade = "C"
    End If
```

```
        MsgBox ("成绩的等级为: " & Grade)       '显示 Grade 的值
    End Sub
```

2. Select Case 语句

当条件太复杂、分支太多时，使用 If 语句会显得累赘，而且程序也将变得不易阅读，这时使用 Select Case 语句可以使程序清晰明了。即 Select Case 语句是一种多分支语句，格式如下：

```
Select Case <变量或表达式>
    Case <表达式 1>
        <语句块 1>
    Case <表达式 2>
        <语句块 2>
        …
    [Case Else
        <语句块 n>]
End Select
```

Case 表达式有 3 种形式：

（1）Case <表达式序列>

例如：Case 10,15   '值为 10 或 15

（2）Case <表达式 1> to <表达式 2>

例如：Case 10 to 15   '值在 10-15 之间

（3）Case is <比较符> <表达式>

例如：Case is <15   '值是否小于 15

【例 7-6】将例 7-5 改用 Case 语句编程，程序如下：

```
    Public Sub score()
        Dim a As Integer, Grade As String
        a = InputBox("请输入学生成绩")
        Select Case a
            Case Is >= 85                  '判断 a 值是否大于等于 85
                Grade = "A"
            Case Is >= 60                  '判断 a 值是否大于等于 60 并小于 85
                Grade = "B"
            Case Else
                Grade = "C"
        End Select
        MsgBox ("成绩的等级为: " & Grade)
    End Sub
```

7.3.3 循环结构

在程序中往往需要重复某些相同的操作，即对某一语句或语句序列执行多次，此时可用循环结构语句来处理。

VBA 的循环语句主要有两种格式。

1. For…Next 语句

For…Next 语句适合于循环次数可确定的循环，格式如下：

```
For  循环变量=初值 To 终值 Step 步长
    [<语句块 1>]
    [Exit For]
    [<语句块 2>]
Next
```

介于 For 与 Next 语句之间的"语句块 1"、[Exit For]、"语句块 2"是循环体，循环体被执行的次数是：Int((终值-初值)/步长)+1。

For 语句首次被执行时，将初值赋给循环变量，并与终值比较，如果没有超出终值，则执行循环体，否则结束循环，执行 Next 后面的语句。

Next 语句的作用是使循环变量在原有的基础上加上一个步长值，程序返回到 For 语句判断循环变量的值是否超过终值。

循环体内如果存在 Exit For 语句，则强制结束循环。Exit For 语句往往与 If 语句配合使用。

【例 7-7】 求 1+2+3+…+100。程序如下：

```
Public Sub lj()
    Dim Intsum,i As Integer      'Intsum 存放求和的值，i 是循环变量
    Intsum=0                     '给 Intsum 赋初值为 0
    For i=1 To 100 Step 1        'i 从 1 变到 100，i 既用作循环变量，也作为加数。
        Intsum=Intsum+i          '每次累加一个加数，加数从 1 到 100 变化。
    Next
    MsgBox(" 1 至 100 之和为: "& Intsum)
End sub
```

注意： ① 循环体内不要对循环变量赋值，否则会影响循环次数，引起混乱。

② 循环初值、终值、步长要设置正确，避免不循环或死循环。

③ 循环可以再套循环，即多重循环，但嵌套时不要有交叉。

2. Do…Loop 语句

当循环次数不可确定时，可以用 Do…Loop 语句。Do…Loop 语句有两种格式，下面分别介绍。

（1）格式 1。

```
Do While /Until <条件表达式>
    [<语句块 1>]
    [Exit Do]
    [<语句块 2>]
Loop
```

While 与 Until 两个命令单词用"/"分隔，表示两个命令单词取其一且必须只能取其一，

两个单词的意义相反。While <条件表达式>表示条件成立时执行循环体；Until <条件表达式>则表示条件成立时不执行循环体。While 用得较多，下面的叙述中只对 While，忽略 Until。

（2）格式 2。

```
Do
    [<语句块 1>]
    [Exit Do]
    [<语句块 2>]
Loop While /Until <条件表达式>
```

格式 2 与格式 1 相反，格式 1 是先判断后执行，格式 2 先执行后判断，也就是说格式 2 无论条件是否成立，至少会执行一次循环体。

Do…Loop 格式本身对循环变量没有增值功能，所以在循环体内必须对循环条件有所改变，否则有可能造成死循环。

【例 7-8】 用函数求 n 的阶乘 n!（n!=n×(n-1)×(n-2)×…1）。

```
Public Function Jc(n As Long) As Long    '函数名为 Jc，自变量是 n
    Jc = 1                                 '让 Jc 的初值为 1
    Do While n >= 1                        '判断 n 的值，决定是否继续循环
        Jc = Jc * n                        'Jc 的值由原来 Jc 的值乘以一个 n
        n = n - 1                          '每循环一次，n 的值减去 1
    Loop                                   '使程序返回到 Do While
End Function
```

上例中的 n = n – 1 语句非常重要，它使得 n 的值每循环一次就减少 1，最后会使 n 不再大于等于 1 而结束循环。没有这个语句，n 的值永远不变，永远不会比 1 小，使得循环的条件永远成立，循环也就不会结束，也就是"死循环"。

7.3.4 程序的调试方法

程序在运行时难免会有错误，对于复杂的程序可能需要借助调试工具加以调试。

在"模块"窗口中单击"调试"菜单项，打开其下拉菜单，如图 7-7 所示。根据程序运行的情况，从中选择相应的命令进行程序的调试。例如，选择"逐语句"命令，可以使程序逐行执行，以便观察程序的走向是否正确。

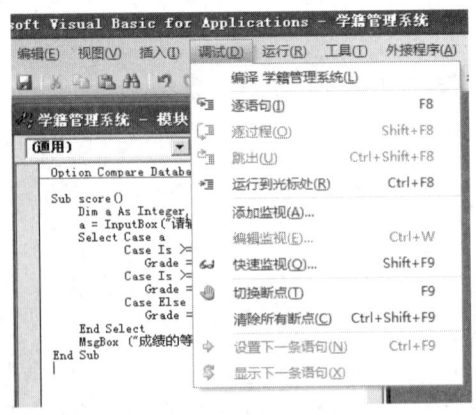

图 7-7 "调试"菜单

7.4 建立类模块

模块可以分为标准模块和类模块两种。前面学习了标准模块的建立，本节学习如何建立类模块。类模块是与窗体、报表相关联的。

7.4.1 创建类模块

【例 7-9】为命令按钮建立类模块。建立一个名为"计算"的窗体，如图 7-8 所示。当单击"求球的体积"命令按钮时，调用"模块1"中的 Bulk 子过程；单击"求阶乘"命令按钮时，调用例 7-8 中的 Jc 函数。

（1）在窗体的设计视图中，使"控件"组中的"使用控件向导"按钮不被按下，建立两个命令按钮，其名称分别为 Command1、Command2，标题分别为"求球的体积"和"求阶乘"。

（2）在"求球的体积"命令按钮的"属性表"窗格中选择"事件"选择卡，单击"单击"框右侧的"…"按钮，如图 7-9 所示；打开"选择生成器"对话框，选择"代码生成器"选项并单击"确定"按钮，如图 7-10 所示；打开"代码"窗口，如图 7-11 所示。

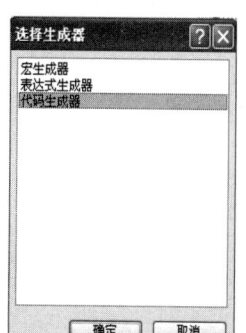

图 7-8　"计算"窗体　　　　　　　　图 7-9　"命令按钮"属性框

图 7-10　"选择生成器"对话框　　　　图 7-11　"命令按钮"代码窗口

（3）在图 7-11 中选择对象为 Command1，事件为 Click。

（4）在"代码"窗口中输入下列程序：

```
Private Sub Command1_Click()    '对象名为Command1，事件名为单击事件Click
    Call Bulk                   '调用"模块1"中的过程Bulk
End Sub
```

（5）关闭模块窗口，将"计算"窗体切换到窗体视图，单击"求球的体积"按钮，就可以看到调用"模块1"中代码的结果。

（6）在图7-11的对象框中选择Command2，用同样的方法输入"求阶乘"命令按钮的单击事件代码。"求阶乘"命令按钮的单击事件过程如下：

```
Private Sub Command2_Click()
    Dim Result As Long, n As Long
    n = InputBox("请输入n:")
    Result = Jc(n)                  '调用函数Jc(n)，并将函数运行的结果赋给Result
    MsgBox ("阶乘为" & result)
End Sub
```

要注意调用子过程与调用函数的区别。

【例7-10】 为文本框建立单击事件的代码。以"成绩表"为数据源，用向导建立一个"成绩录入"窗体，窗体如图7-12所示。当在此窗体中输入新的记录或者修改已有记录的成绩时，单击"总评成绩"文本框，能自动按比例计算出"总评成绩"的值。

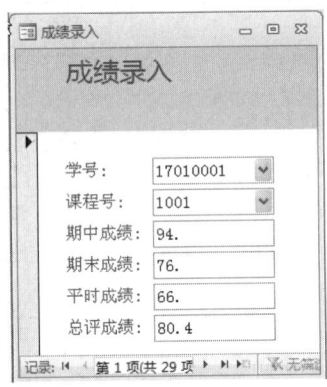

图7-12　"成绩录入"窗体

（1）在"成绩录入"窗体的设计视图中打开"总评成绩"文本框的"属性表"窗格，仿照上例打开单击事件的代码窗口，按图7-13所示输入代码。

图7-13　"总评成绩"文本框的单击事件代码窗口

（2）关闭代码窗口，切换到"成绩录入"窗的窗体视图，如图7-12所示。修改某一项成绩，如修改期中成绩，再单击"总评成绩"文本框，会看到总评成绩立即得到修改（重新计算)。

7.4.2 类模块中的对象

类模块的建立实际上就是面向对象的程序设计。前面已经学习了有关对象的概念，了解到对象有 3 个要素，分别是属性、方法和事件。

1. 对象

在 Access 中，窗体、标签、文本框等控件都是对象。Access 中的常用对象分成两大类：一类是根对象，处于最高层，没有父对象（即这类对象没有上一级对象）；另一类是非根对象。两类常用对象见表 7-3 与表 7-4。

表 7-3 Access 中的常用根对象

对象名称	说明
Application	应用程序，即 Access 环境
DBEngine	数据库管理系统，表对象、查询对象、记录对象、字段对象等都是它的子对象
Debug	"立即"窗口对象，在调试阶段可用 Print 方法在"立即"窗口中显示（输出）信息
DoCmd	运行 VBA 具体命令
Forms	当前环境下窗体的集合
Reports	当前环境下报表的集合
Screen	屏幕对象

表 7-4 Access 中的非根对象

对象名称	说明	对象名称	说明
Workspaces	工作区间	Field	字段
Database	数据库	Parameter	参数
User	用户	Index	索引
Group	用户组	Document	文档
TableDef	表	Form	表单
Recordset	记录	Report	报表
Relation	关系	Module	模块
QueryDet	查询	Control	控件
Container	容器	Section	节对象
Property	属性		

2. 对象的属性

每个对象都有许多属性，属性是用来描述对象的外部特征的。例如，一个文本框有名称、颜色、字体、是否可见等属性，这些属性在"4.3.2 窗体的设计视图"中，可以直接通过属性表进行设置。在程序代码中，则通过赋值的方式设置。其格式如下：

　　对象.属性=表达式

例如：

```
Command1.Caption="确定"
```

上述赋值语句表示一个对象名称为"Command1"的命令按钮的标题属性的值是"确定"两个字。

在 VBA 环境下,属性是以英文表示的。

常用属性的中英文对照见表 7-5。

表 7-5 常用属性的中英文对照

中 文	英 文	备 注
名称	Name	每个对象都必须有名称
标题	Caption	文本框没有此属性
可见性	Visible	属性值为 True 表示可见,False 表示不可见
是否有效	Enabled	属性值为 True 表示可用,False 表示不可用
允许编辑	Allowedit	属性值为 True 表示允许,False 表示不允许
允许删除	Allowdeletions	属性值为 True 表示允许,False 表示不允许
允许添加	Allowadditions	属性值为 True 表示允许,False 表示不允许
计时器间隔	Timerinterval	以 ms 单位指定 Timer 事件间的间隔,间隔可以为 0～65 535。设置为 0 不发生 Timer 事件
活动控件	Activecontrol	识别或引用获得焦点的控件
键预览	KeyPreview	属性值为 True 表示可用,False 表示不可用

3. 对象的方法

方法就是对象的行为、活动。事实上,方法是系统封装起来的通用过程和函数,以方便用户的调用。对象方法的调用格式如下:

```
对象.方法 [参数]
```

例如,在"模块 2"中的语句:

```
Debug.Print v
```

这里 Debug 是对象名称,Print 是一种方法,v 是参数。该语句的含义就是在"立即窗口"中打印(显示)变量 v 的值。

又例如:

```
DoCmd.OpenForm "学生信息窗"
```

DoCmd 是对象名称;OpenForm 是一种方法,即打开窗体;"学生信息窗"是要打开的窗体名,也就是方法的参数,要用英文半角的引号括起来。

两个常用"方法"的含义见表 7-6。

表 7-6 两个常用"方法"的含义

"方法"的名称	用 途	举 例
Print	打印(显示)	Debug.Print v
SetFocus	获得焦点	Text1.SetFocus 'Text1 文本框获得焦点

除了上述两个常用的"方法",用得最多的是 DoCmd 对象的方法,见表 7-7。

说明：DoCmd 对象的大多数方法都有参数（表 7-7 只列出了简单的参数），其中有些参数是必需的，有些参数是可选的。如果忽略可选参数，则按默认值对待。在代码中输入某个 DoCmd 的方法时，Access 会自动显示出所有参数供参考。

表 7-7 DoCmd 对象的常用方法

格 式	说 明
DoCmd.OpenForm "窗体名"	打开窗体
DoCmd.OpenReport "报表名"	打开报表
DoCmd.OpenQuery "查询名"	打开查询
DoCmd.OpenTable "表名"	打开表
DoCmd.GotoRecord	将记录指针移到某个记录
DoCmd.Close	关闭窗体或报表

有些"方法"会用到系统内置常量作为参数，几个常用系统内置常量的含义见表 7-8。

表 7-8 几个常用的系统内置常量

名 称	含 义	名 称	含 义
acForm	窗体	acNext	移动指针到下一条记录
acReport	报表	acNormal	以普通视图方式
acQuery	查询	acViewPreview	预览方式
acTable	表	acSaveYes	保存
acReadOnly	只读	acSaveNo	不保存
acNewRec	移动指针到新记录		

例如：

    DoCmd.Close acForm, "计算",acSaveNo

表示关闭名为"计算"的窗体，关闭时不保存。

又例如：

    DoCmd.OpenQuery "查询1",,acReadOnly

表示以只读方式打开名为"查询1"的查询。

4．对象的事件

不同对象可以产生的事件是不同的，当某个对象上发生某种事件时，需要编写事件过程来响应（处理）。常用事件见表 7-9～表 7-13。

表 7-9 焦点类常用事件

事 件	含 义	发 生 情 况
Activate	激活	事件在窗体或报表获得焦点，并成为活动状态时发生
Exit	退出	光标离开控件之前发生
GotFocus	获得焦点	光标移到窗体或控件时发生
LostFocus	失去焦点	光标离开窗体或控件时发生

表 7-10 键盘类常用事件

事件	含义	发生情况
KeyDown	键按下	按下键时发生
KeyPress	击键	按住和释放按键或组合键时发生
KeyUp	键释放	在释放按键时发生

表 7-11 鼠标类常用事件

事件	含义	发生情况
Click	单击	单击鼠标左键时发生
DblClick	双击	双击鼠标左键时发生
MouseDown	鼠标按下	当鼠标指针位于窗体或控件上,按下鼠标左键时发生
MouseMove	鼠标移动	当鼠标指针位于窗体、窗体选择内容或控件上移动时发生
MouseUp	鼠标释放	当鼠标指针位于窗体或控件上,释放一个按下的鼠标键时发生

表 7-12 窗体类常用事件

事件	含义	发生情况
Close	关闭	当关闭窗体或报表时发生
Load	加载	当打开窗体,并且显示了窗体中的记录时发生
Open	打开	在窗体打开,而且在第一条记录显示之前发生
Resize	调整大小	当打开窗体或窗体的大小被改变时发生
Unload	卸载	当窗体关闭,并且卸载窗体中的记录,但从屏幕上消失之前发生

表 7-13 数据类常用事件

事件	含义	发生情况
AfterUpdate	更新后	在改变控件数据或更新记录之后发生
BeforeUpdate	更新前	在改变控件数据或更新记录之前发生
Change	更改	在更改文本框或组合框中的内容时发生

5. 几个常用的对象运算符

(1) 点运算符 "." (引用属性)。例如:

`Lable1.Caption="请输入姓名: "`

表示标签 Lable1 的 Caption(标题)属性是"请输入姓名:"。

(2) 惊叹号运算符 "!" (引用所属关系)。例如:

`Forms![学生信息窗]![学号]`

表示 Forms(当前窗体集)的"学生信息窗"窗体的"学号"控件。

(3) Me 的用法(代表当前)。例如:

`Me.Text1.Value=""`

当前(活动)窗体中的文本框 Text1 控件的值为空,也就是清空文本框。

6. 事件过程的格式

通过例 7-9 和例 7-10 可以看出,事件过程是附加在窗体或控件中的,当某个事件发生时做出响应。比如命令按钮,当鼠标单击命令按钮事件发生时,执行事件过程代码。

事件过程的格式与标准模块中的子过程格式没有太多的区别。格式如下:

```
Public/Private Sub 对象名_事件()
    <语句序列>
End Sub
```

【例7-11】用 VBA 实现选项按钮的单击事件。

在 6.2.3 节的例 6-8 中,form1 窗体(见图 6-31)中的 4 个选项按钮的功能是用宏来实现的,现用 VBA 来实现这 4 个选项按钮的功能。

新建一个窗体 Form2。使"工具"组中的"使用控件向导"按钮被按下,选择工具组中的"选项组"控件,在窗体设计视图中创建"选项组"。打开如图 7-14 所示"选项组向导"对话框,输入 4 个选项按钮的标签名称,选择对应标签的值分别为 1、2、3、4,按向导提示完成(可参考 6.2.3 节的例 6-8)。

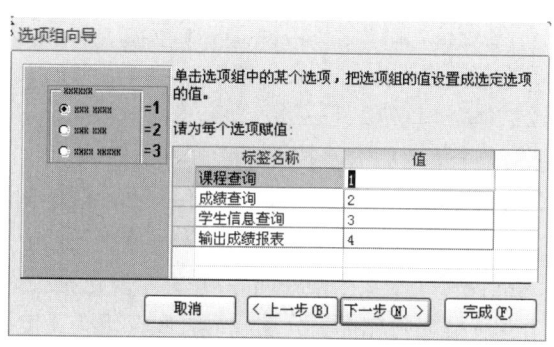

图 7-14 "选项组向导"对话框

选项组的名称为 Frame0,4 个选项按钮的名称分别为 Option1、Option2、Option3、Option4,"选项值"属性分别为 1、2、3、4。

使"工具"组中的"使用控件向导"按钮不被按下,创建一个"确定"命令按钮,命令按钮的名称为 Command1。

为"确定"命令按钮的单击事件输入如下过程:

```
Private Sub Command1_Click()
    Select Case Me.Frame0
        Case 1                                  '如果 Frame0 中的选项值为 1
            DoCmd.OpenForm "课程窗 3"            '打开"课程窗 3"
        Case 2                                  '如果 Frame0 中的选项值为 2
            DoCmd.OpenForm "期末成绩查询窗"       '打开"期末成绩查询窗"
        Case 3                                  '如果 Frame0 中的选项值为 3
            DoCmd.OpenForm "学生信息卡"           '打开"学生信息卡"
        Case 4                                  '如果 Frame0 中的选项值为 4
            DoCmd.OpenReport "成绩报表", acViewPreview
                                                '以打印预览方式打开"成绩报表"
    End Select
End Sub
```

【例7-12】用 VBA 实现复选框的功能。以"学生信息表"为数据源,建立如图 7-15 所示的"复选框窗体"。窗体打开时,"民族"、"班级"、"电话"3 个复选框处于未被选中状态,即不显示这 3 个字段的值。通过鼠标单击这 3 个复选框中的 1 个或多个,可以选择是否显示这些项目。

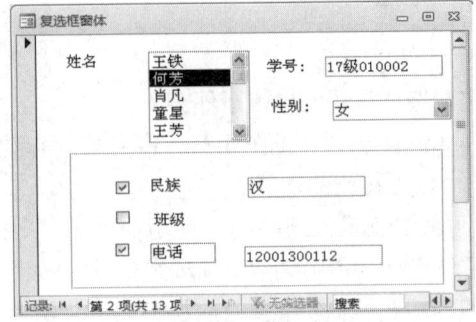

图 7-15 复选框窗体

图 7-15 中选中了 2 个复选框,第 2 个复选框处于未被选中状态,所以班级的值不被显示。

(1)在窗体设计视图中将"学生信息表"中的"学号""性别"字段拖入,按图 7-15 所示排列。

(2)用控件向导建立一个姓名组合框控件或者列表框控件。

(3)将"民族""班级""电话"字段拖入,并将 3 个字段的附加标签控件删除,即只留下与 3 个字段相结合的文本框,文本框的名称自动为民族、班级、电话。

(4)建立 3 个复选框控件(不要用控件向导),3 个复选框控件名称分别为 Check9、Check11、Check13,3 个复选框的附加标签分别改为民族、班级、电话。

(5)VBA 代码如下:

```
Private Sub Form_Load()              '窗体加载时的事件过程
    Me.Check9 = 0                    '"民族"复选框不被选中,-1 表示被选中,0 表示不被选中
    Me.Check11 = 0                   '"班级"复选框不被选中
    Me.Check13 = 0                   '"电话"复选框不被选中
    Me.民族.Visible = False           '"民族"字段值不可见
    Me.班级.Visible = False           '"班级"字段值不可见
    Me.电话.Visible = False           '"电话"字段值不可见
End Sub


Private Sub Check9_Click()           '单击复选框的单击事件过程
    Me.民族.Visible = Not Me.民族.Visible   '使民族字段的可见性变成相反
End Sub


Private Sub Check11_Click()
    Me.班级.Visible = Not Me.班级.Visible
End Sub


Private Sub Check13_Click()
    Me.电话.Visible = Not Me.电话.Visible
End Sub
```

```
Private Sub List2_AfterUpdate()
'以下代码是用控件向导建立姓名列表框时自动生成的
    '查找与该控件匹配的记录
    Dim rs As Object
    Set rs = Me.Recordset.Clone
    rs.FindFirst "[学号] = '" & Me![List2] & "'"
    If Not rs.EOF Then Me.Bookmark = rs.Bookmark
End Sub
```

【例7-13】用 VBA 实现"用户密码"窗的功能。

建立一个"用户密码"窗体,如图 7-16 所示。窗体中共有 2 个文本框、1 个标签、1 个命令按钮。打开窗体时,命令按钮("确定"按钮)不可用,光标停留在"用户名"文本框中。当用户名及密码输入正确时,显示"欢迎进入学籍管理系统",并打开上面例 7-11 所建立的 Form2 窗体。如果输入 3 次错误的用户名或密码,则自动退出。

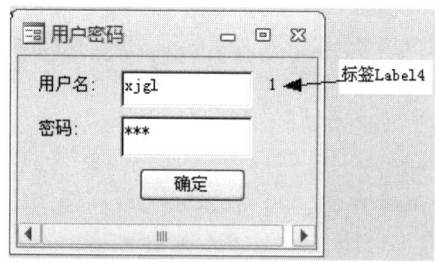

图 7-16 "用户密码"窗体

"用户名"文本框的名称为 Tuser;"密码"文本框的名称为 Tword;"确定"按钮的名称为 Command1;标签名称为 Label4,标签的标题属性值为 1,标签的作用是计数 3 次。务必将 4 个控件的名称按上述设置。

其中用户名为 xjgl,密码为 123。在窗体的设计视图中,将"密码"文本框 Tword 的"输入掩码"属性设为"密码"。

VBA 代码如下:

```
    Private Sub Form_Open(Cancel As Integer)      '窗体打开时的事件过程
        Command1.Enabled = False                  '"确定"按钮不可用(为灰色)
        Me.Label4.Visible = False                 '"标签 Label4"不可见
        Form.KeyPreview = True                    '窗体中的键预览为真
    End Sub

    Private Sub Command1_Click()                  '"确定"按钮的单击事件过程
        Dim Username As String, Password As String '声明两个字符变量
        Username = "xjgl"                         '将用户名赋给变量 Username
        Password = "123"                          '将密码赋给变量 Password
        If UCase(Me.Tuser.Value) <> UCase(Username) Or Me.Tword.Value <> Password Then
            '判断用户名文本框 Tuser 中输入的值是否不等于变量 Username 中的值或者密码文本框
            'Tword 中输入的值是否不等于变量 Password 中的值
```

```
            MsgBox ("错误的用户名或密码,请重新输入!")
                '当用户名和密码输入不正确时弹出消息框,警告用户名或密码不正确
            Me.Tuser.Value = ""              '清空用户名文本框 Tuser 中的内容
            Me.Tword.Value = ""              '清空密码文本框 Tword 中的内容
            Me.Tuser.SetFocus                '光标定位在用户名文本框 Tuser
            Me.Label4.Caption = CStr(CInt(Me. Label4.Caption) + 1)
            ' 标签 Label4 的 Caption 在原有基础上加 1,即输错用户名或密码计数一次
            If CInt(Me. Label4.Caption) > 3 Then
                '判断标签 Label4 的标题值是否已超过 3 次
                DoCmd.Close , , acSaveNo '用户名或密码输错超过 3 次,关闭窗体
            End If
            Exit Sub
        End If
        MsgBox ("欢迎进入学籍管理系统!")   '当用户名和密码输入正确时弹出欢迎框
        DoCmd.OpenForm "Form2"           '用户名和密码正确时打开"Form2"窗体
        DoCmd.Close acForm, "用户密码", acSaveNo   '关闭用户密码窗
End Sub

Private Sub Form_KeyUp(KeyCode As Integer, Shift As Integer)
    '窗体中发生键释放的事件过程
    Select Case Me.ActiveControl.Name         '判断活动控件中的值
        Case "Tuser"                          '判断用户名文本框 Tuser 的值
            If Me.ActiveControl.Text = "" Or IsNull(Me.ActiveControl.Text) Then
                ' 如果 Tuser 框中的内容为空
                Command1.Enabled = False      '命令按钮不可用(呈灰色)
                Exit Sub
            Else
                If Me.Tword.Value = "" Or IsNull(Me.Tword.Value) Then
                    ' 如果 Tword 框中的内容为空
                    Command1.Enabled = False  '命令按钮不可用(呈灰色)
                    Exit Sub
                End If
            End If
        Case "tword"
            If Me.ActiveControl.Text = "" Or IsNull(Me.ActiveControl.Text) Then
                Command1.Enabled = False
                Exit Sub
            Else
                If Me.Tuser.Value = "" Or IsNull(Me.Tuser.Value) Then
                    Command1.Enabled = False
```

```
                Exit Sub
            End If
        End If
    Case Else
        Exit Sub
    End Select
    Command1.Enabled = True
'当用户名框与密码框中的内容不为空时，使命令按钮可用
    Label4.Visible = True              '标签 Label4 可见
    Exit Sub
End Sub
```

【例7-14】用 VBA 实现"用户登录窗"的功能。

设"用户表"表对象中有 3 条记录，已经记录了 3 位用户的用户名及密码，如图 7-17 所示。可以根据需要输入新的用户名及密码，也可以将密码字段的"输入掩码"属性设置为 "密码"，使密码显示为星号。

建立如图 7-18 所示的"用户登录窗"。当输入的用户名和密码符合用户表中的信息时，单击"确定"按钮可以打开切换面板。输入的用户名和密码如果是用户表中不存在的，则单击"确定"按钮时弹出消息框，提示"用户名或者密码错，请重新输入!"。如果没有输入用户名及密码，单击"确定"按钮，则提示"请输入用户名和密码!"。

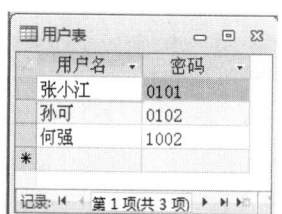

图 7-17 "用户表"表对象

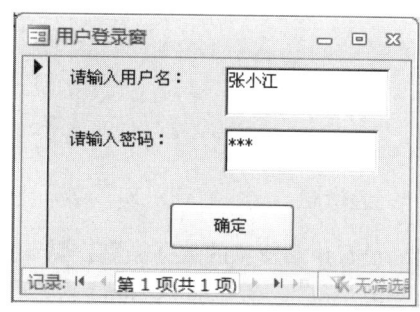

图 7-18 "用户登录窗"窗体

两个文本框的名称分别为 text0、text2，text2 的"输入掩码"属性设置为"密码"，命令按钮名称为 Command4。

VBA 代码如下：

```
Private Sub Command4_Click()              '命令按钮的单击事件过程
    Dim user As String                    '定义字符变量
    If IsNull(Me.Text0.Value) Or IsNull(Me.text2.Value) Then
                                          '判断任何一个文本框是否为空
        MsgBox ("请输入用户名和密码!")       '当有一个文本框为空时弹出消息予以提示
    Else
        user = "用户名='" + Text0.Value + "'"
        '当文本框不为空时，将 text0 的值（即用户名）赋给 user 变量
        If IsNull(DLookup("密码","用户表",user)) Or DLookup("密码","用户表",user) _
            <> text2.Value Then
```

```
                '用 DLookup 函数寻找 user 的值在用户表中所对应的密码值
                '判断密码是否为空或者是否与 text2 中的值不相等
                MsgBox ("用户名或者密码错,请重新输入!")
                '当上述表达式成立时弹出消息(即密码不对)
            Else
                MsgBox ("欢迎进入!")              '当上述表达式不成立时,则密码正确,弹出消息
                DoCmd.OpenForm "切换面板"          '打开"切换面板"
                DoCmd.Close acForm, "用户登录窗"   '关闭"用户登录窗"
            End If
        End If
    End Sub
```

说明:DLookup 函数可用于从指定记录集"域"(域是由表、查询或 SQL 表达式定义的记录集。域聚合函数返回有关特定域或记录集的统计信息)获取特定字段的值。上述代码中的 DLookup("密码", "用户表", user),是指在"用户表"中寻找 User 值所对应的密码字段值作为函数的返回值。

7.5 习题与实验

7.5.1 习题

一、选择题

1. 没有声明变量的数据类型,默认为( )类型。
   A. Int   B. string   C. Boolean   D. Variant
2. 定义符号常量用( )。
   A. Dim   B. Const   C. Public   D. Static
3. 定义二维数组:B(2 to 5,4),则该数组的元素个数是( )。
   A. 16   B. 8   C. 20   D. 24
4. 表达式中的运算符优先次序是( )。
   A. 逻辑运算符>关系运算符>连接运算符>算术运算符
   B. 关系运算符>算术运算符>逻辑运算符>连接运算符
   C. 算术运算符>连接运算符>关系运算符>逻辑运算符
   D. 连接运算符>逻辑运算符>算术运算符>关系运算符
5. 下列的 VBA 变量名,不合法的是( )。
   A. Inte   B. x123   C. 123x   D. x_12
6. VBA 中的单击事件是( )。
   A. KeyUp   B. KeyPress   C. Click   D. DblClick
7. VBA 中的双击事件是( )。

  A．KeyUp B．KeyPress C．Click D．DblClick

8．设已定义了有参数的函数 s(t)，以实参为 10 调用该函数，并将返回值赋给变量 x，（ ）是正确的。

  A．x=call 10 B．x=call s(10) C．x=s(10) D．x=s(t)

9．窗体中命令按钮的属性：命令 1.Enabled= False，表示（ ）。

  A．命令按钮不可用   B．命令按钮可用

  C．命令按钮不可见   D．错误的属性

10．用实参 a 和 b 调用有参数的过程：s(m,n)，（ ）是正确的。

  A．s a,b B．call s a,b C．s m,n D．call s(a,b)

11．VBA 中删除前后空格的函数是（ ）。

  A．Ucase B．Trim C．Ltrim D．Rtrim

12．当窗体的大小被调整时，将会发生（ ）事件。

  A．Move B．Resize C．Click D．Gotfocus

13．设 a=3，执行 x=iif(a>2,1,0)之后，x 的值是（ ）。

  A．3 B．2 C．0 D．1

14．VBA 语句：Debug.Print "2*5" & " = " &2 * 5，执行结果是在"立即窗口"中显示出（ ）。

  A．2*5&=&2*5   B．2*5=10

  C．2*5=2*5   D．错误

15．执行下面程序后，x 的值是（ ）。

```
x = 5
For i = 2 To 20 Step 2
    x = x + i \ 5
Next i
```

  A．21 B．22 C．23 D．24

16．执行下面程序后，i 的值是（ ）。

```
Public Sub sumI()
    Dim i As Integer
    i = 6
    Do
    i = i + 2
    Loop While i < 10
End Sub
```

  A．2 B．6 C．8 D．10

二、填空题

1．模块分为"类模块"与"标准模块"，窗体中的代码是一种_____模块。

2．变量有全局变量与局部变量之分，在过程内用 Dim 语句声明的变量为_____变量。

3．布尔（Boolean）型的数据类型有两个取值，即_____和_____。

4．Load 是窗体的_____事件。

5. MouseDown 是_____事件。

6. 某一窗体中有一个名称为 Lab1 的标签，Me.Lab1.Visible=false，表示此标签处于_____。

7. 下面程序中，要求循环执行 3 次，"Do while"语句的右侧填空处应如何填写？

```
Private Sub command1_Click()
    x = 1
    Do While _____
        x = x + 2
    Loop
End Sub
```

8. 窗体中有一个名为 com1 的命令按钮，命令按钮的单击事件过程如下：

```
Private Sub com1_Click()
    x = 1
    For n = 1 To 3
        Select Case n
            Case 1, 3
                x = x + 1
            Case 2, 4
                x = x + 2
        End Select
    Next n
    MsgBox x
End Sub
```

窗体打开时，单击命令按钮，消息框显示的值是_____。

7.5.2 实验一

以下习题在"学籍管理系统"数据库中完成。

1. 建立"排序"窗体，如图 7-19 所示。在"第一个数"及"第二个数"文本框中输入两个数（文本框的名称分别为 Text1、Text2），单击"排序"按钮时，调用例 7-3 的 Sort 子过程，在"1"文本框与"2"文本框中依次输出排序后的两个数（文本框名称分别为 Text3、Text4）。

"排序"命令按钮 Command1 的单击事件过程如下：

```
Private Sub Command1_Click()
    Dim a As Integer, b As Integer
    a = Text1.Value
    b = Text2.Value
    sort a, b
    Text3.Value = a
    Text4.Value = b
End Sub
```

2. 建立"VBA 综合窗",如图 7-20 所示,其中单击"求球的体积"按钮可以调用例 7-1 中的"模块 1",输入半径后求出球的体积;单击"两数排序"按钮,打开如图 7-19 所示的"排序"窗体进行排序。

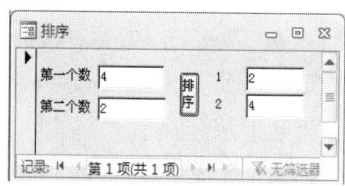

图 7-19　"排序"窗体

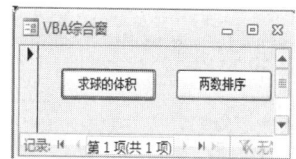

图 7-20　VBA 综合窗体

"求球的体积"(Command0)与"两数排序"(Command1)两个命令按钮的单击事件过程如下：

```
Private Sub Command0_Click()
    Call bulk
End Sub


Private Sub Command1_Click()
    DoCmd.OpenForm "排序"
End Sub
```

3. 建立如图 7-21 所示的"用户密码综合窗"。窗体打开时,"确定"按钮不可用,光标停留在"用户名"文本框中。当输入的用户名和密码正确时(密码以"*"显示),"确定"按钮可用,单击此按钮可打开例 6-5 中所建立的"按钮选择窗体";用户名和密码不正确时,单击"确定"按钮弹出消息框,提示"用户名或密码错,你无权使用本系统!",同时关闭本窗体,如图 7-22 所示。

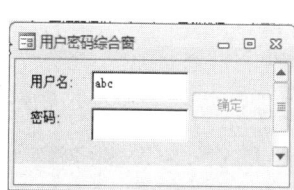

图 7-21　用户密码综合窗

图 7-22　弹出消息框

7.5.3　实验二

以下习题在"教师任课系统"数据库中完成。

1. 编一个名为"Prog1"的标准模块,用子过程求圆的面积、周长。用 InputBox 函数输入半径 r,在"立即窗口"中显示圆的面积 S 及周长 L。

2. 编一个名为"函数 1"的标准模块,用函数求 1+3+5…99。

3. 编一个名为"交换"的标准模块,在过程中输入两个数,再将两数交换后输出。

4. 建立一个名为"调用"的窗体,在窗体中创建两个命令按钮,单击命令按钮时分别调用"Prog1"及"函数 1"模块。

5. 建立一个名为"窗体操作"的窗体,窗体中有两个命令按钮,分别为"打开窗体"与"关闭窗体"。当单击"打开窗体"按钮时,打开已建立的"切换面板"窗体;单击"关闭窗体"时,关闭"切换面板"窗体(用 VBA 实现命令按钮的单击事件)。

提示:关闭窗体的语句为:Docmd.Close AcForm, "切换面板",或:Docmd.Close AcForm, "switchboard"。

6. 建立"密码1"窗体,如图 7-23 所示。

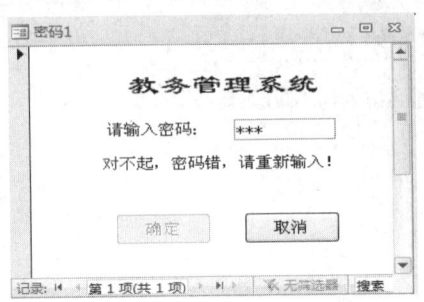

图 7-23 "密码1"窗体

要求:(1)当窗体刚刚打开时,"对不起,密码错,请重新输入!"标签不可见,"确定"按钮呈淡灰色不可用。

(2)当输入密码时,密码以"*"号显示,"确定"按钮可用。

(3)单击"确定"按钮,如果密码错,"对不起,密码错,请重新输入!"标签变得可见;密码正确时,打开"切换面板"或"switchboard",关闭"密码1"窗体。

(4)单击"取消"按钮,关闭"密码1"窗体。

第8章 综合设计

8.1 概 述

要完成一个数据库系统的设计，一般应该经过需求分析、概念结构设计、逻辑结构设计和物理结构设计等步骤。

需求分析是整个数据库设计过程中最重要的环节，主要任务是详细调查用户对应用系统的确切要求，收集基本的数据，并用一定格式的文档表达出来。

概念结构设计也称为概念模型，根据用户需求来设计数据库模型。

逻辑结构设计是把上述概念模型转换为某个具体的数据库管理系统所支持的数据模型，转换为关系数据库的二维表。

物理结构设计是指对一个给定的逻辑数据模型，选取一个最适合应用环境的物理结构的过程。

下面通过实例来学习具体数据库系统的设计与实现。

8.2 "工资管理系统"实例

8.2.1 "工资管理系统"的功能模块

设计一个"××大学工资管理系统"，根据学校财务处的需求，分析、规划出系要实现的查询、编辑、统计、报表打印等功能，将功能分层次画出结构图，如图8-1所示。

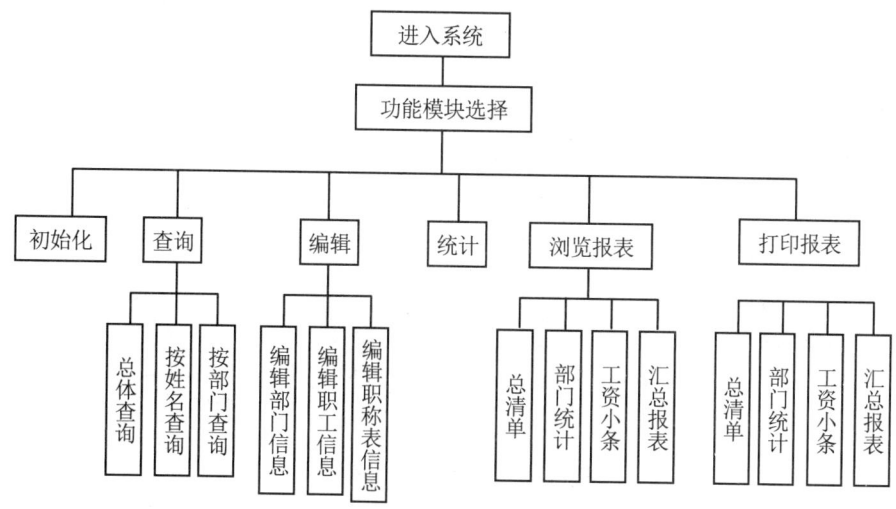

图8-1 "工资管理系统"功能结构图

进入系统时，设计必要的密码、用户名等，进入后选择各个功能模块，每个模块还可以有自己的子模块。

1．初始化

每月发工资时，应对工资的有关信息进行初始化，此功能是对每月的基本工资、职务工资、扣款等金额款项发生变化后，重新计算应发工资、税款等各项目（即字段值）。

2．查询

分别可以按部门、姓名及总体进行查询，只能查询，不能修改、删除、添加。

3．编辑

人员及基本工资、扣款等各个项目有变化，或者职工调入、调出引起记录（人员）增加、删除，可以对各项信息进行编辑、删除、增加。

4．统计

统计各部门、各项目的数据。

5．浏览报表

对需要打印输出的各种报表，在真正打印前先以"打印预览"的方式显示在屏幕上。

6．打印报表

功能同"浏览报表"，只是将"打印预览"方式改为"打印"方式。

8.2.2　工资管理系统的 E-R 模型

概念模型是各种数据模型的基础，实体-联系模型（E-R Model）则是描述概念模型的有力工具。实体-联系模型可以采用 E-R 图的形式来表示，用矩形框表示实体，椭圆表示属性，菱形表示联系。图 8-2 与图 8-3 所示分别是"部门表"实体及"职称表"实体的 E-R 图；图 8-4 所示是部门与教职员工的 E-R 图，可以看出这是一对多的联系。

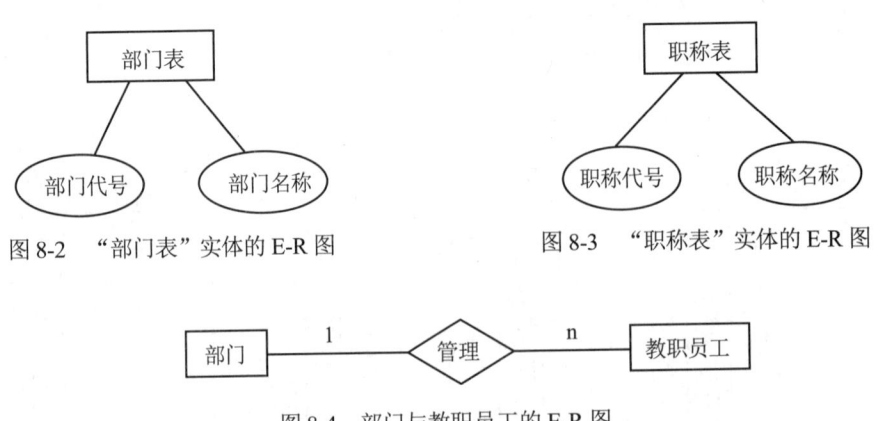

图 8-2　"部门表"实体的 E-R 图　　　图 8-3　"职称表"实体的 E-R 图

图 8-4　部门与教职员工的 E-R 图

8.2.3 表对象的设计

通过 E-R 图可以方便地将概念模型转换成逻辑结构设计，即转换成关系（二维表）。

1. 设计表结构

表结构的设计至关重要，在设计时要考虑到关系规范化。根据需求，在"工资管理系统"数据库中共建 4 个表，分别为"部门表""职称表""职工信息表"及"工资表"。表结构设计分别见表 8-1～表 8-4。

表 8-1 "部门表"结构

字 段 名	类 型	字 段 大 小	说 明
部门代号	文本	2	作为主键
部门名称	文本	20	

表 8-2 "职称表"结构

字 段 名	类 型	字 段 大 小	说 明
职称代号	文本	2	作为主键
职称名称	文本	20	

表 8-3 "职工信息表"结构

字 段 名	类 型	字 段 大 小	说 明
教师编号	文本	4	作为主键
部门代号	查阅向导		数据来自"部门表"
姓名	文本	20	
性别	文本	2	
出生日期	日期/时间		
职称代号	查阅向导		数据来自"职称表"
参加工作时间	日期/时间		

表 8-4 "工资表"结构

字 段 名	类 型	字 段 大 小	说 明
教师编号	查阅向导		数据来自"职工信息表"，作为主键
月份	文本	8	
部门代号	查阅向导		数据来自"部门表"
基本工资	数字	单精度型	
职务工资	数字	单精度型	
工龄工资	数字	单精度型	
其他奖金	数字	单精度型	
应发工资	数字	单精度型	
住房基金	数字	单精度型	
税款	数字	单精度型	
扣款合计	数字	单精度型	
实发工资	数字	单精度型	

2. 关系规范化

关系规范化是设计数据库的指导理论，主要内容包括函数依赖、关系范式等。

（1）函数依赖。函数依赖是在同一关系（数据表）中不同属性之间存在的相互依赖，这种依赖将直接影响关系的规范化程度。

假设有一个"职工表"，信息见表 8-5。可以看出，一个教师编号对应于一名教师，当教师编号确定后，姓名及部门名称等的值也就唯一确定了，所以属性"姓名""部门代号""部门名称""性别""基本工资""职称""职务工资及其他奖金"都函数依赖于"教师编号"。

表 8-5 "职工表"的信息

教师编号	姓名	部门代号	部门名称	性别	基本工资	职称	职务工资及其他奖金
0101	张小江	01	外语系	男	4500	教授	
0102	孙可	01	外语系	女	4200	副教授	
0205	张小明	03	基础部	男	4200	副教授	
0219	李小伟	03	基础部	男	4500	教授	

不适当的函数依赖会导致数据冗余度大、删除异常、插入异常等问题。在表 8-5 的"职工表"中，有些属性值多次重复出现，修改时不易维护数据的一致性。如修改了部门名称的值，将"外语系"改为"外语部"，就有不止一条记录需要修改，如果只修改了第一条记录中的外语系，则就会导致数据不一致。所以表 8-5 的表结构设计是不规范的。

（2）关系模式的范式。范式是关系模式的规范化程度，其实就是施加于关系模式的约束条件。满足第一范式（1NF）的条件，就可以避免字段又分字段。满足第二范式（2NF）、第三范式（3NF）则消除关系中的不适当依赖，使模式的结构更趋简单，数据间的联系更加清晰。

在一个关系中，如果每一个属性都是不可再分的，则这个关系属于第一范式。在表 8-5 所示的"职工表"中，"职务工资及其他奖金"属性设计不合理，不属于第一范式，应该将其分为"职务工资""其他奖金"两个属性。表 8-6 所示则属于第一范式。

表 8-6 "职工表"的信息

教师编号	姓名	部门代号	部门名称	性别	基本工资	职称	职务工资	其他奖金
0101	张小江	01	外语系	男	4500	教授		
0102	孙可	01	外语系	女	4200	副教授		
0205	张小明	03	基础部	男	4200	副教授		
0219	李小伟	03	基础部	男	4500	教授		

对于属于第一范式的关系，每一个非主属性都完全函数依赖于主属性，则这个关系属于第二范式（2NF）。

对于属于第二范式的关系，每一个非主属性都不传递依赖于主属性，则这个关系属于第三范式（3NF）。

第四范式（BCNF）也被称为 Boyce-Codd 范式。在关系数据库中，除了函数依赖之外还有多值依赖、联接依赖的问题，这就是第四范式所要规范的问题。

如果关系模式 R 的所有属性（包括主属性和非主属性）都不传递依赖于 R 的任何候选关键字，则称关系 R 属于第四范式（BCNF）。

表 8-6 所示"职工表"的设计已经满足第一范式，这是最基本的，但并不满足第二、三、四范式。关系中部门名称的值重复出现，造成数据冗余，当某部门名称值需要修改时会引起数据更新异常，或者某部门人员变动等都有可能引起数据删除异常及插入异常，所以应该对表 8-6 所示的"职工表"进一步分解，即分解成上述的表 8-1～表 8-4 所示的部门表、职称表、职工信息表及工资表。

3．建立表间关系

"部门表"为主表，与"职工信息表"建立关联；"职称表"为主表，与"职工信息表"建立关联；"职工信息表"为主表，与"工资表"建立关联；建立关联，并实施参照完整性、级联更新和级联删除，如图 8-5 所示。

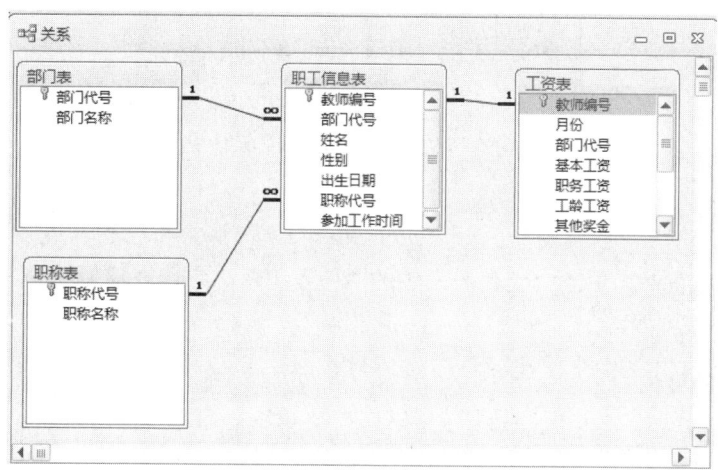

图 8-5 "关系"窗口

4．输入记录

其中"工资表"只需输入"教师编号""部门代号""基本工资"及"其他奖金"4 个字段的值，其余字段的值通过"更新查询"得到。

8.2.4 创建查询

1．职务工资更新查询

创建"更新查询"，更新"工资表"中的"职务工资"字段。职务工资与职务、职称相关，设职称名称有"教授""副教授""讲师""助教""其他"，相对应的职称代号分别为 01、02、03、04、05，职务工资分别为 4 000、3 000、2 500、1 500、1 000。

提示：用 Iif 函数实现，如图 8-6 所示。

IIf([职工信息表]![职称代号]="01",4000,IIf([职工信息表]![职称代号]="02",3000,IIf([职工信息表]![职称代号]="03",2500,IIf([职工信息表]![职称代号]="04",1500,1000))))

2. 工龄工资、住房基金更新查询

创建"更新查询",更新"工资表"中的"工龄工资"和"住房基金"字段的值。设工龄工资每年 25 元,住房基金为基本工资的 30%。

提示:工龄工资的算法可用 year 函数,语句为:(year(date())-year([职工信息表]! [参加工作时间]))*25。

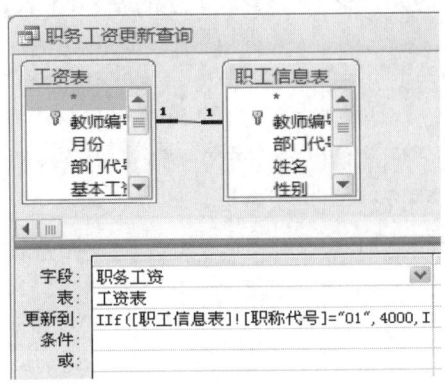

图 8-6 "职务工资更新查询"设计视图

3. 应发更新查询

创建"更新查询",更新"工资表"中的"应发工资"字段:应发工资=基本工资+职务工资+工龄工资+其他奖金。

4. 税款更新查询

创建"更新查询",更新"税款"字段。设税款的原则:(应发工资–3 500)×3%,应发工资低于 3 500,税款为 0。为了防止应发工资低于 3 500 时税款出现负数,在更新行中可以用 Iif 函数来实现:Iif([应发工资]>=3 500,([应发工资]–3 500)*0.03,0)。

5. 扣款合计更新查询

创建"更新查询",更新"扣款合计"字段:扣款合计=住房基金+税款。

6. 实发更新查询

创建"更新查询",更新"实发工资"字段:实发工资=应发工资–扣款合计。

7. 月份更新查询

创建"更新查询",更新"工资表"中的月份字段。月份字段是文本型,显示的形式如:2016 年 6 月,可用下面的表达式从日期中提取年份值与月份值合在一起:Year(Date()) & "年" & Month(Date()) & "月"。

8. 部门查询

这是一个参数查询,为后面要创建的"按部门显示窗体"准备数据源。

取 4 个表中不重复的所有字段,如图 8-7 所示。其中"条件"行中的 Combo0 是"部门

查询窗体"中的"组合框"控件名称,如图 8-16 所示。

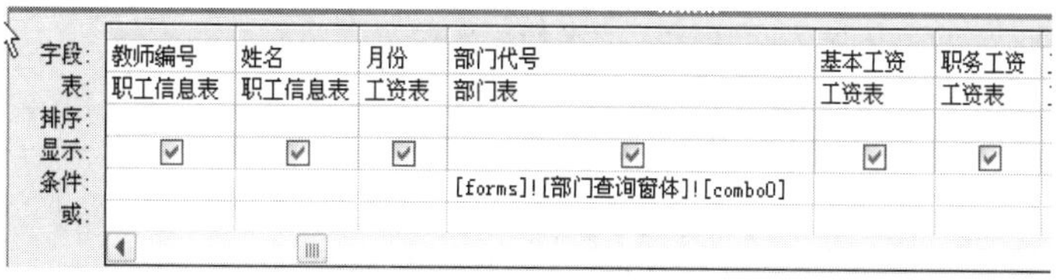

图 8-7 部门查询

9. 汇总查询

对"工资表"的所有数字型字段按部门进行求和,并按部门统计人数,为后面要建立的"部门统计窗体""汇总报表"准备数据源。

10. 综合查询

选择 4 个表中不重复的所有字段,建立一个"综合查询",为后面要建立的有关窗体、报表准备数据源。

8.2.5 创建报表

按照图 8-1 所示的功能,系统共需要创建 4 个报表。

1. 工资清单总报表(对应于图 8-1 中的"总清单"功能)

以"综合查询"为数据源,建立"工资清单总报表",此报表主要用于每月工资报表的显示及打印。应在页面页眉或页面页脚处插入页码。工资清单总报表如图 8-31 所示。

2. 部门统计报表(对应于图 8-1 中的"部门统计"功能)

以"综合查询"为数据源,选择"部门代号""部门名称"及各数字型字段,按"部门名称"分组,对各数字型字段求和,并统计各部门人数,如图 8-8 所示。

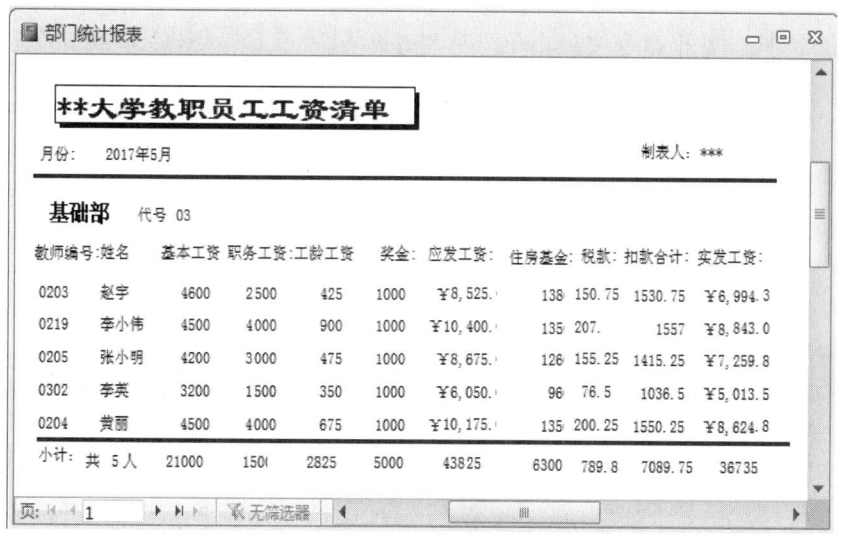

图 8-8 部门统计报表

3. 各项款项总汇总报表（对应于图 8-1 中的"汇总报表"功能）

以"汇总查询"为数据源建立报表，如图 8-9 所示。

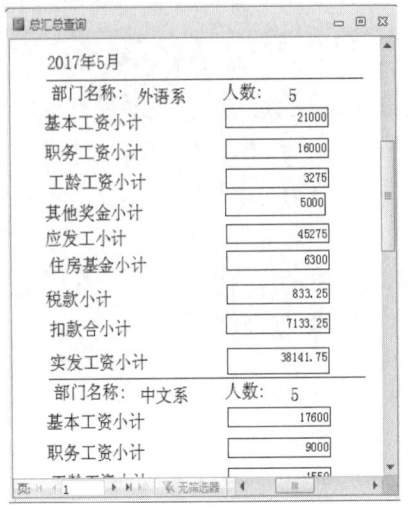

图 8-9　各项款项总汇总报表

4. 标签报表（对应于图 8-1 中的"工资小条"功能）

以"综合查询"为数据源，用"标签"向导建立"标签报表"，选择"教师编号""月份""部门名称""姓名"以及所有数字型字段。此报表用于生成每月发给职工的工资小条（见图 8-32）。

8.2.6　创建窗体

根据图 8-1 所示的功能，依次建立窗体。

1. 菜单窗体（对应于图 8-1 中的"功能模块选择"功能）

在窗体中建立 7 个命令按钮，分别为"初始化""查询""编辑""统计""浏览报表""打印报表"及"关闭"，适当添加"图像"，添加"标签"控件显示标题、制作人等，如图 8-10 所示。7 个命令按钮分别将"单击"事件属性链接到宏，通过宏分别打开"初始化""查询""编辑""统计""浏览报表""打印报表"功能模块所对应的窗体，及关闭"菜单窗体"。

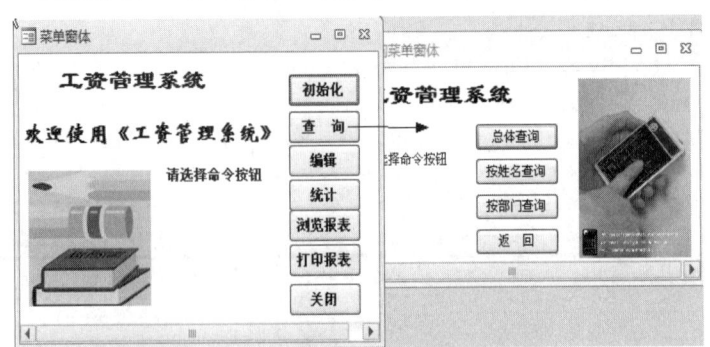

图 8-10　菜单窗体与子查询菜单窗体

2. 初始化窗体（对应于图 8-1 中的"初始化"功能）

当在"菜单窗体"（见图 8-10）中单击"初始化"按钮时，打开"初始化窗体"。在该窗体中建立两个命令按钮，"是"与"否"，如图 8-11 所示。"是"按钮链接到宏，通过宏执行所有的"更新查询"，完成每月发工资时的初始化工作，再回到"菜单窗体"；"否"按钮的作用是不执行初始化工作，关闭本窗体，回到上一级窗体，即返回到"菜单窗体"。

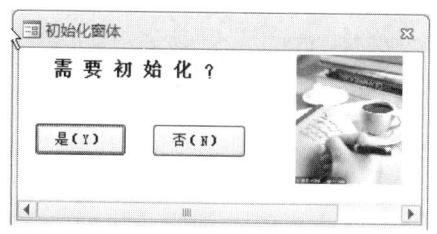

图 8-11　初始化窗体

3. 子查询菜单窗体（对应于图 8-1 中的"查询"功能）

当在"菜单窗体"中单击"查询"按钮时，打开"子查询菜单窗体"，如图 8-10 所示。此窗体的建立方法类似"菜单窗体"。可在窗体中建立 4 个命令按钮："总体查询""按姓名查询""按部门查询"及"返回"，分别链接到宏，通过宏分别打开"总体查询""按姓名查询""按部门查询"功能模块所对应的窗体，"返回"按钮通过宏返回（即打开）上一级的"菜单窗体"。

4. 编辑子菜单窗体（对应于图 8-1 中的"编辑"功能）

当在"菜单窗体"（见图 8-10）中单击"编辑"按钮时，通过一定的编辑权限的设置，打开本窗体。建立此窗体的方法类似上述的"子查询菜单窗体"，可以在其中建立 4 个命令按钮，分别是"编辑部门信息""编辑职工信息""编辑职称表信息"及"返回"；将 4 个命令按钮分别链接到宏，通过宏分别打开对应的窗体。

5. 编辑权利窗体

此窗体不对应图 8-1 中的功能，而是为了对"编辑"模块的功能设置操作权限。在此窗体中设置密码，只有拥有编辑权限的人才能使用密码进入"编辑子菜单窗体"，对数据库中的信息进行编辑，否则不能进入"编辑子菜单窗体"，也就不能随意修改信息。图 8-12 所示是"编辑权利窗体"与"编辑子菜单窗体"。

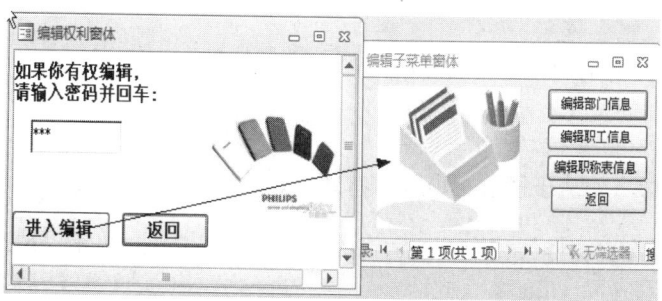

图 8-12　编辑权利窗体与编辑子菜单窗体

可以用条件宏或者 VBA 来实现"进入编辑"按钮的功能。

6. 部门统计窗体（对应于图 8-1 中的"统计"功能）

以"汇总查询"为数据源建立窗体，其中"部门名称"用"组合框"或"列表框"控件，加上适当的"标签"控件显示标题等信息，如图 8-13 所示。

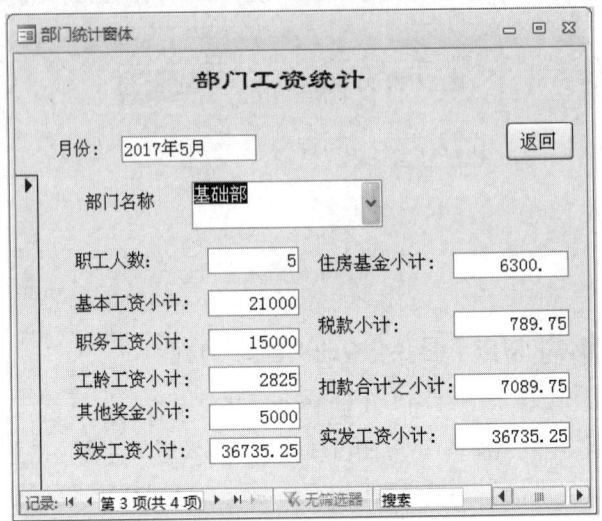

图 8-13　部门统计窗体

7. 子浏览窗体（对应于图 8-1 中的"浏览报表"功能）

子浏览窗体中可以用"选项组"控件建立 5 个选项按钮，分别为"总清单""部门统计""工资小条""汇总报表"及"返回"。将"确定"按钮链接到宏，通过宏分别打开对应的报表与窗体，如图 8-14 所示。

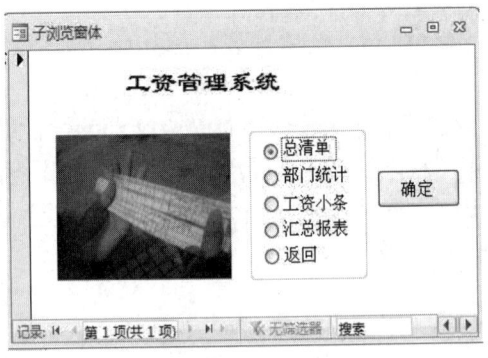

图 8-14　子浏览窗体

8. 子打印窗体（对应于图 8-1 中的"打印报表"功能）

此窗体与"子浏览窗体"相同，可适当添加"标签"控件，显示"请准备好打印机"等字样，以提示用户做好打印准备工作。

9. 总体查询窗体（对应于图 8-1 中的"总体查询"功能）

以"综合查询"为数据源建立窗体。因为是"查询"功能，即只查询不能修改，所以将窗体属性中的"允许编辑""允许删除""允许添加"3 个属性均设置为"否"。窗体如图 8-15 所示。

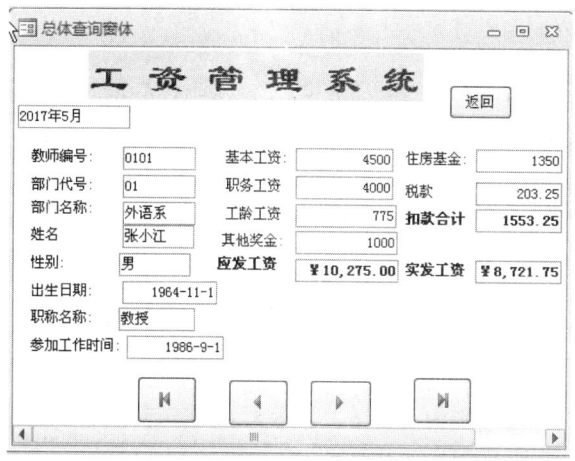

图 8-15　总体查询窗体

10. 部门查询窗体（对应于图 8-1 中的"按部门查询"功能）

此窗体的作用是能在组合框中选择"部门代号"（如图 8-16 所示），再单击"确定"按钮，便可打开"按部门显示窗体"，显示出该部门的职工信息。

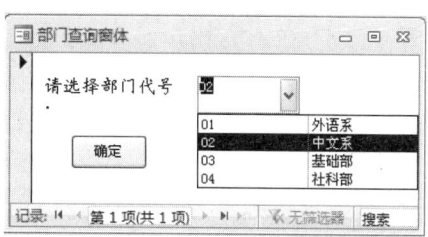

图 8-16　部门查询窗体

用向导建立"组合框"控件，选择"使用组合框查阅表或查询中的值"，选择"部门表"中的"部门代号"和"部门名称"字段，选择"部门代号"作为可用字段。

11. 按部门显示窗体

此窗体不直接对应图 8-1 中的功能，只有在图 8-16 所示的窗体中选择某个"部门代号"时，单击"确定"按钮，才会打开本窗体。

以"部门查询"为数据源建立窗体。

12. 姓名查询窗体（对应于图 8-1 中的"按姓名查询"功能）

以"综合查询"为数据源建立窗体。"姓名"字段用"组合框"或"列表框"控件，当在"姓名"组合框中选择某一姓名时，窗体中即可显示出此人的各项信息。将窗体的"允许删除"及"允许添加"属性设为"否",但"允许编辑"属性不能为否,否则"组合框"中选择"姓名"将不起作用。为了防止随意修改,可将所有字段文本框(除"姓名"字段外)的"是否锁定"属性设为"是"。窗体如图 8-29 所示。

13. 编辑部门窗体(对应于图 8-1 中的"编辑部门信息"功能)

以"部门表"为数据源建立窗体。

14. 编辑职称表窗体(对应于图 8-1 中的"编辑职称表信息"功能)

以"职称表"为数据源建立窗体。

15. 编辑工资表窗体

此窗体不对应图 8-1 中的具体功能,只在"编辑职工信息"时被打开。
以"工资表"为数据源建立窗体。

16. 编辑职工信息窗体(对应于图 8-1 中的"编辑职工信息"功能)

以"职工信息表"为数据源建立窗体,如图 8-17 所示。因为每个职工的信息分别存储于"职工信息表"与"工资表"中,所以在修改(包括添加、删除)"职工信息表"的同时需要修改"工资表"。在窗体中添加两个按钮,以实现修改工资信息及查询部门信息。

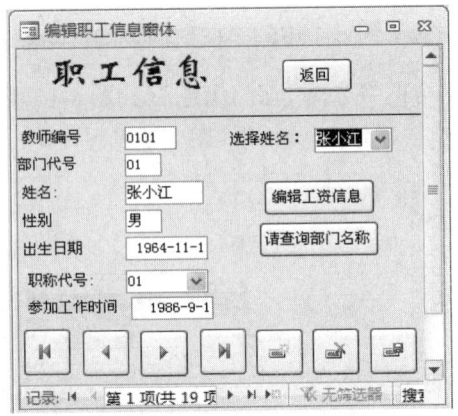

图 8-17 编辑职工信息窗体

将"编辑工资信息"及"请查询部门名称"按钮链接到宏,通过宏分别打开"编辑工资表窗体"及"部门表"。使得在修改职工信息时可同时编辑其工资信息(见图 8-30)。

当单击"请查询部门名称"按钮时,可以打开"部门表",主要用于查看部门代号所对应的具体部门名称。

17. 开始窗体

可参考第 6 章例 6-2 中图 6-6 所示的"开始窗体",以及例 6-6 中的"进入"宏;或者参考第 7 章例 7-13 用 VBA 实现"用户密码"窗的功能,建立启动数据库后打开的第一个窗体。在此窗体中要求输入"密码",密码正确时能通过"进入下一页"按钮打开"菜单窗体",进入系统功能模块进行选择,如图 8-18 所示。

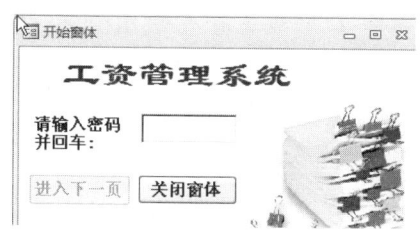

图 8-18 开始窗体

8.2.7 VBA 过程

1. "开始窗体"的 VBA 过程

在"开始窗体"中建立"密码"输入对错时进行判断的 VBA 模块,可参考第 7 章中的例题。

2. "编辑工资表窗体"的 VBA 过程

当在"编辑工资表窗体"中输入或修改"基本工资"及"其他奖金"后,其余如"职务工资""工龄工资"等字段不需输入,单击对应的文本框可自动输入或修改(见图 8-30),可用 VBA 模块实现。

例如,"应发工资"字段文本框的单击事件过程如下:

```
Private Sub 应发工资_Click()
    [应发工资]=[基本工资]+[职务工资]+[工龄工资]+[其他奖金]
End Sub
```
其余字段类似。

8.2.8 宏

1. 自启动宏

建立 Autoexec 宏,使启动界面直接进入(即打开)"开始窗体"。

2. 子宏

建立一个名为"宏 1"的宏,使窗体中的各命令按钮的单击事件,通过调用"宏 1"中的子宏,实现按钮的单击功能,将各分散的窗体连接起来,实现图 8-1 中的各功能。

表 8-7 中列出了"宏 1"的子宏,可供参考。

表 8-7 "宏 1"中的子宏

子 宏 名	操 作	操 作 参 数
初始化	SetWarnings	"打开警告"选择"否"
	OpenQuery	运行"职务工资更新查询"
	OpenQuery	运行"工龄工资住房基金更新查询"
	OpenQuery	运行"应发更新查询"

续表

子宏名	操作	操作参数
初始化	OpenQuery	运行"税款更新查询"
	OpenQuery	运行"扣款合计更新查询"
	OpenQuery	运行"实发更新查询"
	OpenQuery	运行"月份更新查询"
	CloseWindow（或者Close）	
	OpenForm	打开"菜单窗体"，以"只读"模式
打开菜单窗	CloseWindow（或者Close）	
	OpenForm	打开"菜单窗体"，以"只读"模式
打开子查询窗体	CloseWindow（或者Close）	
	OpenForm	打开"子查询窗体"，以"只读"模式
打开子浏览窗	CloseWindow（或者Close）	
	OpenForm	打开"子浏览窗体"，以"编辑"模式
打开子打印窗	CloseWindow（或者Close）	
	OpenForm	打开"子打印窗体"，以"编辑"模式
打开初始化窗	CloseWindow（或者Close）	
	OpenForm	打开"初始化窗体"，以"只读"模式
打开部门统计窗	CloseWindow（或者Close）	
	OpenForm	打开"部门统计窗体"，以"编辑"模式
打开部门查询窗	CloseWindow（或者Close）	
	OpenForm	打开"部门查询窗体"，以"编辑"模式
打开部门显示窗	OpenForm	打开"按部门显示窗体"，以"编辑"模式
打开姓名查询窗	CloseWindow（或者Close）	
	OpenForm	打开"姓名查询窗体"，以"编辑"模式
打开总体查询窗	CloseWindow（或者Close）	
	OpenForm	打开"总体查询窗体"，以"编辑"模式
打开编辑部门窗	CloseWindow（或者Close）	
	OpenForm	打开"编辑部门窗体"，以"编辑"模式

续表

子宏名	操作	操作参数
打开编辑工资表窗	OpenForm	打开"编辑工资表窗体",以"编辑"模式,在"当条件="(或者"Where 条件")框中输入:[教师编号]=[forms]![编辑职工信息窗体]![教师编号]
打开编辑职称表窗	CloseWindow（或者 Close）	
	OpenForm	打开"编辑职称表窗体",以"编辑"模式
打开编辑职工信息窗	CloseWindow（或者 Close）	
	OpenForm	打开"编辑职工信息窗体",以"编辑"模式
关闭菜单窗	CloseWindow（或者 Close）	关闭"菜单窗体"
编辑权利窗	CloseWindow（或者 Close）	
	OpenForm	打开"编辑权利窗",以"编辑"模式
编辑子查询窗	CloseWindow（或者 Close）	
	OpenForm	打开"编辑子菜单窗体",以"只读"模式
查看部门名称	OpenTable	打开"部门表",以"只读"模式

3. 说明

表 8-7 中的"打开姓名查询窗"子宏,要打开的是"姓名查询窗体",虽然是查询功能,而不是编辑功能,但仍然要以"编辑"模式打开,而不用"只读"模式。原因是"姓名查询窗体"中有组合框或列表框,如果以"只读"模式打开,则组合框、列表框将失去选择功能。"打开子浏览窗"子宏和"打开子打印窗"子宏同理,因为"子浏览窗体"与"子打印窗体"中的选项按钮控件需要在"编辑"模式下才能使用。

4. 链接命令按钮

将窗体中的命令按钮的"单击"事件属性依次链接到"宏 1"中所对应功能的子宏。

5. 条件宏

仿照第 6 章例 6-8 中的表 6-8 所示"form1 宏"建立条件宏,链接到图 8-14 中的"确定"按钮。

8.2.9 其他

除了"编辑工资表窗体"之外,其余的窗体都应将窗体属性中的"关闭按钮"属性设为"否"。同时增加一个"返回"按钮,返回到上一级窗体,防止在运行系统过程中因单击右上角的"关闭"按钮而"跳出"系统。

为了不显示"操作查询"执行时的提示(当执行"初始化"时),可单击"文件"选项卡中的"选项"按钮（见图2-4），打开"Access 选项"对话框。在该对话框中选择"客户端设置"选项卡，取消选中"动作查询"复选框，如图 8-19 所示。

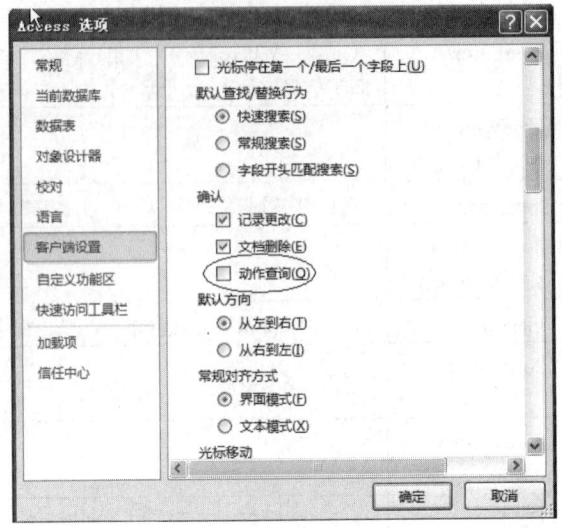

图 8-19　"Access 选项"对话框

说明：在 Access 2007 版中，可以单击 Office 按钮，再单击"Access 选项"按钮，在打开的"Access 选项"对话框中选择"高级"选项卡，取消选中"动作查询"复选框，如图 8-20 所示。

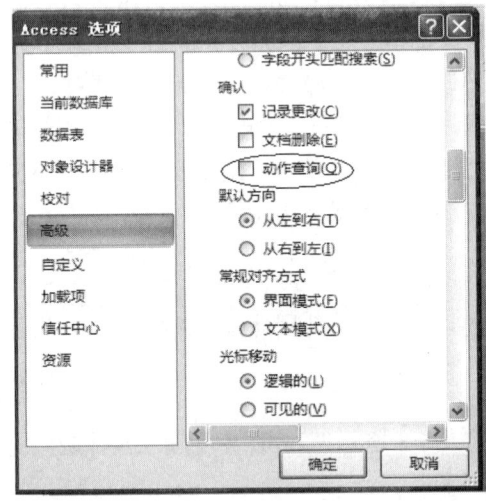

图 8-20　Access 2007 版中的"Access 选项"对话框

最后运行"工资管理系统"库文件，检查、调试系统，直到各项功能运行正常。

8.2.10　用"切换面板"实现"工资管理系统"的功能

前面所建立的"工资管理系统"是用窗体的命令按钮实现"功能模块选择"及"子模块选择"的，也可用"切换面板"实现各种功能的选择。

用"主切换面板"实现图 8-1 中的"功能模块选择",即代替"菜单窗体";用"子切换面板"实现图 8-1 中的"查询""编辑""统计""浏览报表"及"打印报表"的子模块。

1. 建立主切换面板

仿照第 4 章例 4-20 中"创建二级切换面板"的步骤,在"切换面板管理器"中建立如图 8-21 所示的主切换面板。

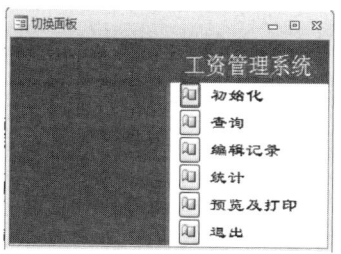

图 8-21 主切换面板

2. 建立二级子切换面板

为"查询"建立二级子切换面板,如图 8-22 所示。

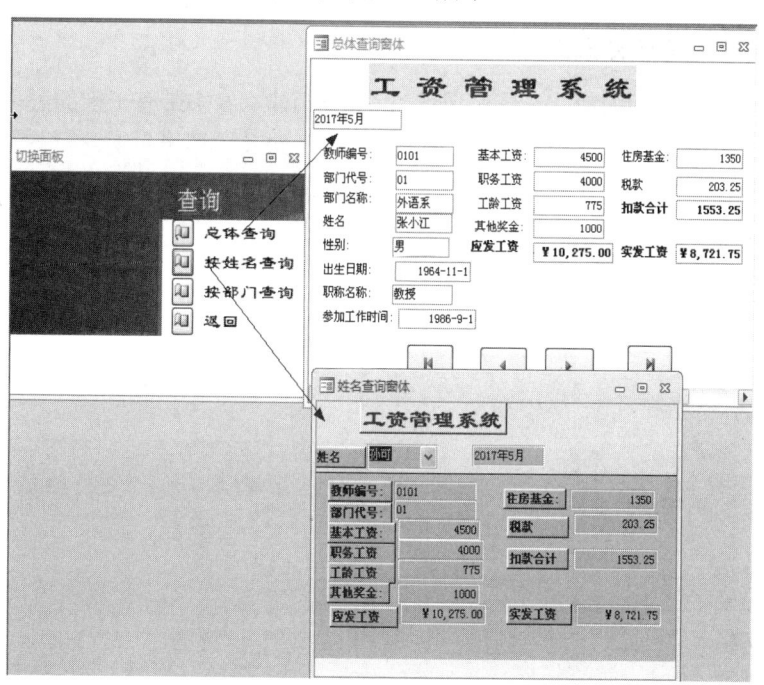

图 8-22 "查询"子切换面板

3. 恢复关闭按钮

切换面板各项目打开窗体时,不会因为单击"关闭"按钮而"跳出"系统,所以应该将各窗体属性表中的"关闭按钮"属性恢复为"是",且不需在窗体中建立"返回"命令按钮。

4. 将"开始窗体"的"进入下一页"命令按钮改为打开"切换面板"

当在"开始窗体"中输入正确的密码时,"进入下一页"按钮变得可用,将其单击事件链接到打开"切换面板",实现系统中的各功能模块。

8.2.11 用建立系统菜单的方法实现"工资管理系统"的功能

按图 8-1 所示的功能,用宏建立一个系统菜单,如图 8-23 所示。系统菜单的功能见表 8-8。

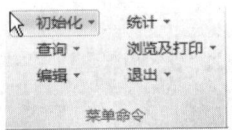

图 8-23 系统菜单

表 8-8 系统菜单功能

初始化	查询	编辑	统计	浏览及打印	退出
初始化	按部门查询	编辑部门信息	统计	工资总清单	退出系统
	按姓名查询			部门统计	
	总体查询			工资小条	
				汇总报表	

1. 建立 6 个带有子宏的宏

仿照第 6 章例 6-9 用宏建立系统菜单的方法,分别建立 6 个带有子宏的宏:"初始化"宏、"查询"宏、"编辑"宏、"统计"宏、"浏览及打印"宏及"退出"宏。

图 8-24 及图 8-25 所示分别是 Access 2010 版、2007 版"查询"宏的设计视图。

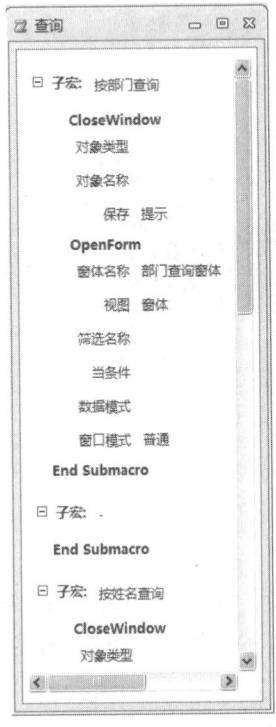

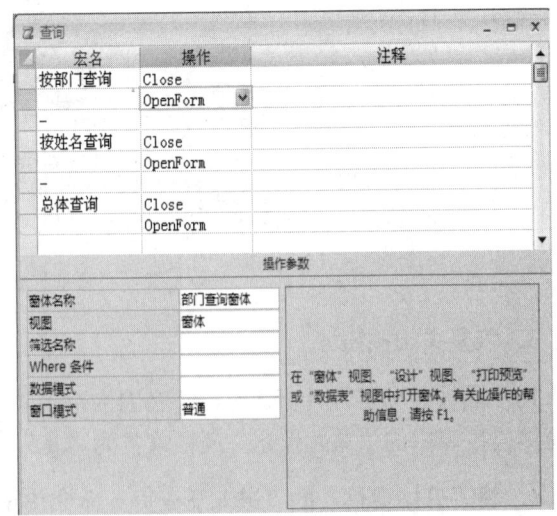

图 8-24 Access 2010 版中"查询"宏　　　　图 8-25 Access 2007 版中"查询"宏

2. 建立"水平菜单"

建立一个单个宏（不带子宏），将前面所建的 6 个宏组合在"水平菜单"宏中，如图 8-26 所示。

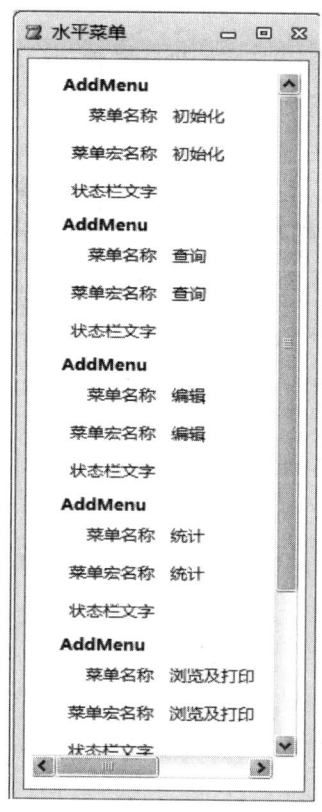

图 8-26 "水平菜单"宏的设计视图

3. 激活菜单

图 8-27 所示是在"姓名查询窗体"的属性表中激活菜单。

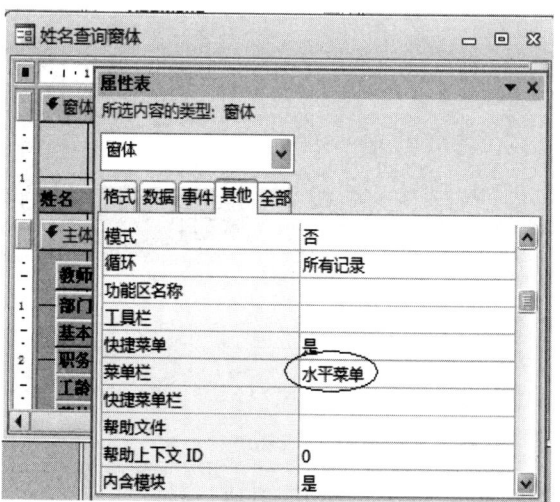

图 8-27 在窗体中激活菜单

8.3 设计报告

数据库系统完成之后,应该写出适当的设计报表。

"工资管理系统"设计完成后所写的设计报告样例如下:

工资管理系统

班级:

姓名:

指导教师:

设计日期:

(封面单独一页)

工资管理系统

一、"工资管理系统"的功能

根据学校财务处的需求，分析、规划出工资管理系统应该实现查询、编辑、统计、报表打印等功能。系统功能模块如图 8-28 所示。

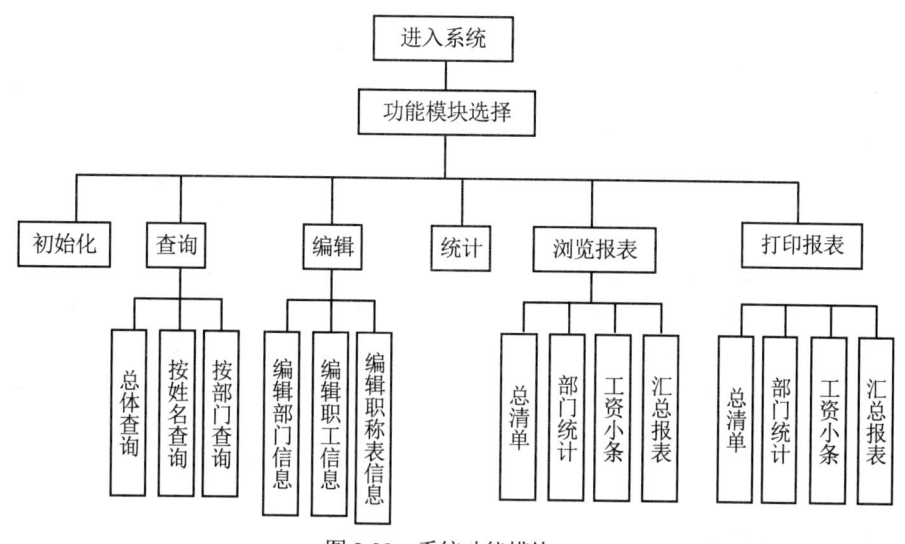

图 8-28　系统功能模块

进入系统时，设置必要的密码、用户名等，进入系统后可以选择各个功能模块，每个模块还可以有自己的子模块。

各模块的功能说明如下：

1. 初始化

每月发工资时，应对工资的有关信息进行初始化。此功能是对每月的基本工资、职务工资、扣款等金额款项发生变化后，重新计算应发工资、税款等各项目（即字段值）。

2. 查询

分别可以按部门、姓名及总体进行查询，只能查询，不能修改、删除、增加。

3. 编辑

人员及基本工资、扣款等各个项目有变化，或者职工调入、调出引起记录增加、删除，可以对各项信息进行编辑、删除、增加。

4. 统计

统计各部门、各项目的数据。

5. 浏览报表

对需要打印输出的各种报表，在真正打印前先以"打印预览"的方式显示在屏幕上。

6. ……

（略）

二、库中所用表

库中共创建 4 个表，分别为"部门表""职称表""职工信息表"及"工资表"。其中"部门表"和"职称表"结构见表 8-9 和表 8-10。

表 8-9　"部门表"结构

字 段 名	类 型	字段大小	说　　明
部门代号	文本	2	作为主键
部门名称	文本	20	

表 8-10　"职称表"结构

字 段 名	类 型	字段大小	说　　明
职称代号	文本	2	作为主键
职称名称	文本	20	

（"职工信息表"及"工资表"结构见表 8-3、表 8-4，此处略）

三、系统的主要功能

1. "按姓名查询"功能

在"姓名查询窗体"中，"姓名"字段用"组合框"或"列表框"控件，选择某一姓名，即可显示出此人的信息，如图 8-29 所示。

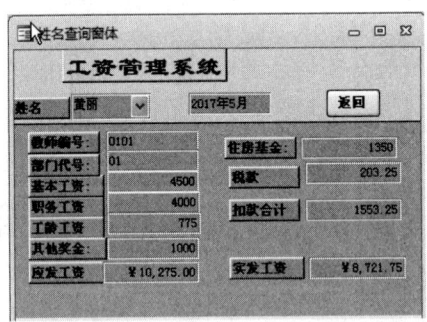

图 8-29　姓名查询窗体

将窗体的"允许删除"及"允许添加"属性设为"否"，但"允许编辑"属性不能为否，否则在"组合框"中选择"姓名"将不起作用。为了防止随意修改，可将所有字段文本框（除"姓名"字段外）的"是否锁定"属性设为"是"。

2. "编辑职工信息"功能

因为每个职工的信息分别存储于"职工信息表"与"工资表"中，所以在修改（包括添加、删除)"职工信息表"的同时需要修改"工资表"。

在图 8-30 所示的"编辑职工信息窗体"中,从"选择姓名"组合框中选择姓名,如选择"张小江",再单击"编辑工资信息"按钮,可打开"工资表"窗体,修改张小江的工资信息。

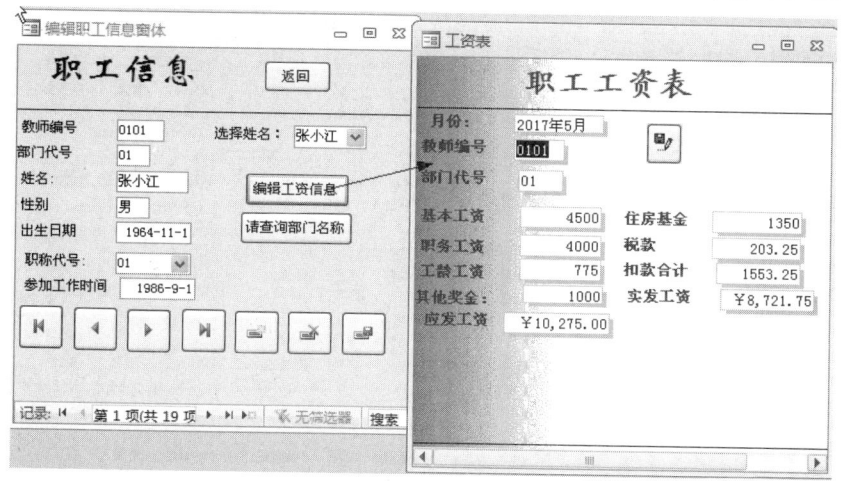

图 8-30 编辑职工信息窗体

图 8-30 右侧的"工资表"窗体有自动更改各项款项的功能,如某职工的职称发生变化,当在"编辑职工信息窗体"的"职称代号"中选择了职工的新的职称,再单击"工资表"窗体中的"职务工资"文本框,会自动更新相对应的职务工资值。依次单击其他如"应发工资"等文本框时,所有款项都会自动重新计算并更新。

3. "总清单"功能

"打印报表"模块中的"总清单"功能,可打印出全体职工的本月工资总报表,如图 8-31 所示。在打印之前,可以先调用"浏览报表"模块中的"总清单"进行预览。

部门名称	教师编号	姓名	基本工资	职务工资	工龄工资	其他奖金	应发工资	住房基金	税款
外语系	0102	孙可	4200	3000	700	1000	¥8,900.0	1260	¥162.00
外语系	0103	何强	3900	3000	450	1000	¥8,350.0	1170	¥145.50
外语系	0307	王华平	4200	3000	575	1000	¥8,775.0	1260	¥158.25
外语系	0220	余力	4200	3000	775	1000	¥8,975.0	1260	¥164.25
外语系	0101	张小江	4500	4000	775	1000	¥10,275.0	1350	¥203.25
中文系	0311	柯小婷	3200	1000	325	1000	¥5,525.0	960	¥60.75
中文系	0104	张强	3500	2500	375	1000	¥7,375.0	1050	¥116.25
中文系	0301	付宁	4000	1500	150	1000	¥6,650.0	1200	¥94.50
中文系	0206	傅阳	3600	2500	400	1000	¥7,500.0	1080	¥120.00
中文系	0210	汪小亮	3300	1500	300	1000	¥6,100.0	990	¥78.00
基础部	0204	黄丽	4500	4000	675	1000	¥10,175.0	1350	¥200.25
基础部	0302	李英	3200	1500	350	1000	¥6,050.0	960	¥76.50
基础部	0205	张小明	4200	3000	475	1000	¥8,675.0	1260	¥155.25
基础部	0219	李小伟	4500	4000	900	1000	¥10,400.0	1350	¥207.00

图 8-31 工资清单总报表

4．"工资小条"功能

"打印报表"模块中的"工资小条"功能可以打印出每个职工的工资小条，发给每个职工。用标签报表向导完成，如图 8-32 所示。

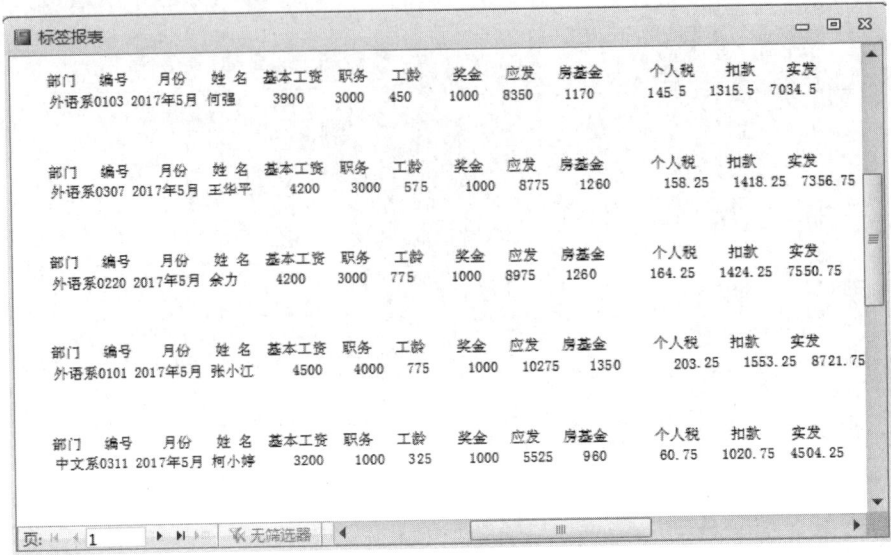

图 8-32　标签报表

5．……

（略）

四、本系统的特点及存在的问题

（略）

8.4　"图书管理系统"实例

图书管理主要包括几大关系：读者管理、图书管理、工作人员管理、图书借阅/归还管理。其中，系统处理的核心对象是借阅/归还关系，读者、工作人员都主要围绕这个关系运行数据库，如图 8-33 所示。

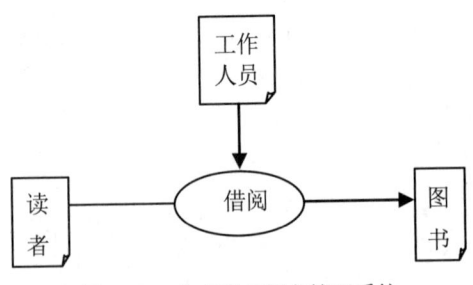

图 8-33　北京图易图书管理系统

工作人员主要负责新读者登记入库、借阅图书、归还图书、残书出库/损害赔付、新书采购/入库管理等数据库管理工作，这部分工作人员称为"图书管理员"。因此，将所有登录该系统的用户区分成两种：图书管理员和读者，为每种用户设定不同的密码，以此作为不同身份的区别。并且为图书管理员和读者两种用户，从确认登录密码开始设置不同的功能选择界面，读者只有只读权限，没有修改和删除权限；而图书管理员却可以查询、修改和删除。

8.4.1 数据表的设计

存储图书、读者、借阅归还和工作人员的信息使用专门的表对象。读者管理使用"读者登记表"作为基本数据源，图书管理采用"图书"表存储图书及其信息，工作人员管理的数据基础是"工作人员"表。上述表结构见表 8-11～表 8-13。

表 8-11 读者登记表

字 段 名	类 型	字 段 大 小	说 明
借书证号	文本	6	
姓名	文本	6	
身份证号	文本	18	
性别	文本	2	
E-Mail	超链接		
单位	文本	30	
地址	文本	50	
联系电话	文本	20	
信用记录	是/否		

表 8-12 "工作人员"表

字 段 名	类 型	字 段 大 小	说 明
雇员 ID	自动编号		
姓名	文本	6	
头衔	文本	50	
分机	文本	30	
单位电话	文本	30	

表 8-13 "图书"表

字 段 名	类 型	字 段 大 小	说 明
图书 ID	自动编号		
索引类别 1 ID	数字	长整型	
索引类别 2 ID	数字	长整型	
索引类别 3 ID	数字	长整型	
图书名称	文本	50	
作者	文本	6	
出版社	数字	长整型	

续表

字 段 名	类 型	字段大小	说 明
ISBN 号	文本	20	
定价	货币		
附光盘否	是/否		
出版时间	日期/时间		
出库否	是/否		

为了方便读者检索图书，直接找到其馆藏位置，为每本图书设置 3 个分类检索级别，即 1 级、2 级和 3 级。1 级分类包括英文文献、法语文献、德语文献、日语文献、中文文献、俄语文献、意大利语文献、西班牙语文献等，每个分类级别都有指定的存储区域，不同的 1 级分类存放在 1～9 层书库；2 级分类包括政事/军事、文学/语言、艺术/设计、社会/时事、财政/金融、科学/技术，不同的 2 级分类馆藏位置在 A～G 片区；3 级分类包括化学、计算机、生物、财务金融、物理、天文、地理、外交、医学、农业、机械、林业等，3 级分类使用指定书架号，比如农业分类书籍使用 103# 书架。设计"索引类别"表存储 3 个分类级别和馆藏位置，使用"分类级别"字段存储 3 种数据 1、2 和 3，用以代表 1 级分类、2 级分类和 3 级分类。表结构见表 8-14。

表 8-14 "索引类别"表

字 段 名	类 型	字段大小	说 明
类别 ID	自动编号		主键
分类级别	文本	20	
类别名称	文本	20	
馆藏位置	文本	50	

说明： "索引类别"表中用"类别 ID"作为主关键字，每个分类记录的类别 ID 各不相同。该字段作为主关键字段的同时，也适合作为数据关联字段使用。

除了上述表示实体的几个数据表之外，其他关系也可以使用数据表来表示。读者借阅/归还图书的关系可以使用"借阅归还"表说明。"借阅归还"表结构见表 8-15。

表 8-15 "借阅归还"表

字 段 名	类 型	字段大小	说 明
借阅者 ID	文本	6	
图书 ID	数字	长整型	
借出日期	日期/时间		
借出经手人	文本	6	
是否已还	是/否		
归还经手人	文本	6	
归还日期	日期/时间		
损耗否	是/否		
赔偿比例	数字	单精度型	

在上述表结构中，输入具体数据后，就可以凭借关键字建立数据表之间的关联，并依靠参照完整性、级联更新和级联删除约束数据有效性等。表间关系如图8-34所示。

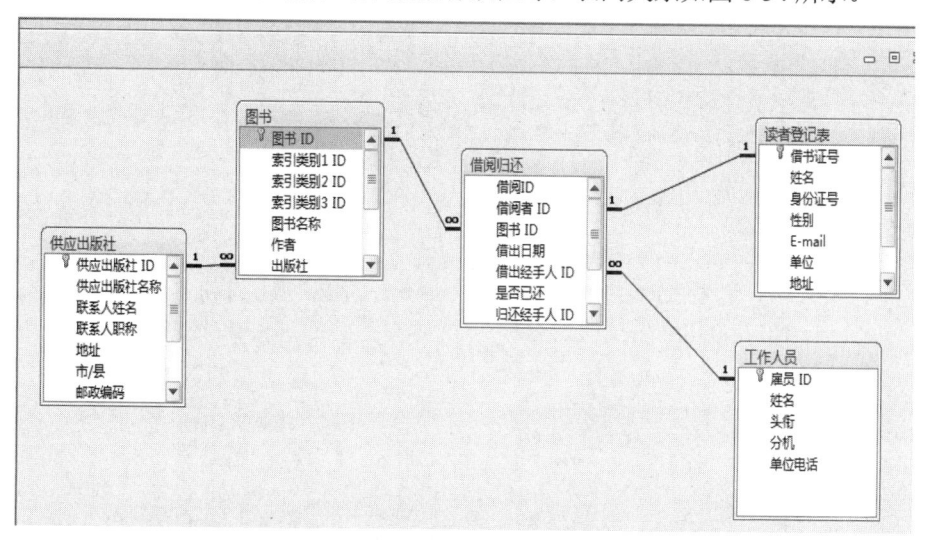

图 8-34 表间关系

使用图书ID字段关联"图书"表和"借阅归还"表；用出版社ID关联"图书"表和"供应出版社"表；关联"读者登记表"的借书证号字段到"借阅归还"表的借阅者ID上；"借阅归还"表和"工作人员"表使用借出经手人ID和雇员ID关联。

另外，在"图书"表中的三个字段"索引类别1 ID""索引类别2 ID""索引类别3 ID"中，索引类别1 ID与"索引类别"表中分类级别所存数据"1"的类别ID是有关联的；索引类别2 ID与"索引类别"表中分类级别所存数据"2"的类别ID也是有关联的；同理，索引类别3 ID与"索引类别"表中分类级别所存数据"3"的类别ID有关联。

8.4.2 图书相关查询

图书管理中最重要的功能就是检索图书。为了能顺利检索，并提供图书馆藏位置等有效信息，在图书表中为每本书添加3个级别的索引信息，并通过查询。

但是3大分类都存储在一张数据表中对数据关联无益，为了整理3级分类，按"分类级别"建立"1级索引查询""2级索引查询"和"3级索引查询"。针对"索引类别"表，筛选条件设为分类级别=1，可以查询到所有1级分类的分类目录，存为"1级索引查询"；同样在"索引类别"表实现"分类级别"为2和3的"2级索引查询"和"3级索引查询"，如图8-35所示。

"图书"表记录每本图书存储的3级分级索引属性，利用类别ID从"索引类别"表中能查到馆藏位置。从而实现任意从3个不同的级别缩小查找范围，这种检索方式可以快速提供每本图书的馆藏位置，让图书检索操作更自由，而且可供用户自定义检索图书。

窗体结合自定义查询能有效地连接数据库图书检索和用户，本系统中各种功能窗体背景数据源基本都采用对应的查询。这种窗体结合特定查询的方法，可以自由地实现依照用户意见的动态查询。因此，很多查询是通过窗体和用户做人机交互，并针对用户需要对数据库进行查询操作的。

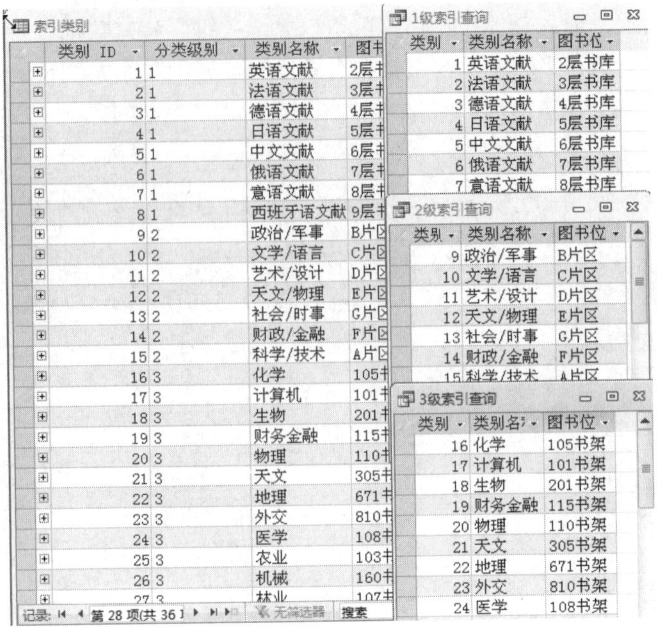

图 8-35 三级索引

8.4.3 系统流程设计

北京图易图书管理系统是一个数据库应用系统,为了达到有效的用户交互效果,Access 窗体依靠两大功能(即展示数据、将用户的选择通知系统),成为主要人机交互界面。系统从登录用的"欢迎"窗体开始,陆续使用多个窗体完成图书检索、借阅、归还、残书处理等重要功能。

1. 登录

Autoexec 宏可以在数据库启动时自动运行,利用它实现"欢迎"窗体的自动调用。设计一个登录用的窗体,命名为"欢迎",用来检测用户的身份,如图 8-36 所示。登录者身份包括图书管理员和读者,分别分配不同的密码,用以区别身份。本系统密码设计固定,设计图书管理员密码为 Administrator,读者密码为 guest。

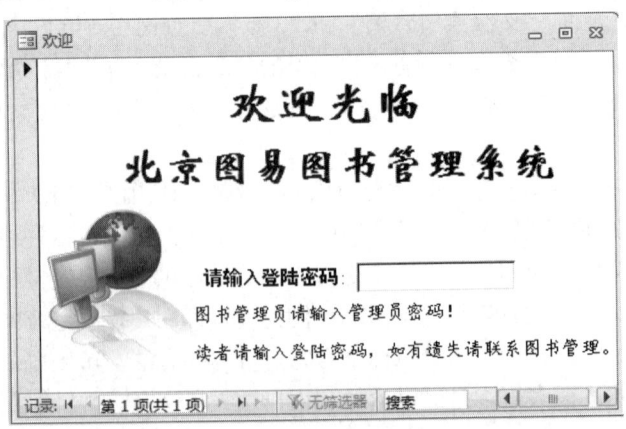

图 8-36 "欢迎"窗体

在设计并实现数据库应用系统时，结合宏的使用将部分数据库操作步骤存储起来，可供用户使用。当用户需要时，通过窗体一个按钮的鼠标单击或者文本框中数据更新等界面操作，就能自动执行预先设计好的一系列数据库操作，方便且高效。

在"欢迎"窗体的文本框中，输入登录者的密码，系统将引导用户使用其有权限完成的数据库应用功能。

密码测试宏负责审核管理员密码，如图 8-37 所示。若密码既不是图书管理员密码 Administrator，又不是读者密码 guest，使用消息框通知用户密码输入错误，提示其重新输入正确的密码。

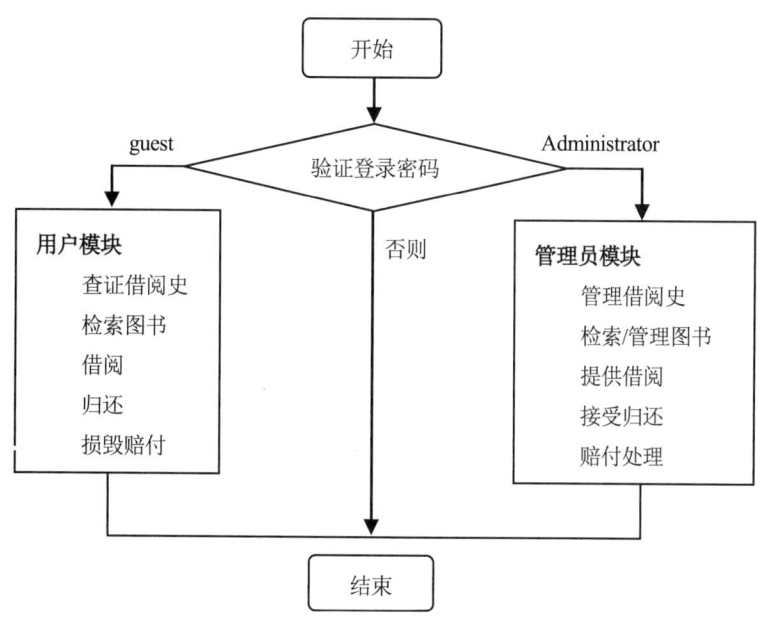

图 8-37　图书管理员/读者分别管理

密码审核功能使用"密码测试宏"完成，密码如果是图书管理员密码 Administrator，则调用图书管理员控制界面，将相关管理功能分别组织于此界面上，管理员模块具备增、删、改等权限；如果符合读者密码 guest，则打开包含检索、借阅等用户功能的用户功能选择窗体，读者模块没有修改权限，数据都是只读的。

2. 读者模块

读者依靠读者密码登录成功后，将直接进入"读者选择窗体"。这是读者模块主功能界面，读者确认其借书证号后，系统通过读者登记表直接读取出读者名字，显示欢迎信息，而后自动根据此借书证号显示该读者是否有未归还图书或者损毁未赔偿信息，方便读者实时了解拖欠信息，并及时主动找管理员处理，以免下次借阅时出现尴尬情况。

将各种各样的图书检索分别组织在"基本图书检索""分类检索"和"模糊检索"3 个选项卡上，如图 8-38 所示。

图 8-38 读者选择窗体

首先,在"基本图书检索"选项卡(见图 8-38)内,用单一关键字匹配的基本检索包括按出版社检索、按图书名检索、按作者检索、按 ISBN 检索、按出版时间检索、光盘检索、库存检索。上述几种检索可以通过该选项卡中与检索同名的命令按钮或单选按钮(或称选项按钮)等控件,用鼠标单击启动对应的索引窗体。索引窗体以单一固定字段(如作者、ISBN 号等)作为搜索关键字,可以准确找到符合条件的图书及其相关信息。

以按作者索引图书为例,将精确匹配用户选定的图书作者与数据库中图书的作者信息,如图 8-39 所示。为了将该图书及所需其他信息(比如馆藏位置)同时提供给读者,此图书索引窗体将一个多表查询作为数据源。其他索引窗体,包括按出版社索引窗体、按光盘索引窗体、按库存索引窗体、按图书名称索引窗体、按作者索引窗体、按 ISBN 号索引窗体和按出版时间索引窗体,除显示图书名称、作者、定价、出版社名称、ISBN 号、附光盘否、出版时间、在库否等图书基本信息外,检索窗体用多表查询做数据源得到该图书的 3 级索引信息和藏书位置。

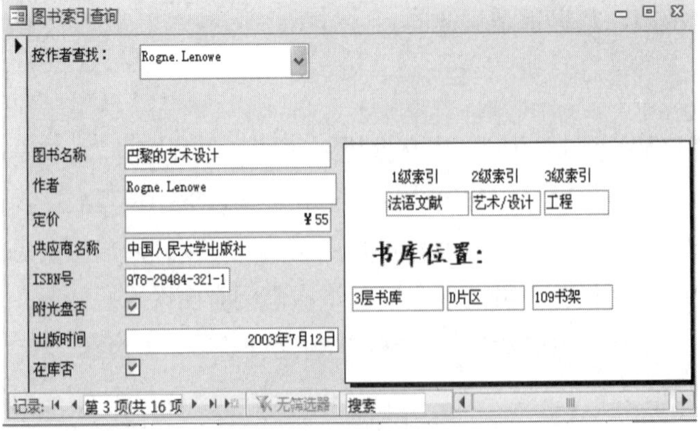

图 8-39 按作者索引图书

基本图书检索的特点就是，使用一个关键字段做精确匹配，最终会找到确定的图书记录。但有些时候，读者可能没有明确的目标，需求本身就是模糊的、不确定的。那么，设计索引功能就需要符合用户的需要，帮助用户一步一步细化其需求，或为其提供模糊查找的途径，这就是分类检索和模糊检索的目的。

其次，分类检索的作用就是从大分类细化到小分类，3 级索引按照由大到小的范围细化给图书分类索引，并将不同的分类书籍以一定规律入库，更方便读者检索图书。

每本图书设置 3 个检索分类级别（1 级、2 级和 3 级），通过由大范围逐渐细化的 3 个级别分类索引能很快找到馆藏位置。"图书"表使用分类级别字段存储三种数据 1、2 和 3，用以代表 1 级分类、2 级分类和 3 级分类。具体每种索引的种类名称和库存位置由"索引类别"表保存，两张表通过类别 ID 字段连接。

"索引类别"表内，1 级分类按语种进行分类：英文文献、法语文献、日语文献、中文文献等 9 类 1 级索引，每个分类级别都有指定的一层数据（共 9 层书库）；在 1 级分类以下又分成 7 个 2 级分类，2 级分类包括政事/军事、文学/语言、艺术/设计、科学/技术等索引，这 7 个 2 级索引分别对应每层数据 A 片区至 G 片区共 7 块分区；再细化分类形成二十九个 3 级分类索引，包括财务金融、外交、医学、林业、农业、生物、化学、物理、天文、计算机、机械等，每个 3 级索引对应指定书架号。

再来看图 8-38 中的第二个选项卡，即"分类检索"选项卡。其功能如图 8-40 所示，包括简单索引检索和复合索引检索两种分类检索功能。分类检索是采用 1 级索引或者 2 级索引、3 级索引中某一单一索引为关键字逐一细化的。

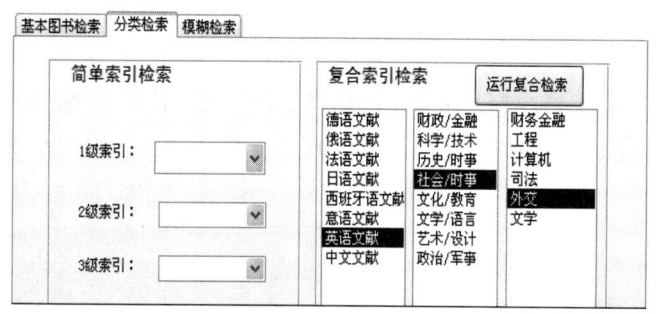

图 8-40　分类检索

最后，第三个选项卡是"模糊检索"，如图 8-41 所示。模糊意味着可能只有一个数据范围，如价格、出版时间等都可以采用给定范围的模糊检索。

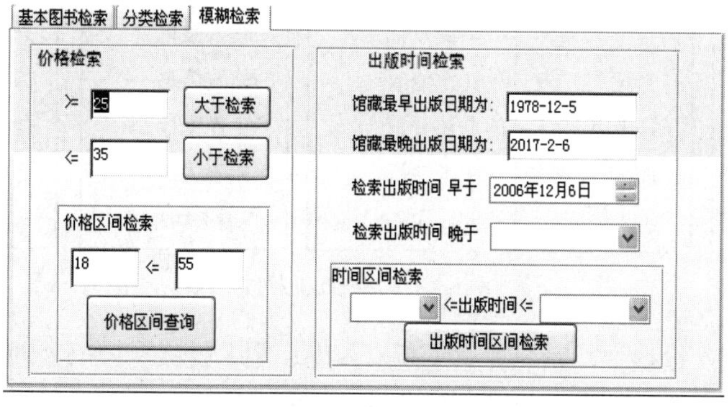

图 8-41　模糊检索

给定范围后，由一个甚至多个查询完成模糊条件检索，检索操作结构通过命令按钮启动各种查询查看结构。模糊情况下的数据检索和分类检索都只有数据范围，无法确定某一个的记录，而会得到一组记录。

3. 管理员模块

管理员模块的功能是整个系统最全的，权限远超读者模块。管理员主界面作为系统综合组织界面，可以将该系统所有功能合理地、分层次地展现给用户。这种将功能分层次组织管理的方法，可以极大地方便用户分类查找并调用，如图 8-42 所示。

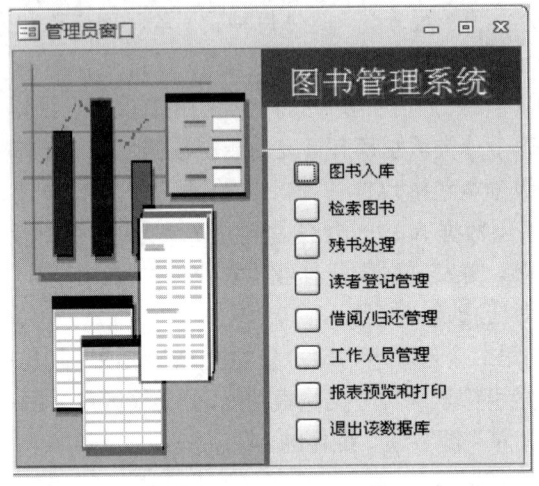

图 8-42　管理员主界面

图书管理员属于数据库管理员级别，因此具有该数据库应用系统的最高权限，可以任意访问数据的每一个角落，拥有增、删、改等特权。北京图易图书管理系统提供了图书管理、读者登记管理、借阅、归还管理、工作人员管理、报表预览和打印 5 大类功能，如图 8-43 所示。

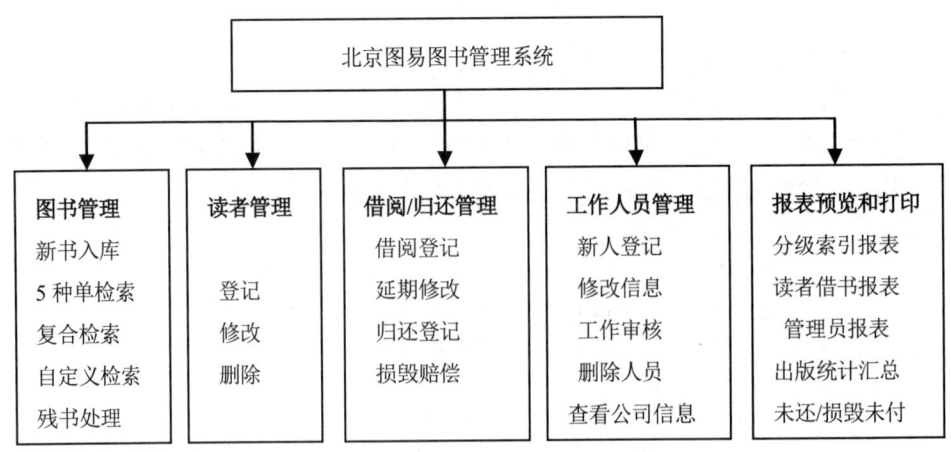

图 8-43　系统功能模块

在"图书管理"模块中，系统提供了新书入库、图书检索、残书处理 3 种主要功能。这些图书管理功能使用得最频繁，安排在管理员主界面上比较方便。新书采购管理产生的新入库图书信息写入"图书"表形成新的图书记录，主功能选择中使用"图书入库"启动新书入库窗体；图书检索和后面谈到的借阅/归还是核心功能，"检索图书"一项的下一级选项包括图书索引表、按书名检索、按 ISBN 号检索、按作者检索、按出版社检索等单一检索，还包括自定义检索这类高级检索，实现自定义检索图书。残书处理则正好相反，该窗体是书籍出库登记使用。

除此之外，在管理员主界面中还包括读者管理、借阅/归还管理、工作人员管理、报表预览和打印这四大类、几十个管理功能。

其中，借阅/归还管理功能列表提供对读者借阅、归还、延期修改和损毁赔偿等功能，提供相对应的窗体给数据库管理员，以便全程管理读者借阅/归还过程。损害赔付管理的基本信息来自"借阅归还"表中的损害赔付项；在"报表预览和打印"模块中，可以统计并输出本月、本季甚至本年度书籍收支、人员情况等。

如图 8-44 所示是二级功能选单。

图 8-44 二级功能选单

8.4.4 应用设置

为保证使用时导航窗格中的数据库对象不被用户误操作，可将导航窗格设为隐藏状态。北京图易图书管理系统登录为读者时，导航窗格自动隐藏、无法编辑使用，而以图书管理员身份登录却可以照样查看导航窗格。

8.5 数据库的其他设置

可以适当选择下面的操作，对数据库进行设置，以增加数据库的安全性。

8.5.1 为打开数据库时设置密码

可以为数据库设置密码，使不掌握密码的用户无法打开数据库。

启动 Access，单击"文件"选项卡中的"打开"按钮，在弹出的"打开"对话框中单击右下角的"打开"按钮右侧的下拉按钮，在弹出的下拉列表中选择"以独占方式打开"，如图 8-45 所示。打开数据库后，选择"文件"选项卡中的"信息"，单击"用密码进行加密"

按钮,设置密码并保存数据库,如图 8-46 所示。

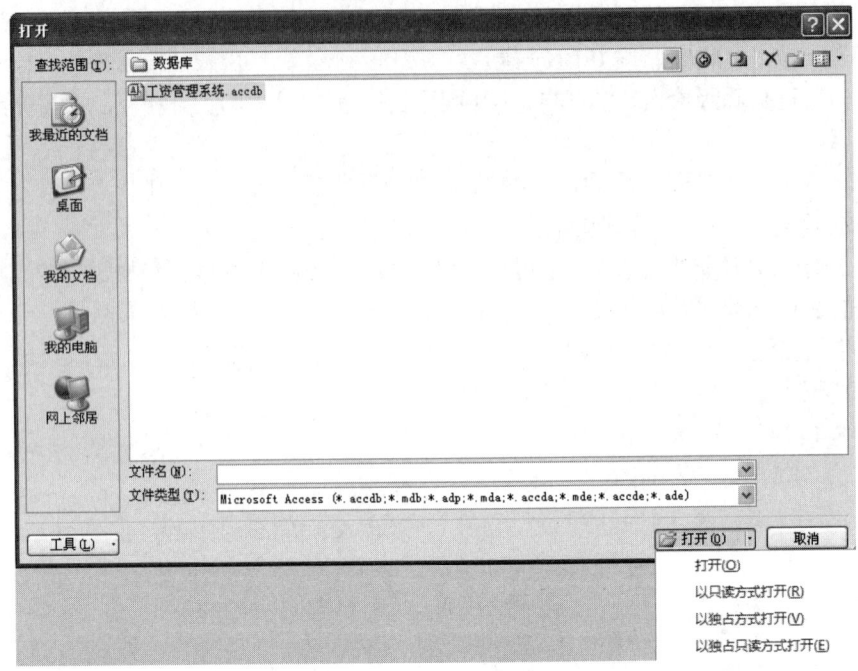

图 8-45 "打开"对话框

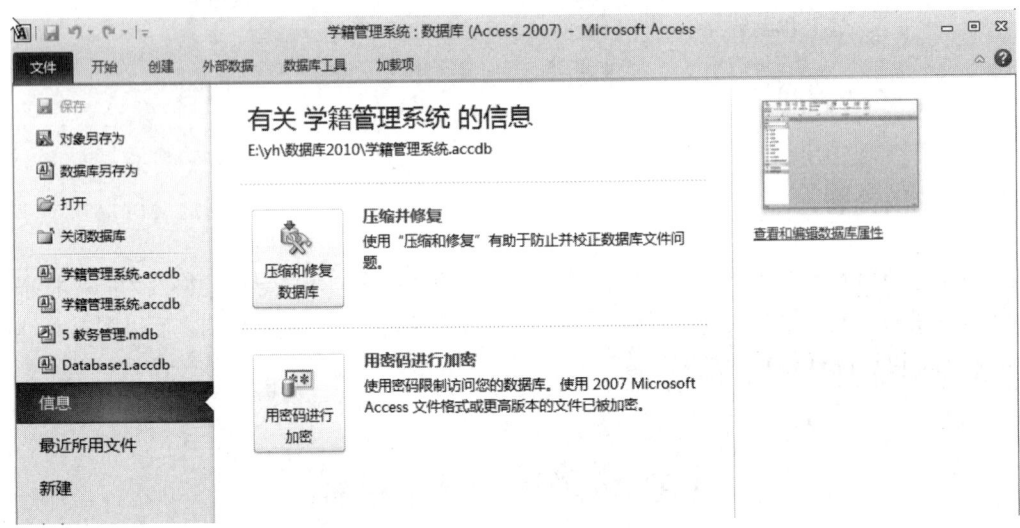

图 8-46 用"文件"选项卡中的"信息"选项加密数据库

一旦设置了密码,就必须妥善保管密码,忘记密码将不能打开数据库。

说明:在 Access 2007 版中,以独占方式打开数据库后,在"数据库工具"选项卡中单击"数据库工具"组中的"用密码进行加密"按钮,设置密码并保存数据库。

8.5.2 设置自启动窗体和隐藏"导航窗格"

单击"文件"选项卡中的"选项"按钮,打开"Access 选项"对话框,选择"当前数据库"选项卡,在"显示窗体"列表框中选择需要自启动的窗体,如"开始窗体"(如图 8-47 所示),即用这种方法来替代自启动宏 Autoexec 的作用。

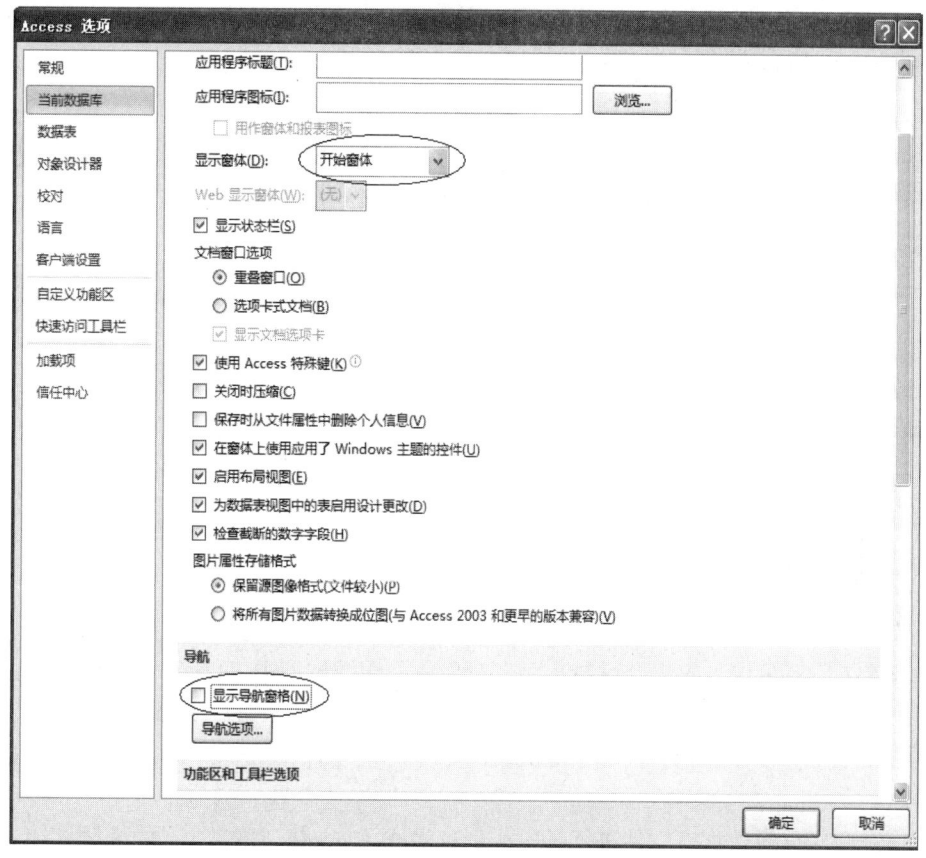

图 8-47 "Access 选项"对话框

取消选中图 8-47 中的"显示导航窗格"复选框,使数据库左侧的导航窗格不显示,隐藏整个数据库包括表、查询等所有对象,这有利于系统维护。

8.5.3 信任中心的设置

如果数据库文件被存放在 Access 系统的默认位置(一般为"我的文档"),系统将认为这个位置是受信任的位置,在这种情况下,不会出现第 2 章中图 2-1 所示的"安全警告 部分活动内容已被禁用,单击此处了解详细信息。"这样的信息,即存放在受信任位置的数据库,操作查询、VBA 等的操作不被禁用,给数据库的运行带来方便。

很多情况下,可能需要将数据库文件存放在某个专用文件夹,可以将这个专用文件夹设置为信任中心(位置)。

在图 8-47 中选择"信任中心"选项卡,单击"信任中心设置"按钮,打开"信任中心"对话框,如图 8-48 所示。取消选中"禁用所有受信任位置"复选框,单击"添加新位置"按钮,打开如图 8-49 所示的"Microsoft Office 受信任位置"对话框。单击"浏览"按钮,选择某个文件夹,即可将此文件夹设置为受信任位置。此文件夹中存放的所有数据库,将不被禁用操作查询及 VBA 等的运行。

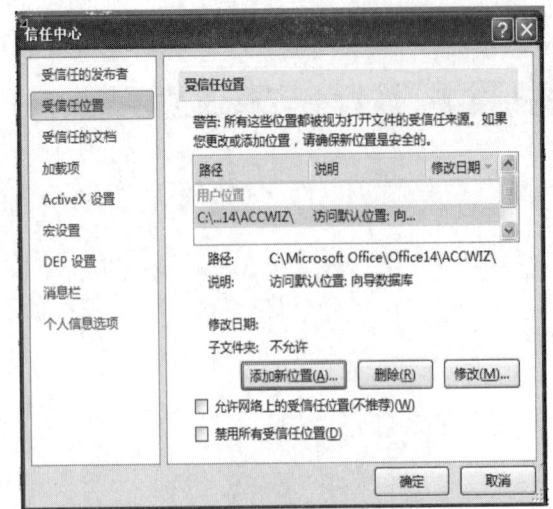
图 8-48 "信任中心"对话框

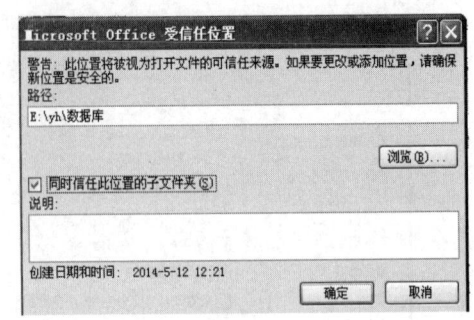
图 8-49 "Microsoft Office 受信任位置"对话框

8.5.4 拆分数据库与创建 accde 文件

将库中的表对象与其他对象拆分为两个数据库保存，后端数据库只保存表对象，前端数据库保存除了表对象以外的其余对象，而表对象在前端数据库中仅仅是一个快捷方式。

方法：在"数据库工具"选项卡，选择"移动数据库"组中的"Access 数据库"按钮。

将前端数据库的应用文件转换成.accde 文件，也是保证数据库应用系统安全的措施之一。

转换之前应该对数据库文件进行备份，一旦生成了 accde 文件，窗体及报表将不能被修改（即变成只读），VBA 模块源代码不能被浏览。

方法：在"文件"选项卡中选择"保存并发布"选项，在打开的窗格中单击"生成 ACCDE 按钮"。

说明：在 Access 2007 中，在"数据库工具"选项卡中单击"数据库工具"组中的"生成 ACCDE"按钮。

参 考 文 献

[1] 应红. Access 数据库案例教程（第二版）. 北京：中国水利水电出版社，2014.
[2] 应红. Access 数据库应用技术习题与上机指导（第三版）. 北京：中国铁道出版社，2012.
[3] 张玉洁，孟祥武. 数据库与数据处理 Access 2010 实现. 北京：机械工业出版社，2013.
[4] 张强，杨玉明. Access 2010 中文版入门与实例教程. 北京：电子工业出版社，2011.
[5] 徐秀花，程晓锦，李业丽，齐亚莉. Access 2013 数据库技术及应用. 北京：清华大学出版社，2016.
[6] 王秉宏. Access 2016 数据库应用基础教程. 北京：清华大学出版社，2017.